U0281782

“十二五”国家科技支撑计划课题

“山地传统民居统筹规划与保护关键技术与示范（2013BAJ11B04）”研究成果

重慶民居

传统聚落

冯维波　著

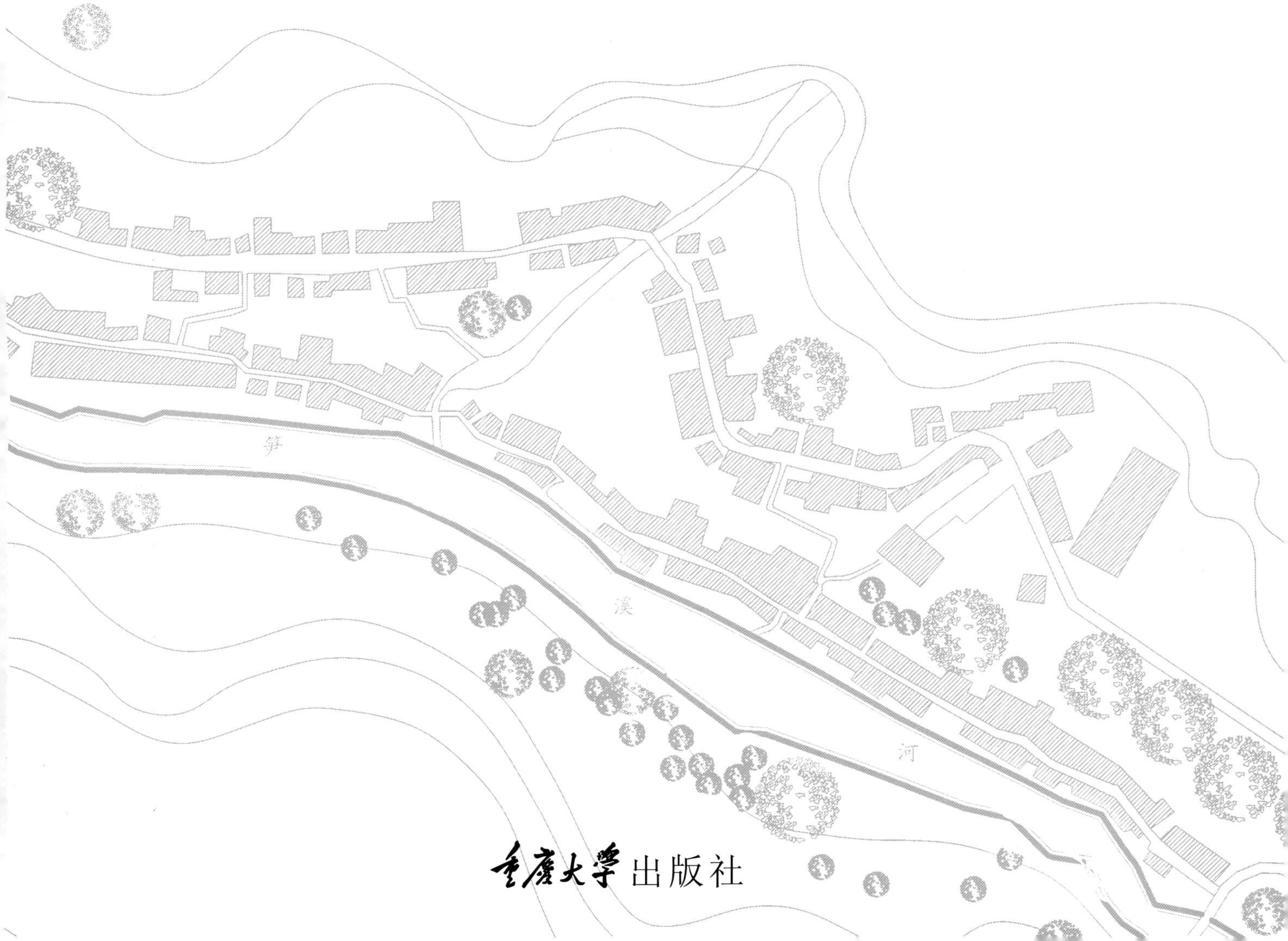

重慶大學出版社

内容简介

本套书共分为《重庆民居·传统聚落》《重庆民居·民居建筑》上下两卷。上卷内容包括自然与人文环境、源起与发展历史、选址与空间形态、古镇、古寨堡、传统村落；下卷内容包括民居建筑的地域特色、平面形制、屋顶造型、竖向空间、营造技术、装饰艺术。本套书全面系统地阐述了重庆民居的多样性、多元性与地域性，充分展现了重庆民居之源远、之丰富、之绚丽。

本套书可供建筑师、规划师、景观设计师、建筑历史与理论工作者，以及从事历史、文物、旅游等方面工作的专业人员和建筑院校师生学习参考；对于传统民居爱好者、旅行爱好者也是一套可读之书和鉴藏之物。

图书在版编目（CIP）数据

重庆民居. 上卷，传统聚落／冯维波著. -- 重庆：重庆大学出版社，2017.12

ISBN 978-7-5689-0902-0

Ⅰ. ①重… Ⅱ. ①冯… Ⅲ. ①民居—建筑艺术—重庆 Ⅳ. ①TU241.5

中国版本图书馆CIP数据核字(2017)第284427号

重庆民居（上卷）·传统聚落

CHONGQING MINJU SHANGJUAN CHUANTONG JULUO

冯维波　著

责任编辑：林青山　　版式设计：原豆设计　冯维波

责任校对：邬小梅　　责任印制：张　策

重庆大学出版社出版发行

出版人：易树平

社址：重庆市沙坪坝区大学城西路21号

邮编：401331

电话：（023）88617190　88617185（中小学）

传真：（023）88617186　88617166

网址：http：//www.cqup.com.cn

邮箱：fxk@cqup.com.cn（营销中心）

经销：全国新华书店

印刷：重庆新金雅迪艺术印刷有限公司

开本：889mm×1194mm　1/16　印张：20　字数：523千

2017年12月第1版　　2017年12月第1次印刷

ISBN 978-7-5689-0902-0　定价：290.00元

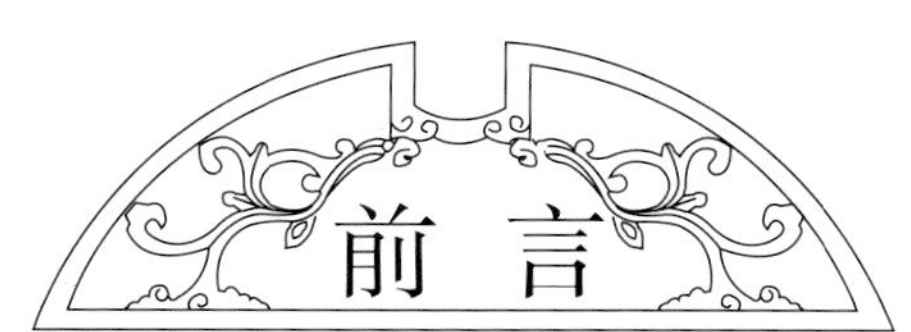

前言

传统民居不仅是地域文化的一面镜子，也是各个民族的真实写照，是先民们的生存智慧、社会伦理、建造技艺和审美意识等文明成果最丰富、最集中的载体。重庆民居因地质地貌、气候水文、植被土壤等自然因子，以及移民活动、民族分布、山地文化、码头文化、开埠文化、宗法礼制、土司文化、风水文化、宗教文化等人文因子的综合影响，形成了别具一格的聚落形态、民居类型和异彩纷呈的建筑形式，蕴含着十分丰富的地域文化基因，是我国独特的山地建筑体系，是非常宝贵的文化遗产。

重庆市位于我国西南部，长江上游地区，四川盆地东南部，自然环境具有以下特征：地形复杂多样，山地丘陵占有很大比重；冬季温暖，夏季炎热，降水丰沛，立体气候明显；江河纵横，山地河流特征显著；植被类型复杂多样，紫色土分布广泛。优越的地理位置，独特的自然环境，悠久的发展历史，多元的文化交融，使得重庆人文环境独具特色，主要表现在：战略位置突出，为历代兵家必争之地；人类起源地，三次（或六次）建都，四次筑城，三次直辖，历史文化底蕴深厚；七次大移民，土司自治，开埠通商，多元文化交融；开放包容，淳朴憨直，集体观念强烈。这些独特的自然－人文环境特征塑造了别具一格的传统聚落与民居建筑空间形态。

纵观以往的民居研究，较多的是从建筑史学或建筑学专业的角度出发，并偏重于建筑单体及其平面形制、空间造型、结构体系、建造技艺等方面，而较少与文化学、社会学、民族学、民俗学、心理学等人文科学相结合进行多学科的综合研究，也较少与城乡规划学以及人居环境科学、建筑文化学、文化地理学、文化生态学、聚落地理学等学科发展新方向相联系。而现在的民居研究正在逐步深化，从狭义与单学科研究向广义的聚落与人居环境以及更加广阔的、综合的多学科研究领域发展。同时，作为一个较特殊的、类型十分丰富的重庆民居体系，至今还没有一本论著对其进行系统、全面的研究。因此，基于上述原因，作者历时 5 年撰写了本套书。本套书共分上下两卷，上卷为《重庆民居·传统聚落》，下卷为《重庆民居·民居建筑》。力争全面、系统、科学地反映重庆民居的历史沿革、空间形态与地域特色，为重庆城乡规划、人居环境营造及建筑设计提供更多有益的启示和帮助。

上卷《重庆民居·传统聚落》共分 6 章：第 1 章自然与人文环境，分析了重庆市的区位条件，地质、地貌、气候、水文、植被、土壤等自然条件，以及历史沿革、移民活动、民族分布、山地文化、码头文化、开埠文化、宗法礼制、土司文化、风水文化、宗教文化、民俗文化、传统技艺等人文环境；第 2 章源起与发展历史，按先秦、秦汉、蜀汉两晋南北朝、隋唐五代、宋元、大夏明清、近代等 7 个大的历史时期，对重庆城镇营造及民居建设的发展演变与特点进行了梳理；第 3 章选址与空间形态，以区位、防御、风水三位一体的原则作为传统聚落选址的首要原则，从地貌、平面以及竖向这三个角度诠释了传统聚落的空间形态；第 4 章古镇，重庆古镇众多，有历史文化名镇 27 个，其中包括市级 26 个，国家级 18 个（其中 17 个既是国家级又是市级），在重庆独特的自然－人文环境因素的综合影响下，形成了别具一格的古镇空间形态、生态环境、景观形象及公共建筑，本章选取了20个典型古镇，对其选址与历史、空间形态及建筑特色进行了分析解读；第5章古寨堡，古寨堡的成因主要是与重庆历史上接连不断的战乱有关，形成了独特的选址布局、防御体系与空间形态等特征，本章以7个典型古寨堡（群）为例，对其进行了一定的分析；第6章传统村落，目前重庆市已有74个国家级传统村落，本章从村落类型、空间构成、生态环境、景观形象等方面进行了分析，并选取了16个传统村落，从选址与历史、空间形态及建筑特色等方面进行了诠释。

下卷《重庆民居·民居建筑》共分6章：第7章地域特色，主要体现在"师法自然，巧用环境；兼收并蓄，礼制有序；类型丰富，地域明显"三大方面；第8章平面形制，主要有"一"形、"L"形、"凵"形、"口"形4种基本平面形制及其组合体，并分析了民居建筑平面的空间组织；第9章屋顶造型，主要有悬山式、歇山式、四坡水式、硬山式、攒尖式、封火山墙式等，并探讨了地理环境与屋顶造型的关系以及屋顶的组合形态；第10章竖向空间，主要有檐廊式、悬挑式、层叠式、骑楼式、吊脚楼式、碉楼式、庭院式等；第11章营造技术，主要从山地环境适应技术、湿热环境适应技术、承重结构、围护结构、屋顶结构、出檐结构、营建步骤及建房习俗等方面进行归纳总结；第12章装饰艺术，首先从屋顶、檐部、屋身、台基、台阶、庭院、铺地、室内与陈设等民居建筑的不同部位对装饰艺术进行解读，其次从木雕、砖雕、石雕、灰塑、陶塑、泥塑、瓷贴、油漆、彩绘、文字等不同装饰工艺的特征以及装饰题材进行分析。

传统聚落与民居建筑，不但是农耕文明的产物，也是地域文化的一面镜子，更是人类社会一项宝贵的文化遗产。民居作为传统聚落与乡土建筑的重要组成部分，是地域特色的主要代表，而地域特色是聚落、建筑最为本质的东西，也是聚落文化、建筑文化最可宝贵、最有价值、最精彩的地方。坚持地域性是克服建筑城市千篇一律、建筑文化趋同弊病的一剂良药。世界建筑之所以丰富多彩，是因为地域文化的多样性，而民居研究将会进一步促进地域文化的保护与传承，也必将为现代人居环境建设与建筑创作提供更加广阔的源泉。

民族文化的发展经历了自发的文化、自觉的文化这两个阶段，其高级阶段为文化的自觉阶段。现阶段保护文化迫切需要文化的自觉、文化的自信，要把文化保护工作提升到保护民族精神的高度来看，文化流失会造成民族身份和属性的流失。民族文化承载着民族精神，我们要由保护民族的精神，而成为有精神的民族、有内涵的民族、有文化自信的民族。乡土文化的根不能断，要让居民望得见山、看得见水、记得住乡愁。"乡愁"是我们的精神家园。保护和发展传统民居，留住的就是我们的"乡愁"。

本套书是在"十二五"国家科技支撑计划："山地传统民居统筹规划与保护关键技术与示范（2013BAJ11B04）"课题资助下的研究成果，也是"山地传统民居研究丛书"的第三、四部书。限于作者水平，错误与不当之处恳请学术界同仁和广大读者批评指正。

2017年10月于山城重庆

总目录

上卷　传统聚落

总目录

总目录

下卷　民居建筑

总目录

目　录

上卷　传统聚落

目　录

目 录

目 录

目　录

目 录

目　录

第1章

自然与人文环境

地理环境是传统聚落及其民居建筑的载体，传统聚落及其民居建筑的产生、发展与演变是地理环境多重因素综合作用的结果，地理要素的不同组合与变化是导致传统聚落及其民居建筑产生差异化的根本原因。对地理环境各要素进行详尽分析，归纳总结出区域特色，才能厘清传统聚落及其民居建筑的形成机制与演变路径。为了更好地阐释重庆地理环境的基本特征，本章将从区域概况、自然环境、人文环境等三个方面进行分析解读。

1.1 区域概况

1.1.1 地理位置及行政区划

1）地理位置

重庆市位于我国西南部，长江上游地区，四川盆地东南部，跨东经105° 17′ ~110° 11′，北纬28° 10′ ~32° 13′，地处青藏高原与长江中下游平原的过渡地带，属于我国第二级地形阶梯。东邻湖北省、湖南省，南靠贵州省，西接四川省，北连陕西省，是长江上游最大的经济中心、西南工商业重镇和水陆空交通枢纽，地处我国中西经济地带的结合部（图1.1）。从最西端的荣昌区远觉镇白家寺村到最东端的巫山县三溪乡双龙村，东西宽约470 km；从最北端的城口县左岚乡齐心村到最南端的秀山

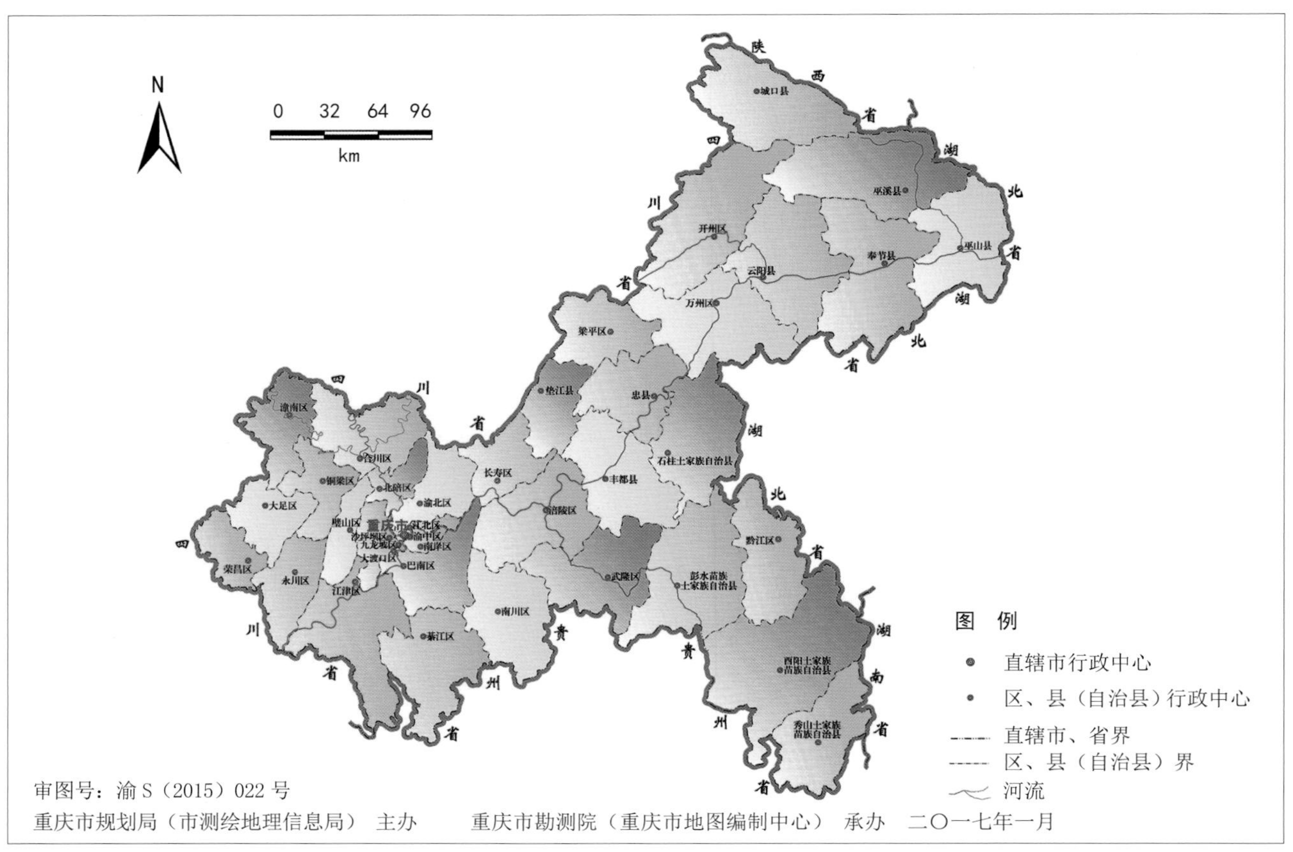

图1.1 重庆市行政区划图

表 1.1　重庆市区、县（自治县）人口与面积一览表

行政区	人口（万人）	面积（km^2）	人口密度（人/km^2）
渝中区	64.95	24	27 063
大渡口区	33.27	103	3 230
江北区	84.98	221	3 845
沙坪坝区	112.83	396	2 849
九龙坡区	118.69	432	2 747
南岸区	85.81	265	3 238
北碚区	78.62	755	1 041
渝北区	155.09	1 452	1 068
巴南区	100.58	1 825	551
涪陵区	114.08	2 941	388
綦江区	107.84	2 747	393
大足区	76.39	1 434	533
长寿区	82.43	1 421	580
江津区	133.19	3 216	414
合川区	136.06	2 343	581
永川区	109.61	1 579	694
南川区	56.43	2 589	218
璧山区	72.52	915	793
铜梁区	68.72	1 342	512
潼南区	68.23	1 341	509
荣昌区	70.10	1 077	651
万州区	160.74	3 453	466
开州区	168.35	3 959	425
黔江区	46.20	2 390	193
梁平区	66.40	1 888	352
武隆区	34.67	2 892	120
城口县	18.63	3 289	57
丰都县	59.56	2 899	205
垫江县	67.67	1 517	446
忠县	70.80	2 187	324
云阳县	89.66	3 636	247
奉节县	75.33	4 098	184
巫山县	46.23	2 955	156
巫溪县	39.10	4 015	97
石柱土家族自治县	38.65	3 014	128
秀山土家族苗族自治县	49.13	2 453	200
酉阳土家族苗族自治县	55.65	5 168	108
彭水苗族土家族自治县	50.64	3 897	130
合计	3 067.83	82 403	372

注：统计时间截至2017年。

土家族苗族自治县兰桥镇红卫社区，南北纵贯约450 km。面积8.24万 km^2，在全国省、自治区、直辖市中位居第26位。

2）行政区划

截至2017年，重庆市辖38个区县，其中26个区、8个县、4个自治县（表1.1）。其中：人口最多的是开州区，为168.35万；面积最大的是酉阳县，为5168 km^2。人口密度最大的为渝中区，高达27 063人/km^2；人口密度最小的为城口县，只有57人/km^2。重庆以主城区为依托，各区、县（自治县）形如众星拱月，构成了大、中、小城市有机结合的组团式、网络化的现代城市群，是中国目前行政辖区最大、人口最多、管理行政单元最多的特大型城市。

1.1.2 自然与人文环境基本特征

1）自然环境基本特征

宽广的地域，优越的位置，独特的自然历史条件，使重庆市具有复杂多样的地理环境，其最突出的特征表现在以下几个方面。

(1) 地形复杂多样，山地丘陵占有很大比重

重庆市东北部雄踞着大巴山地，东南部斜贯有大娄山脉，西部为方山丘陵，中部主要为低山与丘陵相间排列的平行岭谷。各构造体系不同的岩层组合，差异性很大的构造特征和发育规律，塑造了复杂多样的地貌形态。其中，山地面积最大，约占全市总面积的76.4%；其次为丘陵，约占17.7%。二者合计约占94.1%。最少的为平原（平坝），只占约2.4%。形成了以山地丘陵为主的地貌形态特征。

(2) 冬季温暖，夏季炎热，降水丰沛，立体气候明显

重庆市属于典型的亚热带湿润季风气候，冬季由于秦岭大巴山的屏障作用，减弱了寒潮威胁，致使冬季较同纬度地区温暖；夏季因西太平洋副热带高压和青藏高压的叠加效应，致使夏季炎热，多伏旱。受来自太平洋的东南暖湿气流和印度洋的西南暖湿气流的影响，重庆降水丰沛，大部分地区年降水量在1 000~1 200 mm。因地形起伏大，高差悬殊，致使水热条件重新分配组合，形成了明显的立体气候。

(3) 河流众多，山地河流特征显著

据统计，流域面积大于50 km^2的河流有374条。长江干流自西南向东北横贯全境，南北有众多的支流汇入。左岸支流主要有嘉陵江、御临河、龙溪河、小江、大宁河等，河流众多，源远流长；右岸支流除了乌江、綦江（河）较长外，其他支流均较为短小，且河流稀疏，构成了左多右少的向心型不对称网状水系。流经山区的河流大多水流湍急，暗礁险滩较多，河谷多呈“V”字形，具有显著的山地河流特征。

(4) 植被类型复杂多样，紫色土分布广泛

首先，重庆属于典型的亚热带湿润季风气候，高温多雨，雨热同季，为植物的生长提供了良好的水热条件；其次，山地丘陵广布，地形复杂多样，立体气候明显，也为植物生长提供了不同的生境条件；第三，因北部秦巴山地的屏障作用，第四纪冰期影响较弱。以上因素的综合作用致使植物种类繁多，起源古老，多珍稀孑遗植物；植被类型较多，主要包括常绿阔叶林、常绿落叶阔叶混交林、落叶阔叶林、针叶林、针阔混交林、竹林、灌丛、稀树草丛（草坡）、草甸等植被类型；因地形高差大，植被垂直分异明显。由于紫红色砂、泥岩分布十分普遍，致使紫色土广泛发育，分布普遍。

2）人文环境基本特征

优越的地理位置，独特的自然环境，悠久的发展历史，多元的文化交融，使得重庆人文环境独具特色，其最突出的特征表现在以下几个方面。

(1) 战略位置突出，为历代兵家必争之地

重庆（城）作为历代中央王朝的西南大后方，腹地（四川盆地）辽阔，气候温湿，物产丰富，位居长江上游，三面环水，四周群山环绕。上控巴蜀，下引荆襄，北达中原，南及潇湘，既可攻，也可守，自古便是王朝建国势必首先控制的战略要地。重庆（城）因“府会川蜀之众水，控瞿塘峡之上游，临驾蛮僰，地形险要”（吴庆洲，2002），更具有重要的军事防御和地缘政治区位，为历代兵家必争之地。从巴人建都、秦汉设郡、三国相争到宋蒙战争，无

不充分体现了这一点。

(2)人类起源地，三次(或六次)建都，四次筑城，三次直辖，历史文化底蕴深厚

重庆三峡地区发现的“巫山人”，被考古界认为是中国最早的人类，将我国人类起源时间提早到200万年前，说明巴渝地区也是原始人类起源地之一。春秋末期，白虎巴人从枳(今涪陵)向西溯江而上，到达今渝中区(古时称为“江州”，意为江中之州)，并定都江州，这是重庆(城)历史上第一次被作为国都。1363年正月，明玉珍在重庆称帝，建国号大夏，年号天统，以重庆(城)为国都，这是第二次建都。抗日战争全面爆发后，1937年11月，中华民国政府颁布《国民政府移驻重庆宣言》，定重庆为战时首都(陪都)，这是第三次建都。其实，在定都江州前后，巴国还有三次定都在枳(涪陵)、平都(丰都)、垫江(合川)等重庆市域范围内。因此，在重庆地区应有六次建都的经历。

重庆(城)历史上著名的筑城行动共有四次：一是秦代，秦国派张仪在朝天门和江北嘴附近修筑土城，史称“仪城江州”；二是三国蜀汉时期，李严父子筑城，形成了完整的渝中区下半城格局；三是南宋彭大雅筑城，城池西移北拓至今天的较场口、临江门一带，扩大近两倍；四是明初戴鼎在宋代旧城基础上大规模修筑石城，应“九宫八卦”风水之象，形成“九开八闭”十七道城门的完整体系。

1939年5月5日，民国政府颁令将重庆升格为中央直辖市，这是第一次直辖。中华人民共和国成立后，1953年3月12日重庆市升为中央直辖市，这是第二次直辖。1997年3月14日，第八届全国人大五次会议批准设立重庆直辖市，并将万县市、涪陵市和黔江地区划入重庆直辖市，同年6月18日正式挂牌，这是重庆历史上第三次成为直辖市。

除了在重庆(城)建国都之外，历史上巴国还在涪陵、丰都、合川等地建过国都，因此，重庆地区历史文化底蕴深厚，源远流长。既有个性鲜明的巴文化，又有神秘的巫鬼文化；既有中国传统的宗教文化、风水文化和宗法礼制，又有重庆特色的山地文化、码头文化、开埠文化和民俗文化。

(3)七次大移民，土司自治，开埠通商，多元文化交融

第一次大移民发生在秦灭巴蜀之后，即公元前316年，秦大将司马错率大军伐蜀灭巴，以张若为蜀守，后二年“移秦民万家实之”。第二次大移民起于东汉末年到东晋时期，主要是因中原战争，如“永嘉之乱”导致的北方汉人入巴蜀，以及成汉后期十万余户僚人由贵州入巴蜀。第三次大移民发生在唐中叶天宝十四年(755年)“安史之乱”后。第四次大移民始于北宋靖康元年(1126年)“靖康之乱”后。第五次大移民发生在元末明初，以湖北为主的南方移民大量进入巴蜀地区，史称第一次“湖广填四川”。第六次大移民发生于清代前期，历经100余年，规模空前，史称第二次“湖广填四川”。第七次大移民发生在抗日战争时期。如果把春秋战国时巴人沿峡江入川东——“巴子都江州”作为一次移民的话，重庆地区历史上应是八次大移民。南北方的大量移民进入重庆地区，带来了南北方文化与本土文化的碰撞与交融。

在渝东南地区居住着土家族、苗族等少数民族，元、明、清三朝均在此推行土司制度，实行地方自治，因此，土家族文化、苗族文化得到了较好的保护与传承。1891年3月1日，重庆海关正式设立，标志着重庆正式开埠，导致西方文化逐渐进入重庆地区，出现了西式建筑或中西合璧的建筑风格。

总之，七次大移民、土司自治与开埠通商，使得重庆地区既有南北文化与本土文化、少数民族文化与汉族文化的碰撞与交融，又有东方文化与西方文化的对立与统一，具有明显的多元文化交融性。

(4)开放包容，淳朴憨直，集体观念强烈

重庆是个典型的移民城市，也是西部开埠通商最早的城市，并且位居长江这条黄金水道，历史上商贾云集，对外交流十分频繁。虽然位于山地区域，但具有明显的开放性和包容性。巴人具有“崇力尚勇”和“淳朴憨直”的阳与阴、刚与柔的二元人文精神，并且这两个方面相互补充、相互调节，阳

刚之气与阴柔之美巧妙融合，刚柔相济，阴阳和合。由于重庆90%以上为山地丘陵，自然环境较差，再加上绝大多数为移民。因此，移民迁至他乡，常常结成一定团队、行帮或同乡会等，利用集体的力量安身立命，形成了较强的群体意识。这种意识使重庆人有顾集体忘私利的传统，正如袍哥组织的口头禅是："袍哥人家，义字当先，决不拉稀摆带（重庆话，意思是决不推辞）！"

1.2 自然环境

1.2.1 地质条件

1）地质构造发展简史

按照槽台学说观点，重庆市主要由扬子准地台和秦岭地槽褶皱系两大地质构造单元组成。其中，绝大面积为扬子准地台，而地槽区仅仅位于北大巴山印支运动褶皱带南缘的一小块区域。因此，重庆市的地质构造基础形成历史悠久，十分稳定，其地质构造发展史从老到新可划分为：中元古代—新元古代早期扬子准地台褶皱基底形成时期，南华纪—三叠纪槽台分野时期和侏罗纪—第四纪陆内改造时期3个阶段（周心琴，2012；图1.2）。

（1）中元古代—新元古代早期

该时期为扬子准地台基底形成阶段，属于晋宁期，距今1 400百万—800百万年。由于晋宁运动及同期内区域动力变质作用，岩层全部变形、变质，形成全形褶皱和以板岩、变余杂砂岩为代表的单相变质岩，构成了重庆市域的褶皱基底。

（2）南华纪—三叠纪时期

该时期为槽台分野阶段，距今800百万—205百万年。本阶段按地质发展的特点可分为南华纪（澄江期）、震旦纪—志留纪（加里东期）、泥盆纪—中二叠世（华力西期）和晚二叠世—三叠纪（印支期）4个发展时期。

（3）侏罗纪—第四纪时期

该时期为陆内改造阶段，距今205百万年以后，又可分为以下两个时期。

①侏罗纪—白垩纪发展时期

属于燕山期，距今205百万—65百万年。晚三叠世末至早侏罗世初，印支运动使北部槽区普遍发生褶皱回返，台区海水全部退出，成为大型红色内陆盆地，气候转为炎热干旱。中侏罗世有一次明显的水退过程，使湖底普遍露出水面遭受侵蚀。随后湖盆相对下降，广大地区处于浅湖-滨湖-河流-洪泛盆地环境，沉积物为灰绿、紫红色长石石英砂岩、泥岩及深灰色砂页岩。晚侏罗世本区处于相对宁静的构造环境，属干旱条件下的洪泛-河流环境，广泛沉积了鲜红色的多韵律砂泥岩。

白垩纪时期，本区大面积上升，处于风化剥蚀环境。燕山运动在地槽区表现为差异性的升降运动；在地台区则使白垩纪以前的较老地层发生褶皱，形成该区的北北东向褶皱构造。

②新生代发展时期

属于喜马拉雅期，距今约65百万年。本区的古地理环境仍以风化剥蚀为主，无古近纪、新近纪的沉积记录。喜马拉雅运动对该区影响强烈，在大巴山区，使印支期萌芽的逆掩推覆构造经燕山、喜马拉雅运动而得到进一步发展；在台区则使经燕山运动形成的褶皱发生改造。

总之，重庆地区的绝大部分为扬子准地台，其上的盖层除北缘部分为印支运动褶皱定型、渝东南为燕山运动褶皱定型外，其余大部分为喜马拉雅运动褶皱定型。新生代以来的新构造运动主要表现为间歇性抬升、表层扭动及断裂活动，从而形成了复杂多样的构造地貌形态。

2）大地构造单元划分

根据四川省地质矿产科研所编写的《四川省大地构造若干基本问题》（1980年）的论述，并结合重庆的实际情况，可把重庆地区划分为以下大地构造单元。

（1）渝西褶皱带

渝西褶皱带处于华蓥山深大断裂以西地区，包括荣昌、大足、潼南及永川、铜梁、合川的西部。渝西褶皱带其基底为刚硬结晶岩体，因受古构造长期隆起抵挡和华蓥山深大断裂的限制，在向西南的挤压下，形成龙女寺-潼南半环状褶皱带及合川-大足北东向褶皱构造群。其总的特征为：盖层构造褶皱微弱，岩层倾角在1°~3°；盖层褶皱卷入的深度浅，一般至三叠系、二叠系地层就逐渐消失；构造线方向多变，且多为短轴背斜、鼻状背斜组成边环旋扭构造；地表物质为一套塑-脆性互层构造侏罗系红层，被侵蚀、剥蚀后常成为方山或锥状丘陵。

（2）渝中渝东褶皱带

渝中渝东褶皱带位于华蓥山深大断裂以东，七曜山-金佛山断裂以西以北的重庆中部及东北地区，包括重庆主城区、江津、璧山、渝北、垫江、梁平、丰都、涪陵、綦江等全部；永川、铜梁、合川的东部；开州、云阳、奉节的南部；巫山、万州、石柱、武隆、南川、万盛的西部或西北部。该带在印支运动形成华蓥山隆起的基础上，燕山期仍受东南及西部两侧板块夹击，产生顺时针的水平扭压并开始褶皱，喜山期定型成北北东向并向西南扇形展开，南部转向近南北向，北部转为近东西向的“S”形隔挡式褶皱带。其主要特征为：基底为弱性或无磁性的变质岩系构成。在挤扭过程中因受乐山-龙女寺古隆起阻挡，在重庆城区以西形成向西南撒开的帚状

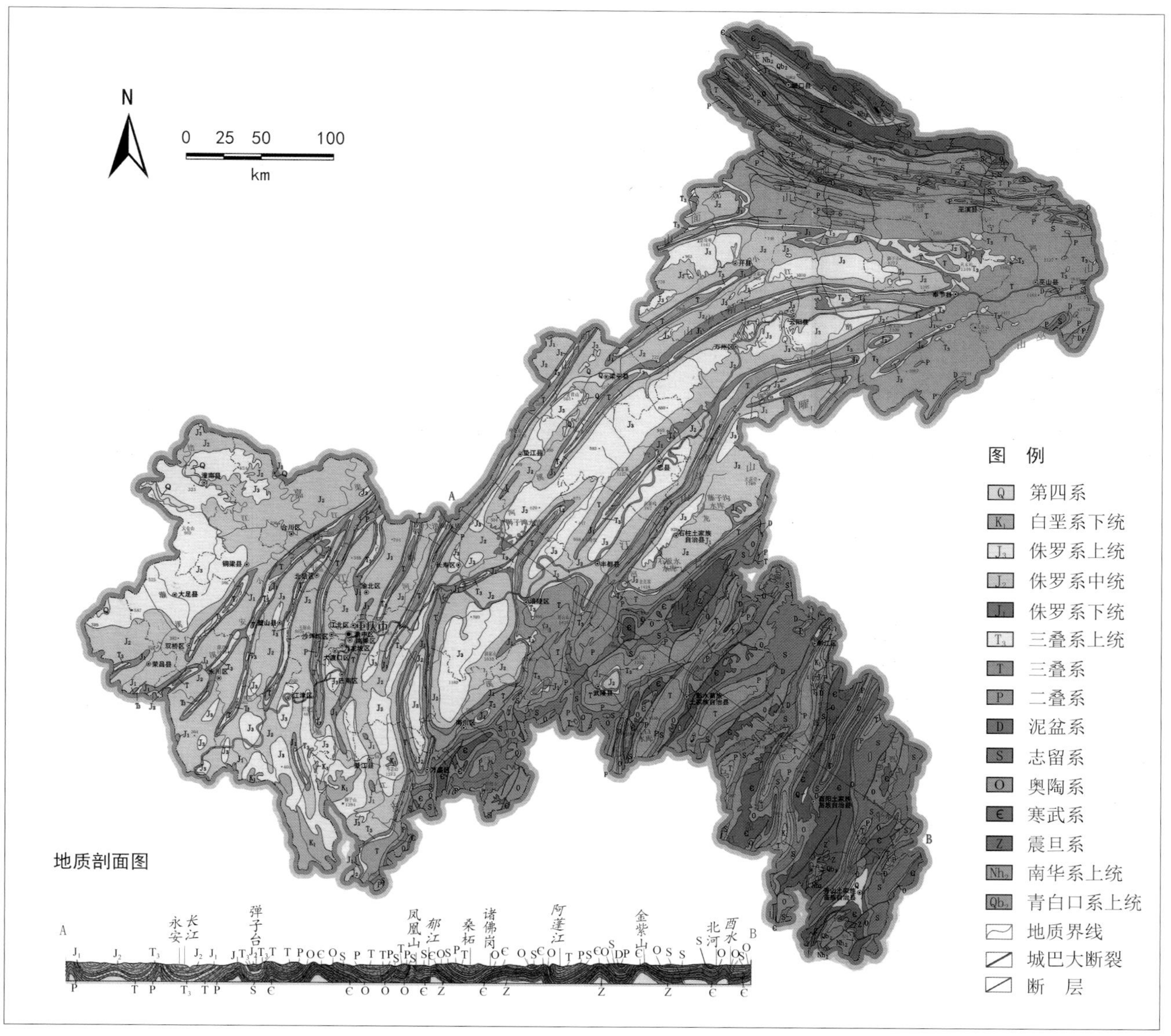

图 1.2 重庆市地质图

图片来源：《重庆市地图集》编纂委员会，2007

褶皱；在重庆城区以南呈南北走向；北部受大巴山弧形断褶带的干扰转向近东南向，形成向西突出的“S”形弧形褶皱带。背斜细长高峻，轴部纵向断裂发育，主要有铜锣山、明月山、方斗山等20多条；向斜构造宽缓，常有次一级鼻状构造伴生。背斜褶皱紧密，向斜宽阔，相互平行有序排列，组成典型隔挡式梳状褶皱构造带。地表物质除华蓥山复背斜及个别背斜高点出露古生代地层外均为中生代地层。地质构造控制着地貌形态及其展布。长江以北地区背斜发育成高峻山岭，向斜则为低缓丘陵或平坝，井然有序平行排列，这种地貌组合景观成为我国典型的平行岭谷区；长江以南地区地形倒置，向斜山海拔一般高于背斜山地。

（3）渝东南坳陷褶皱带

渝东南坳陷褶皱带位于七曜山-金佛山深大断裂的东南部，其范围包括万盛、南川、武隆、石柱、巫山的部分地区，彭水、黔江、酉阳、秀山等区县全境。该带为古生代显著坳陷、中生代相对隆起、燕山期生成的褶皱带。其特征为：背斜构造为宽缓的箱状褶皱，轴部常伴生纵向压性断裂和次一级鼻状构造，主要有七曜山、郁山等10余条背斜；向斜构造多为狭长展布其间，相间平行排列，组成典型隔槽式构造体系。构造线多呈北东向伸展，北部巫山县境内与川（盆）东褶皱带复合，制约着山脊线的伸延。背斜发育成山体宽缓，山脊受岩性控制；向斜则发育细长，顶面平缓台地或台状山地，海拔一般高于背斜山地，组成地形倒置地貌景观。

（4）渝东北大巴山弧形断裂褶皱带

该带位于重庆市东北部，主要在城口、巫溪、巫山、奉节、开州等区县境内，由北大巴山断裂褶皱带及南大巴山弧形褶皱带组成。其特征为：大巴山弧形断裂褶皱带形成于印支期，后经燕山期、喜山期向南逆冲推覆，形成现今构造体系。北大巴山断裂褶皱带位于高观寺-钟宝断裂以北，境内为岚溪-东安复式褶皱，褶皱线形紧密，背斜轴部断裂异常发育，走向为北西向。其南为南大巴山弧形褶皱带，由城口-高燕复向斜、庙坝-桐油坝冲断复背斜等10个构造组成，构造线由西部的北西转向近东西向，并向南突出，呈弧形构造体系；地层由北部的前震旦系、震旦系、寒武系向南逐渐由二叠系、三叠系、侏罗系地层构成。

总之，在大地构造运动的作用下，重庆市总的构造面貌为：大巴山构造线多为北西向，渝东南多为北北东向城垛状褶皱，渝西小部分为舒缓背斜、穹隆与向斜，其余大部分地区则表现为北北东-北东向梳状褶皱。

3）*地表岩石*

地表岩石不但是地貌发育、土壤形成的物质基础，而且也是房屋、道路、桥梁等建设的重要材料，主要包括以下几种类型。

（1）砂岩为主的岩组

本岩组包括白垩系上统夹关组（正阳组）及三叠系须家河组两大地层，是建设营造的一种良好石材。

白垩系上统夹关组主要分布于綦江、江津的紫荆山、花金山、老马山、四面山及黔江正阳等向斜轴部地区。为一套强氧化环境下的浅水河湖相堆积，以砖红色、紫红色长石、石英砂岩为主，其粒度为中至细粒，并夹有紫红色砂质泥岩（图1.3）。砂岩的矿石成分为石英占50%~70%、长石占5%~10%、岩屑占20%~40%。该岩组抗蚀强，构造向斜多发育为倒置台地或中山。三叠系须家河组为内陆湖沼-河流相堆积，呈青灰色或灰白色块状，以粗、中或细粒长石、石英砂岩为主，其组

图1.3　砖红色砂岩（江津区四面山）

成成分为石英占75%、长石占13%~15%、岩屑占15%~20%。本岩组质地坚硬，呈条状展布于背斜轴部或翼部，常成锯齿状或长垣状峰岭。

（2）砂岩、泥岩、页岩互层岩组

本岩组主要包括：志留系中下统绿色、黄绿色、深灰色页岩、细砂岩互层，为一套滨海、浅海相沉积；侏罗系珍珠冲组、新田沟组、蓬莱镇组等地层，为浅湖或河湖相堆积。砂岩主要颜色为紫红色、灰紫色，具有层状和块状构造，以中粒、细粒长石石英砂岩、岩屑石英砂岩为主，石英含量大于70%，长石为10%~35%，黏土矿物主要为水云母、绿泥石和蒙脱石。由于地层软硬岩互层、黏土矿物遇水膨胀，是造成滑坡的重要原因。

（3）泥岩为主的岩组

本岩组主要由侏罗系自流井组、沙溪庙组和遂宁组等地层组成。前两者主要分布于背斜山麓，后者展布于西部及中部的向斜地区，泥岩占56.2%~98.9%，主要成分为高岭土、水云母。砂岩中石英占59.8%~87.5%、长石占1.5%~30%、岩屑占5.5%~21.6%。本岩组抗压强度低，风化剥落严重，遇雨常成泻流。

（4）石灰岩为主的岩组

本岩组主要由三叠系嘉陵江组与大治组、二叠系茅口组与栖霞组、奥陶系以及寒武系石龙洞组等地层组成。除嘉陵江组灰岩出露于重庆中部地区背斜轴部外，其余均分布于大巴山地和武陵山、大娄山地。灰岩是喀斯特地貌形成的内在因素，在自然要素相同的条件下，喀斯特地貌发育程度取决于灰岩中氧化钙的含量（图1.4）。

（5）板岩为主的岩组

在渝东北大巴山区出露有以板岩为主的变质岩，层理发育，易剥成薄片当瓦盖（图1.5）。因此在

（a）酉阳县板溪镇山羊村

（b）万盛经开区龙鳞石海

（c）酉阳县苍岭镇阿蓬江（一）

（d）酉阳县苍岭镇阿蓬江（二）

图1.4　不同层理的石灰岩

（a）

（b）

图 1.5　出露地表的板岩（城口县高楠镇）

城口县高楠镇方斗村，传统民居大都以板岩为主要建筑材料，形成了独具地域特色的石板房。

1.2.2　地貌条件

1）地貌特征

重庆地处我国第二级地形阶梯东缘，既是盆（四川盆地）东平行岭谷的一部分，又是盆中丘陵和盆东山地的交接地带，地形十分复杂。其东北部雄踞着大巴山地，东南部斜贯有大娄山脉，西部为方山丘陵，中东部主要为低山与丘陵相间排列的平行岭谷。各构造体系不同的岩层组合，差异性很大的构造特征和发育规律，塑造了复杂多样的地形地貌形态。

（1）地貌类型复杂多样，以山地丘陵为主

重庆地貌形态可分为中山（海拔1000~3500 m）、低山（海拔500～1 000 m）、丘陵、台地、平原（平坝）等五大类型。其中，中山、低山面积最大，二者合计达62 934 km^2，约占全市总面积的76.4%；其次为丘陵，面积为14 555 km^2，约占17.7%；第三为台地，面积为2 943 km^2，约占3.6%；最少的为平原（平坝），面积仅为1 971 km^2，约占2.4%，构成了以山地丘陵为主的地貌形态类型组合特征（表1.2，图1.6、图1.7）。

①中山

主要分布于重庆市的东北部和东南部。前者由巴山、帽合山、天子山、墨架山、龙池山、磨盘山、天池山等山地组成了大巴山脉，是重庆与陕西、湖北的界山。山脊线因受地质构造控制，由北西向逐渐转向近东西向呈弧形平行伸展。山岭海拔均在1 500 m以上，其中巫山县、巫溪县交界处的天池山主峰阴条岭高达2 793.8 m，为重庆市的最高峰。巫山、大娄山山脉构成了重庆市东南边缘山地，是重庆与湖北、湖南、贵州的界山，主要有方斗山、七曜山、巫山、普子山、八面山、金佛山等山脉，以海拔2 251 m的金佛山风吹岭为最高峰。这些山脉的山脊线多呈北东-西南向伸延，其北穿越长江与大巴山地交汇于巫山县境内，形成以巫山为扇顶，向西作扇形张开展布的地貌形态结构特征。

中山按其成因又可分为复背斜构造中山、背斜构造中山、侵蚀-剥蚀中山等类型。复背斜构造中山是大巴山地的主体，主要有插旗山、磨盘山等，海拔大多在2 000 m以上，其岩石以灰岩为主，经岩

表 1.2　重庆市地貌形态类型及其占比一览表

类　型	平原（平坝）	缓　丘	低　丘	中　丘	高　丘	台　地	低　山	中　山	总　计
面积（km^2）	1 971	394	3 735	4 586	5 840	2 943	19 876	43 058	82 403
占比（%）	2.4	0.5	4.5	5.6	7.1	3.6	24.1	52.3	100.0

资料来源：陈升琪等，2003

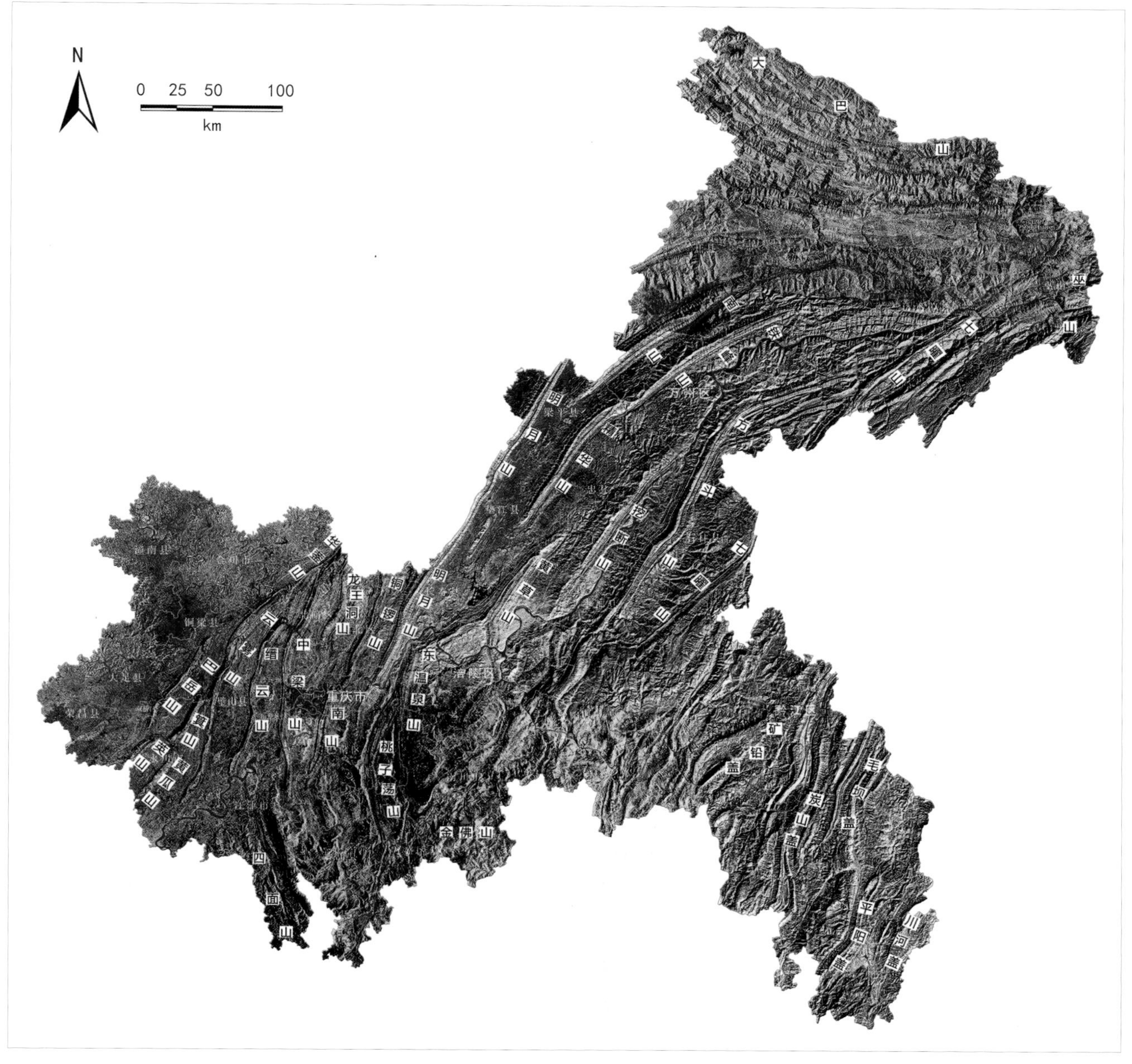

图 1.6　重庆市卫星影像图

溶作用后，溶蚀洼地、漏斗、干谷等次一级地貌形态叠置其中。背斜构造中山主要有方斗山、七曜山等，海拔大多在1 500 m以上。侵蚀-剥蚀中山，主要由向斜构造经侵蚀、剥蚀作用后形成的，海拔一般高于背斜构造中山，称为倒置地形，主要分布于长江以南地区，如金佛山、四面山等。

②低山

低山按其成因可分为背斜构造低山、侵蚀-剥蚀低山、单斜构造低山和喀斯特低山等类型。

背斜构造低山主要分布在长江南北两岸。在长江北岸自东向西有铁峰山-精华山、黄草山、明月山、铜锣山、龙王洞山、中梁山、缙云山、云雾山、巴岳山、黄瓜山、箕山及英山等；在长江南岸主要有丰盛山、桃子荡山、真武山等。背斜构造低山的特征主要是：a.从展布规律看，深受其地质构造单元控制，山文线与构造线相吻合，多为北北东、北东向，并成弧形向西南撒开，相互平行伸展，反映梳状褶皱特征。b.从山体海拔高度看，从南北两个方向向长江河谷逐渐降低，主峰自北1 000 m左右（黄草山1 035 m、明月山1 183 m）向南至长江河谷降为500～600 m。c.从山体形态特征看，深受岩性的控制，若山体轴部为三叠系须家河组砂岩，则山体呈“一山一岭”形态，山岭受横向裂隙和沟谷分割，常形成锯齿状岭脊；若山体轴部为三叠系嘉陵江组灰岩组成，则沿着构造线方向发育长条状、谷底低平的喀斯特槽谷，两侧被须家河组砂岩构成的单斜山岭夹持，呈“一山二岭一槽”形态；若山体轴部为二叠系上统及三叠系飞仙关组灰、页岩组成背斜山岭，则多呈“一山三岭二槽”形态。这种受隔挡式地质构造和灰岩条带状分布的控制，山体中发育喀斯特槽谷为我国特有地貌景观，故有人曾称为“川东式”背斜构造低山。

侵蚀–剥蚀低山系指向斜构造经流水侵蚀、剥蚀形成仰舟状或桌状山地。主要分布于长江南岸的巴南、綦江、江津、涪陵等地区，主要有老店子（海拔713 m）、新房子（海拔641.8 m）、太和山（海拔655 m）、天马山（海拔1 100.9 m）、香炉山（海拔934 m）、石庙山（海拔1 064 m）等。侵蚀–剥蚀低山特征主要为：a.山体受地质构造单元控制，大部呈南北向展布；海拔由南向北逐渐降低，即由南部海拔1 000 m左右至长江沿岸降为500～600 m。b.山体海拔均高于两侧背斜构造低山100～200 m，呈地形倒置现象。c.山体由白垩系夹关组和侏罗系蓬莱镇组、遂宁组砂、泥岩组成。差别侵蚀的结果是山坡多呈阶梯状；阶梯的级数和高度取决于砂岩的层次及厚度。d.山顶地势较平缓，常有锥状、桌状残丘点缀其上。

单斜构造低山主要分布于长江以南的綦江、涪陵、武隆等地区，多为侏罗系上、下沙溪庙组及三叠系须家河组砂、泥岩组成，其共同特征是：a.山脊线与构造线相吻合，多为砂岩构成长垣状山岭；若岭脊被横向沟谷分割，则形成锯齿状山岭。b.山

（a）大巴山（城口县）

（b）方斗山（石柱县千野草场）

（c）酉阳花田梯田（酉阳县花田乡何家岩村）

（d）金佛山（南川区）

图 1.7　重庆市部分山地地貌形态

体形态受岩性和岩层倾角控制，顺倾坡与岩层倾角基本一致，形态呈单面山或猪背脊。

喀斯特低山主要分布于南部和东南部的綦江、万盛、酉阳、秀山等地。綦江、万盛等地的喀斯特低山由二叠系及三叠系灰岩夹泥岩构成山体，为峰丛、洼地、漏斗等组合形态，海拔700～900 m。秀山、酉阳等地喀斯特低山，为寒武、奥陶系灰岩组成，海拔700～900 m，顶面溶蚀残丘、峰丛密布，比高40～60 m，丘间洼地发育，无明显山脊线。

③丘陵

按形态丘陵可分为缓丘、低丘、中丘和高丘；据成因又可分为水平构造丘陵、单斜构造丘陵、侵蚀-剥蚀丘陵和剥蚀-残积丘陵等类型（图1.8）。

水平构造丘陵主要分布于岩层倾角小于7°的向斜构造轴部附近地区及舒缓褶皱地区，按形状又可分为台状丘陵、方山丘陵。台状丘陵的丘顶平缓，沟谷分割不深，呈波状起伏，俗称“坪”或“寨子”；方山丘陵的丘坡陡峻，多为阶梯状，风化剥落及重力崩塌严重。

单斜构造丘陵主要分布于背斜构造山地的两侧，为侏罗系砂泥岩或灰岩组成，海拔400～500 m。山体形态因砂、泥岩互层，抗蚀力悬殊，泥岩出露地区常发育次成谷，砂岩则成单面山或猪背脊的硬盖。单斜构造丘陵多沿构造线展布，常有数列平行排列，其列数取决砂岩的层次，即一层一列单斜构造丘陵。它的高度向背斜山地逐渐升高，从低丘、中丘、高丘，呈迭瓦式组合。

侵蚀-剥蚀丘陵系指硬、软岩构成的单斜构造丘陵或方山式丘陵，硬盖被蚀，丘体泥、页岩进一步被剥蚀后，其高度降低，形状多呈锥状或馒头状，坡形多为凹坡。侵蚀-剥蚀丘陵因流水剥蚀导致丘坡不断后退，丘体日益缩小，丘间谷地因接受堆积逐渐扩宽、展平，故就地区而言丘体总面积小于丘间谷地的面积，比高小于20 m，多呈圆锥形，坳谷发育，常称“缓丘带坝”。

④平原（平坝）

重庆市的平原实际上是一种平坝地貌，面积很小，仅占全市总面积的2.4%左右。平坝按其成因可分为冲积-洪积平坝、剥蚀-残积平坝、喀斯特平坝及湖积平坝4种类型。

冲积-洪积平坝主要由长江、嘉陵江、涪江等河流的一、二级阶地构成，海拔200～250 m，相对高度20～40 m。地势低平，供水条件较好，故合川、江津等城镇均坐落其上。

剥蚀-残积平坝系指基岩残丘及坳谷组合形态，比高小于10 m。它们均分布于次成谷分水岭的现代河谷尚为达到裂点以上地区。例如长寿的渡舟、双龙，垫江的澄溪铺、垫江县城、龚家坝，九龙坡区的白市驿等地。

喀斯特平坝主要位于长江以南灰岩地区，其中面积较大的有秀山坝、龙潭坝及小坝、酉坝等。秀山坝位于秀山县城一带，呈北东向展布，海拔

（a）梁平区金城寨丘陵

（b）北碚区静观镇丘陵

图 1.8　重庆市部分丘陵地貌形态

340～380 m，长34 km，最宽处10 km。该平坝系在寒武系灰岩溶蚀盆地的基础上，由喀斯特残积物与河流冲洪积物组成。秀山坝地势平缓，是重庆市最大的喀斯特平坝，故有“小成都平原”之称。

湖积平坝位于梁平区府所在地，海拔430～460 m，面积138.75 km^2，为重庆市最大平坝（图1.9）。梁平平坝（坝子）地处假角山背斜西南倾没端与龙溪河向斜交汇处，原为一构造成因的山间盆地湖泊，后经多次河流、湖泊交替堆积而成。其堆积物为灰色、浅灰色、黄灰色炭质黏土、砂黏土、泥炭层交替组成，最厚可达50余米。

（2）地势高差大，层状地貌明显

重庆市最高处位于东北部巫溪县、巫山县交界处的天池山主峰阴条岭，海拔2 793.8 m；最低处位于长江出重庆界的巫峡长江江面，即巫山县碚石镇鱼溪口，海拔高度随三峡水库的水位而改变，若按正常蓄水位175 m计，地势相对高差达2 618.8 m。巨大的高差导致了自然景观具有明显的垂直分异特征。若以山地的海拔而言，北部大巴山脉主峰大都在2 000 m以上，其中重庆境内的巴山主峰消洞湾后山海拔2 560 m（城口县与陕西省交界处）、旗杆山主峰马中尖海拔2 090 m（巫溪县）、帽合山主峰海拔2 217 m（城口县）、墨架山海拔2 426 m（开州区）、磨盘山海拔2 270 m（开州区）、天池山阴条岭海拔2 793.8 m等。大巴山地向南降至1 200～1 500 m，如狮子山海拔1 555.2 m、凤仙观为1 587 m（奉节县）、磨盘寨为1 309 m（云阳县）、老鹰岩为1 596 m（开州区）等。东南部山岭海拔一般在1 200～2 000 m。七曜山主峰夹壁山海拔1 988 m、武陵山主峰磨槽湾为2 033 m、仙女山主峰煤炭沟梁子为1 999 m、金佛山主峰风吹岭为2 251 m（大娄山脉最高峰），这些主峰构成区域性最高山岭，并由此向东南降低，普子山主峰为1 510 m，川河盖主峰为1 285.6 m。若按地势海拔划分，海拔500 m以下的面积占全市总面积的38.61%，500～800 m的占25.42%，800～1 200 m的占20.38%，1 200 m以上的占15.57%。由于地貌发育阶段的差异性及新构造运动的间歇性抬升，导致重庆地貌层状现象明显，属夷平面或剥夷面的残存面。各地残存面海拔不一，以大巴山地最高，中部山地最低。大巴山海拔由北向南降低，而武陵山、七曜山则由西北向东南逐级降低，这是因新构造运动差异性抬升的结果。

（3）峡谷众多，地貌灾害频繁

重庆境内河流均属长江水系。长江自江津区的

图1.9　梁平坝子一角（从梁平区滑石寨俯瞰）

羊石镇入境后，呈“S”形蜿蜒至巫山县的碚石进入湖北省，境内河长683.8 km。长江北有嘉陵江、御临河、大宁河等支流，南有乌江、綦江等支流注入，构成了纵横交织的河网体系。长江上著名的峡谷有猫儿峡、铜锣峡、明月峡、黄草峡、瞿塘峡、巫峡等；嘉陵江上著名的峡谷有沥鼻峡、温塘峡、观音峡等。除长江、嘉陵江峡谷外，还有以天险著称的乌江峡谷带，主要有三门峡、桐麻弯峡、盐井峡等；大宁河及其支流有闻名遐迩的龙门峡、巴务峡、滴翠峡、剪刀峡、荆竹峡、妙峡和小小三峡等（图1.10）。

这些峡谷的形成主要受地质构造及岩性的影响。一是峡谷位于地形隆起地带，河流穿过剧烈下切；二是构成峡谷的岩性多为侏罗系须家河组砂岩、三叠系或二叠系灰岩，这些岩石质地坚硬，抗蚀能力强，两岸谷坡虽受流水冲刷，但侵蚀缓慢，最终使其形成峭壁陡峻的峡谷形态。

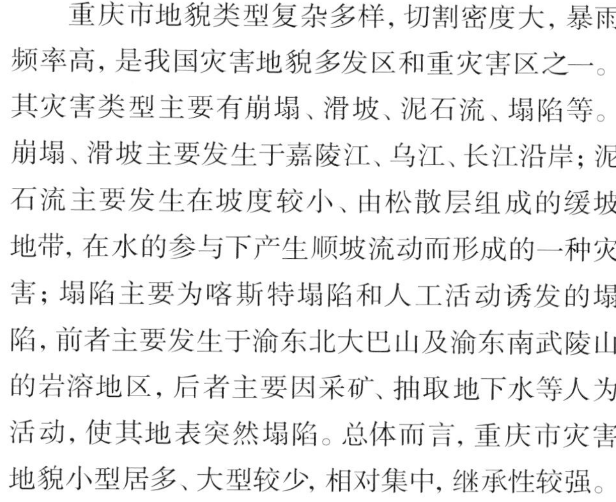

重庆市地貌类型复杂多样，切割密度大，暴雨频率高，是我国灾害地貌多发区和重灾害区之一。其灾害类型主要有崩塌、滑坡、泥石流、塌陷等。崩塌、滑坡主要发生于嘉陵江、乌江、长江沿岸；泥石流主要发生在坡度较小、由松散层组成的缓坡地带，在水的参与下产生顺坡流动而形成的一种灾害；塌陷主要为喀斯特塌陷和人工活动诱发的塌陷，前者主要发生于渝东北大巴山及渝东南武陵山的岩溶地区，后者主要因采矿、抽取地下水等人为活动，使其地表突然塌陷。总体而言，重庆市灾害地貌小型居多、大型较少，相对集中，继承性较强。

（4）地貌形态空间分异明显

重庆市在大地构造上分属渝西褶皱带、渝中渝东褶皱带、渝东南坳陷褶皱带和渝东北大巴山弧形断裂褶皱带四大单元。因此，导致地貌空间形态具有明显的区域差异，大致可分为以下五大地貌区。

（a）长江瞿塘峡（夔门）

（b）大宁河妙峡（巫溪县）

（c）阿蓬江峡谷（酉阳县苍岭镇）

（d）芙蓉江峡谷（武隆区浩口乡）

图 1.10　重庆市部分峡谷地貌形态

①渝西丘陵区

本区位于华蓥山、云雾山、巴岳山一线以西地区，包括潼南、大足、荣昌全境，合川、铜梁西部。其特征主要为：a.在构造上属渝西褶皱带，由侏罗系沙溪庙组和遂宁组紫红色砂、泥岩组成，褶皱舒缓，多呈穹状、鼻状背斜，岩层倾角多小于5°。b.地貌类型除大足、荣昌交界处为水平构造台状低山及沿江河狭小冲积平坝、剥蚀–堆积平坝外，其余均为红层构造的方山丘陵或圆锥状丘陵，约占本区面积的74%。c.丘间冲沟、坳谷异常发育，约占本区面积的5%。d.地表剥蚀、侵蚀严重。e.海拔多在250～400 m，约占本区总面积的88.5%。

②渝中渝东平行岭谷低山丘陵区

本区西以华蓥山、云雾山、巴岳山西麓为界；东以方斗山西麓与渝东南中山低山区为邻；北部至开州区温泉镇及巫溪县的起阳镇，与渝东北大巴山中山区相交；南以江津白沙、李市以及巴南南彭为界，与渝南低山中山区相接。其特征主要是：a.地貌发育与地貌形态受地质构造、岩性制约。本区由缙云山、中梁山、铜锣山、明月山等20余条背斜和其间的向斜构成了盆东褶皱带，背斜多成条状低山，向斜多发育为丘陵谷地，山文线与构造相吻合；背斜低山与丘陵谷地相间有序排列，构成了著名的“平行岭谷”地貌空间形态。山体形态受岩性差别的影响，呈“一山三岭两槽”“一山二岭一槽”或锯齿状、长垣状山岭形态；向斜为广阔丘陵、平坝组合的谷地形态，由背斜翼部至向斜轴部依次发育猪背脊、单面山、方山丘陵、台状丘陵。b.就山岭海拔而言，由南、北两个方向向长江河谷逐渐降低。c.长江横贯东西，流经背斜鞍部或倾伏端多切割成峡谷；流经向斜多形成宽谷，江面宽阔，河谷呈藕节状；峡谷与宽谷相间展布。

③渝南低山中山区

本区位于江津白沙、李市以及巴南南彭以南，綦江赶水、南桐一线以北地区。在行政管辖上为江津、綦江、巴南等三区的南部以及万盛经开区西北部。地貌主要特征为：a.地形倒置明显，向斜构造山地海拔一般高于背斜构造山地200～500 m。前者多为侏罗系遂宁组、蓬莱镇组紫红色泥岩、砂岩和白垩系夹关组砖红色砂岩构成的向斜发育而成塔状山地或台地，多为丹霞地貌。例如向斜构造山地——四面山主峰蜈蚣岭海拔1 709.4 m、轿子山1 751 m、花金山主峰狮子岩1 145.3 m、老马山1 354 m，而石龙峡背斜低山主峰海拔仅617 m，构成地形倒置地貌景观。b.地势由南向北逐级降低，是新构造运动南北差异性抬升的结果。就水平构造山地山顶面平均海拔而言，由南部1 400～1 500 m（四面山、金花山等）、中部1 100～1 000 m（天马山1 100.9 m）降到北部约600 m左右。c.山高坡陡，多呈阶梯状。本区山体大多为侏罗系蓬莱镇组、遂宁组紫色砂、泥岩及白垩系夹关组砖红色砂岩、页岩组成。因受差别侵蚀及新构造运动间歇性抬升，山体多呈阶梯状。例如四面山可分为海拔1700 m、1 400～1 500 m、1 100～1 200 m三级地形阶梯。沟谷切割后多呈嶂谷，如万盛经开区黑山谷（图1.11）；并且裂点发育，瀑布众多，如四面山望乡台瀑布落差达158 m（图1.12）。

④渝东南中山低山区

本区为四川盆地东南部边缘山地，主要由中山与低山组成，位于方斗山以东的渝东南地区，包括石柱、武隆、彭水、黔江、酉阳、秀山等区县。地貌主要特征为：a.地势起伏大，层状地貌发育。地貌类型以中山为主。若就山脉分布规律和山脊海拔而言，则由西北向东南方向递减，七曜山主峰夹壁山海拔1 988 m，武陵山主峰磨槽弯为2 033 m，仙女山主峰煤炭沟梁子为1 999 m；而东南部的主要山脉普子山主峰海拔1 510 m，咸丰中山天山堡为1 601 m，川河盖为1 285.3 m。因受新构造运动间歇性抬升导致层状地貌异常发育，以七曜山、仙女山主峰海拔2 000 m左右为代表，因受后期剥蚀侵蚀破坏，地表破碎，残存面积不大，构成了第一级层状地形。第二级层状地形海拔1 500 m左右，以方斗山、黄水坝、普子坝、金鸡盖、苍岭盖等顶面为代表，除黄水坝台地为侏罗系红色砂岩组成外，其余均为灰岩组成，顶面起伏缓和，尚残存残丘、洼地。第三级层状地形以东南部的毛坝盖、川河盖等台地为代表，海拔1 000 m左右。b.山脉平行展布，地形倒置明显。本区为典型隔档式箱状构造体系，宽缓的背斜和狭长的向斜相间平行排列，制约着地貌发育，山脊线与构造线基本一致，多呈北东–南西向展布。向斜发育成台地或桌状山地，黄水坝、毛坝盖、川河盖等，海拔一般高于背斜山地或丘陵200~500 m，形成地形倒置现象，两者相间平行排列，呈逆向平行岭谷组合景观。c.喀斯特地貌发育。本区灰岩分布广大，占全区面积60%以上，主要有三叠系、二叠系、奥陶系及寒武系灰岩或白云质灰岩。本区热量丰富，降水充沛，溶蚀作用强烈，促进喀斯特地貌发育，其面积约占全区60%以上，是重庆市喀斯特地貌发育最良好的地区。在喀斯特台地、山地顶面上均分布着残丘、峰林、洼地、暗河等次一级喀斯特地貌，其中万盛石林、武隆芙蓉洞等已成为旅游区。d.峡谷众多。乌江为长江南岸最大支流，境内长约235 km，呈东南–西北向于涪陵汇入长江，切割渝东南褶皱带形成由三门峡、桐麻弯峡等10多个峡谷组成的“乌江天险”。

⑤渝东北大巴山中山区

本区位于重庆最北侧，包括城口全部，开州、巫溪大部，奉节、云阳的北部。其地貌特征为：a.地貌发育受地质构造控制，山脊线与构造线基本吻合。西部呈西北–东南向展布，向东逐渐转向南突出近东西向伸展，于巫溪境内与渝东南中山低山区相接。背斜山与向斜发育山地，相间平行排列，前者低于后者，呈逆向地貌形态组合。b.山地庞大，地貌层状结构明显。大巴山峰峦起伏，由海拔1 500 m以上复式背斜中山组成，山脊线多在1 800~2 500 m，构成气势雄伟的重庆北部屏障，减弱了寒潮入侵。同时，因新构造运动间歇性不等量抬升，使其山地具有明显的层状结构，由此向南，层层下降，海拔分别为2 100~2 400 m、1 700~2 000 m、1 200~1 500 m、700~800 m四级夷平面。c.灰岩广布，喀斯特地貌发育良好。北部灰岩属寒武系和奥

图 1.11　万盛经开区黑山谷

图 1.12　江津区四面山望乡台瀑布

陶系；南部灰岩多属二叠系、三叠系，是本区喀斯特地貌发育的物质基础，加之降水充沛，地下水循环频繁，导致喀斯特地貌异常发育，峰丛、洼地、漏斗、溶洞点缀其间，特别是喀斯特平坝，如大官山

平坝、红池坝、九大湖平坝、文峰坝、朝阳坝、通城坝等展布其间，使大巴山地更显雄伟壮丽。

2）地貌演化过程

现今重庆的地貌骨架是由白垩纪燕山运动生成的渝东南坳陷褶皱带、渝东北大巴山弧形断裂褶皱带，以及喜山运动生成的渝西褶皱带、渝中渝东褶皱带经联合、复合而成的。在长期的内外地质营力共同作用下，形成了如今复杂多样的地貌类型。

白垩纪燕山运动发生强烈褶皱，生成了渝东南坳陷褶皱带。晚白垩纪地壳相对稳定，在綦江、江津南部，以及黔江的正阳和酉阳的铜西等地处于相对坳陷，堆积了砖红色砂、泥岩（夹关组）及紫红色砂、砾岩（正阳组）。

早第三纪（古近纪）广大地区遭受长期剥蚀夷平，形成重庆地区最古老的第一级夷平面，主要分布在北部大巴山、东部三峡地区以及南部的金佛山等地。早第三纪喜山运动使渝中渝东褶皱带生成，其后地壳处于相对稳定，经长期剥蚀夷平作用，到晚第三纪（新近纪），形成了第二级夷平面。到第四纪部分地区甚至发育了四级夷平面。

总之，自白垩纪燕山运动至第四纪初，因地壳不等量间歇性抬升，大巴山和三峡地区发育有四级夷平面，其余地区为三级；就新构造运动上升幅度而言，大巴山最大，其次为金佛山、七曜山及三峡地区，并向长江谷地倾斜；在渝中渝东地区第三级夷平面形成之后，向斜区域纵、横顺向河及次成谷仍异常发育，侵蚀强烈，故背斜成山，向斜为丘陵谷地，相间有序排列，形成著名的平行岭谷地貌组合形态。长江南岸夷平面多属倒置台状山地，这主要是由于夷平面张性裂隙发育，导致背斜谷袭夺次成谷，水量增大，侵蚀加强，故形成向斜构造台地或山地的倒置现象。

1.2.3 气候条件

重庆市位于四川盆地东南部，属于典型的亚热带湿润季风气候。由于冬季秦岭大巴山的屏障作用，减弱了寒潮威胁，以及夏季西太平洋副热带高压和青藏高原季风的影响及太阳辐射、地形地貌等因素的综合影响，使重庆市的气候具有如下特点。

1）冬季温暖，无霜期长

除北部大巴山的城口县外，其余各地最冷月1月均温在3.8～8.1 ℃，而同纬度的长江中下游地区的武汉、南京、上海1月均温分别为2.3 ℃、1.9 ℃和3.3 ℃，显然冬季重庆较同纬度长江中下游地区温暖。其原因是北有秦巴山地，使偏北气流在南侵过程中受阻，冷空气势力遭到削弱，因而冬季比较温暖，无霜期长，多数地区在325～345天。除海拔较高的山地之外，几乎全年皆为生长期。由于冬季温暖，春天来得特别早。一般来讲，重庆早在2月中旬已是春光明媚、花开四野了，而江南各地要到3月中旬以后，春天才开始。

2）夏季炎热多伏旱

重庆是著名的“火炉”之一，其炎热程度主要表现在：盛夏气温高，日温差小，高温持续天数长，并伴有伏旱。重庆大部分地区盛夏7、8月份均温在27.5～28.5 ℃，区内3/4的区县极端最高气温达40 ℃以上。炎热天数多，大部分地区日最高气温35 ℃以上的年平均日数在20天以上，长江沿岸海拔低于300 m的地区可达30～40天，较武汉（23天）、南京（15天）、上海（7天）等长江中下游地区显著偏多。重庆夏季高温往往伴随着伏旱天气，“十年九旱”，重庆90%以上年份出现不同程度的伏旱，重旱和特旱占总数的39%左右。形成重庆夏热伏旱的原因主要有以下几点。

第一，夏季受西太平洋副热带高压的控制和青藏高压的影响，是造成盛夏连晴高温伏旱的重要原因。在8月前后，恰在西太平洋副热带高压的控制之下，盛行下沉气流，多晴朗少云天气，夏季造成高温伏旱。另外，青藏高原位于北纬26°～40°的副热带地区，面积大，海拔高，它占据了对流层的中下部，与同纬度的自由大气相比，夏季为一热岛，近地面（高原面）空气受热上升，形成热低压。而到高空，尤其是在100 mb上空，青藏高原则是北半球夏季对流层上部一个最大最稳定的暖高压。青藏高压叠加在低空西太平洋副热带高压上，经常引起副热带高压脊线加强，西伸北跳伸入内陆，造成长江中下游包括重庆地区在内的干热少雨天气。有时在8月以后或9月上、中旬，若西太平洋副热带高压很强盛，仍徘徊在北纬30°左右不南撤，还可以出现连晴高温，形成炎热程度不亚于7、8月的“秋老虎”天气。

第二，地形影响。重庆靠近云贵高原，大娄山耸峙其南，大部分海拔在1 200～1 800 m，主峰金佛山风吹岭海拔2 251 m，并以陡急的坡度降入盆地。夏季秉性暖湿偏南气流，翻越云贵高原下沉后，焚风效应显著，造成綦江、万盛等地成为炎热酷暑天数最多的地区之一。又因为重庆各区县主要城镇大多位于河谷低地，相对于四周山地高原而言，犹如“锅底”，致使风力微弱。全年平均风速1.3 m/s，7、8月平均风速也只有1.5 m/s左右，多静风天气，散热困难。另外，河网纵横、水田密布，地面和水面受热后蒸发旺盛，空气湿度大，致使夏季平均相对湿度在70%～80%，因此闷热异常。

3）云雾多，日照少

重庆是有名的“雾都”，有雾的日子几乎一年四季均可出现。大部分地区年均雾日在35～50天，主城区及其周边地区雾日最多，尤其是冬季，有时一个月中的雾日多达22天以上。重庆不但雾日多，而且雾大雾浓。一般来讲，雾大多数出现在夜间，日出之前变浓，在上午8～9点钟开始消失。但在冬季往往大雾形成后，常延至中午不散，有时连续数日，整个大地被白茫茫的大雾所笼罩，能见度极差，相距数十步之外景物难辨。这时候的重庆，飞机不能起飞和降落，船舶停航，就是市内的汽车在白天也要开灯缓慢行驶，故名曰“雾重庆”。产生多雾的原因是重庆位于四川盆地底部，地形闭塞，高空常出现逆温层，地面空气潮湿。若在晴朗无风的夜晚，大气层结构稳定，地面因有效辐射强而逐渐冷却，接近地面的空气层也随之而变冷，当空气温度下降到使之相对湿度达到或接近100%时，空气中所含水汽凝结形成雾。由辐射冷却而形成的雾称为辐射雾。另外，还有平流雾。据统计，重庆这两种雾约占全年总雾日的80%以上。加上市区人口稠密，生产生活中放出大量烟尘，为雾的形成提供了丰富的凝结核。不过，近年来由于生态环境及空气质量的改善，有雾的天数在减少。

重庆日照时数较同纬度其他地区少。大部分地区常年日照时数在1 100～1 300 h，较纬度相近的武汉（2 154 h）、南京（2 039 h）、上海（1 964 h）、杭州（1 784 h）等地少得多。日照的地域分布也不均匀。东北部是重庆的日照高值区，忠县以东以北地区在1 300 h以上；低值区在彭水，年日照时数不足1 000 h。各地日照时数的季节变化明显。夏季最多，占全年日照时数的40%～50%；冬季最少，占年日照时数的10%左右；春季占年日照时数的20%～30%；秋季占年日照时数的12%～24%。

4）降水丰沛，时空分布不均

受来自太平洋的东南暖湿气流和印度洋的西南暖湿气流的共同影响，重庆降水丰沛，大部分地区年降水量在1 000～1 200 mm。夏季风主要由东南向西北推进，因此东南部受夏季暖湿气流控制时间比中部和西北部长，加之地形的影响，是重庆的多雨区之一。另一个多雨区为渝东北的城口、开州等地，其原因主要是偏南暖湿气流受大巴山地的阻挡抬升，成云致雨。因此，重庆年降水量地域分布的总趋势是：由东南部、东北部向中部、西部地区逐渐减少（图1.13）。

夏雨较多、秋雨绵绵、春季多夜雨。夏季大部分地区降水量介于450～500 mm，占年降水量的37%～45%。因热力对流强烈，大多以大雨、暴雨形式降落，降水强度大。夏季月降水量分配不均，6月是夏季降水最多的月份，7月开始受副热带高压下沉气流的影响，降水逐渐减少，加之气温迅速上升，伏旱也相继发生。秋季降水量在250～380 mm，占年降水量的22%～30%，是降水次数较多的季节，降水日数达45～55天，约占年降水日数的30%以上，常是乌云密布，天色昏暗，细雨连绵，连日不晴。造成重庆秋雨连绵的原因是西太平洋副热带高压控制逐渐转为蒙古高压控制，因重庆纬度偏南和地形影响，这种转换较慢，加之本身是山地环绕，极锋南撤速度较慢，甚至是准静止状态，故多秋雨天气。“巴山夜雨涨秋池”便是这一现象的真实写照。

重庆不但多秋雨，而且夜雨也较多。所谓夜雨，是指晚上8点到第二天早上8点之间下的雨。重庆夜雨量一般占全年总降水量的60%以上。就四季夜雨而言，以春季最多，占季节降水量的70%~80%。导致多夜雨的重要原因是由于空气潮湿，天空多云。白天云层能使地面和云层下部所受太阳辐射减弱，空气对流不太强盛，不易产生降水。到了夜间，地面散热时，云层对地面有保暖作用，使云层下部温度不致降得过低。云层的上部，却因辐射强烈，温度降低快。于是云层的上下部就产生了温度差异。上冷下暖，大气层结构不稳定，容易产生对流，使暖湿空气上升凝结致雨。其次，与昆明准静止锋有关。在昆明准静锋停滞期间，锋面降水出现在夜间或清晨的次数所占的比例较大。故出现“晚见江山雾，宵闻夜雨来”的夜雨天气。

5）地域差异较大，立体气候明显

由于受地形及海拔高度的影响，重庆年平均气温具有明显的地域差异。高值区主要集中在嘉陵江、长江、綦江以及乌江下游的河谷地带，年平均气温大于18 ℃，其原因主要是海拔低，地形比较封闭，不易散热。由上述河谷地带高温区向渝东南、渝东北降低。渝东南海拔较高，多中山低山地貌，气温降低主要受地形影响。渝东北也是中山低山区，受地形与纬度因素共同影响制约，导致气温降低。城口为全市的低温中心，年平均气温仅为13.7 ℃。

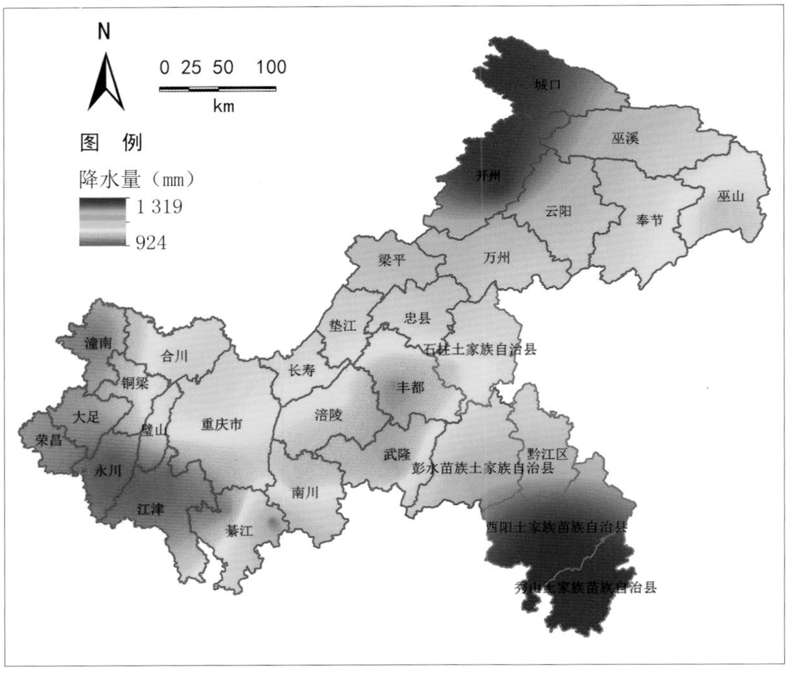

降水量由东南部、东北部向中部、西北部逐渐减少。夏季是降水的主要季节，而夏季风主要由东南向西北推进，夏季风控制的时间也由东南向西北缩减，导致降水由东南向西北减少。东南部年降水量在1 200 mm以上，酉阳、秀山年降水量超过1 300 mm，成为全市的多雨区之一。广大的中部地区年降水量多在1 100~1 200 mm，西部一般低于1100 mm，西北部的潼南为少雨中心，年降水量仅为975.1 mm。东北部的城口、开州、万州、梁平等地因地形因素作用，年降水量达1 200 mm以上，成为重庆市的第二个多雨区。特别是红池坝，海拔为2 500 m左右，年降水量高达1 953 mm，成为大巴山多雨区和暴雨区。这主要是因为城口、红池坝位于大巴山中低山区，地形对降水的作用尤为明显。而且夏季山地的南坡与北坡、山顶与山谷不均匀加热，产生局地热力对流，故多对流雨。开州、梁平一带虽海拔不高，但位于观面山、明月山的迎风坡麓，降水量也很丰富。

随着山地海拔高度的升高，空气密度减小，地面有效辐射增大，地面辐射差额减小，导致气温逐渐降低，从而影响各地的四季长短和积温变化。北部大巴山及巫山地区的观测资料显示，海拔低于400 m的长江河谷地带，年均温度为18 ℃左右；海拔400~800 m地带，年均温度为14~17 ℃；海拔800~1 500 m地带，年均温度为7~10 ℃；海拔高于

图 1.13　重庆市年降水量空间分布示意图

2 000 m的地带，如巫溪的红池坝西流溪，年均温度仅为5.3 ℃。

重庆市山地垂直气候带一般可划分为：海拔低于600 m为中亚热带，600～1 100 m为北亚热带，1 100～1 500 m为山地暖温带，1 500～2 000 m为山地温带，2 000 m以上为山地寒温带。

由于山地对暖湿气流的机械阻挡作用，引起气流抬升，产生绝热冷却，成云致雨。山地能使暖湿气流移动滞缓，导致雨时增长，降水强度增大，因而在最大降水高度（降水随海拔高度升高而增加的上限高度）以下，降水随海拔高度的升高而增多。最大降水高度带以上，因水汽减少，降水逐渐减少。由于山地的阻挡，往往在山地的迎风坡形成"雨坡"，背风坡形成"雨影区"。例如南川区位于金佛山山麓地带，属于"雨影区"，测站的海拔为560 m，年降水量为1 155.5 mm。而金佛山测站位于"雨坡"，海拔1 905.9 m，年降水量却有1 382.8 mm。两地水平距离仅15 km左右，海拔相差1 345.9 m，使得迎风坡与背风坡的年降水量却相差227.3 mm。

6）气象灾害比较频发

气象灾害是最常见的自然灾害，也是对人民生命财产和社会发展影响最大的一种自然灾害。重庆地区由于受特定自然环境和大气环流的影响，天气复杂多变，干旱、高温、暴雨、连阴雨、冰雹、大风、低温、雾等灾害时有发生，给生产生活带来一定程度的影响。

1.2.4　水文条件

重庆地处亚热带湿润季风气候区，降水丰沛，形成了众多的河流。再加上地形起伏较大，山地丘陵广布，使得河流具有明显的山地特征。

1）江河纵横，均属长江水系

重庆河流众多。据统计，流域面积大于50 km^{2}的河流有374条；其中流域面积在50～100 km^{2}的有167条；100～500 km^{2}的有152条；500～1 000 km^{2}的有19条；1 000～3 000 km^{2}的有18条；大于3 000 km^{2}的有18条。长江干流自西南向东北横贯全境，南北有众多的支流汇入。除北部的任河呈西北向流入汉水、东南部的酉水（河）向东注入沅江、西部的濑溪河和大清河汇入沱江外，其余河流均在境内汇入长江干流。流经山区的河流大多水流湍急，暗礁险滩较多，河谷呈"V"字形特征（图1.14、图1.15）。

（1）长江

长江自江津羊石镇入境，呈近东南向切割渝中渝东褶皱带，形成猫儿峡、铜锣峡、明月峡、黄草峡等峡谷，其间为宽谷，河谷形态呈藕节状；长江于涪陵顺应向斜转向东北流入万州，江面宽阔，阶地发育；随之转近东西向于奉节切割七曜山、巫山，形成举世瞩目的瞿塘峡和巫峡，于巫山碚石镇出境，境内河长683.8 km。入境朱沱站多年平均年径流量为2 692亿 m^3；出境巫山站多年平均年径流量达4 292亿 m^3。

（2）嘉陵江

嘉陵江在合川区古楼镇流入重庆境内，并于合川城接纳渠江、涪江两大支流后呈东南向横切沥濞、温塘、观音等背斜，形成嘉陵江小三峡后流经沙坪坝，于渝中区朝天门汇入长江，境内河长153.8 km，北碚站年平均径流量为668亿 m^3。

（3）乌江

乌江是长江南岸最大一级支流，自酉阳县黑獭坝入境，流经彭水、武隆，在涪陵城东汇入长江，境内河长219.5 km，多年平均径流量519亿 m^3，年平均含沙量653 g/ m^3。乌江横切构造，峡多流急，被称为"乌江天险"，其支流阿蓬江、郁江风光旖旎、十分壮美。

（4）綦江

綦江系长江南岸一级支流。在綦江区石壕镇入境，在江津区支坪镇汇入长江，境内河长153 km，流域面积4 394 km^2，河口年平均流量为122 m^3/s。

（5）小江

小江发源于开州区白泉乡钟鼓村青草坪，在云阳县城附近注入长江。干流长117.5 km，流域面积5 172.5 km^2，河口年平均流量为116 m^3/s。

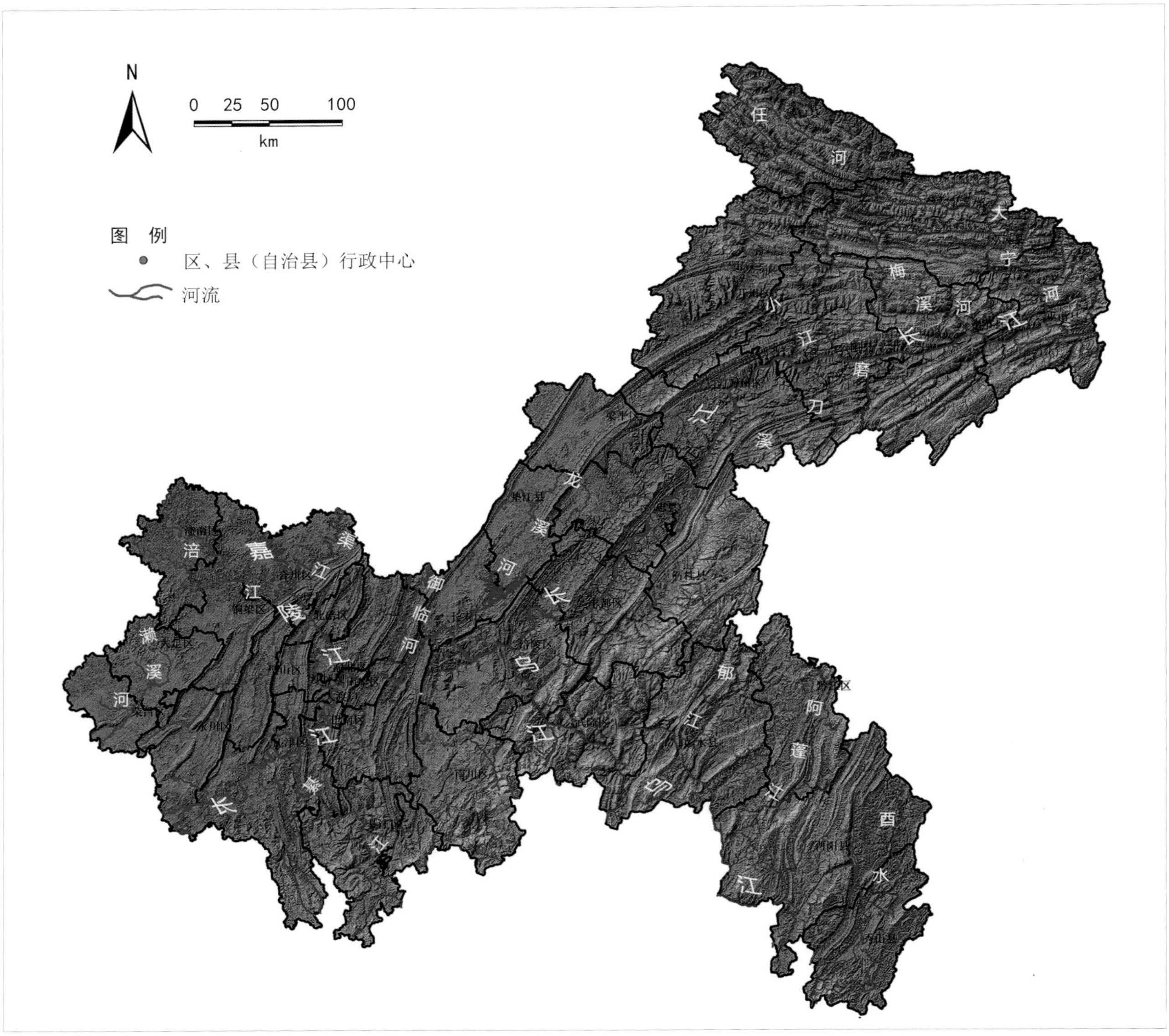

图 1.14 重庆市主要河流分布示意图

（6）大宁河

大宁河发源于巫溪县大圣庙，在巫山县城汇入长江，河长142.7 km，流域面积4 200 km^2，河口年平均流量为98 m^3/s。该河自北而南切割构造，形成了著名的大宁河小三峡、小小三峡等自然景观。

（7）御临河

御临河为长江北岸一级支流，在长寿区洪湖镇入境，于渝北区洛碛镇太洪岗注入长江。境内河长58.4 km，流域面积908 km^2。

（8）龙溪河

龙溪河发源于梁平区天台乡，流经垫江县，在长寿城区附近注入长江，流域面积3 248 km^2，河长218 km。20世纪50年代初，建成狮子滩水库，总库容10.27亿 m^3，实行梯级开发。

（9）磨刀溪

磨刀溪是长江南岸的一级支流，发源于石柱县杉树坪，流经湖北省利川市及重庆万州区，于云阳县新津乡汇入长江，境内流域面积2 790 km^2，河口年平均流量为56.2 m^3/s。

2）水系不对称且类型复杂多样

综观境内长江水系，左岸（北岸）支流主要有嘉陵江（涪江、渠江在合川注入）、御临河、龙

（a）长江（奉节县白帝城）

（b）嘉陵江（北碚城区）

（c）乌江（酉阳县龚滩古镇）

（d）阿蓬江（酉阳县苍岭镇）

图 1.15　重庆市部分河流景观

溪河、小江、大宁河等，河流众多，源远流长；右岸（南岸）支流除了乌江、綦江（河）较长外，其他支流均较为短小，且河流稀疏，构成了左多右少的向心型不对称网状水系，这主要是江河水系适应地质构造发育的结果。

重庆地区水系类型复杂多样，嘉陵江合川以上属树枝状水系；江津油溪至奉节，长江水系虽同属格子状水系，但因地质构造及地貌发育的差异而有所区别。自油溪至涪陵段，长江干流属横谷，一级支流多发育于向斜并沿构造线发育，多呈平行状流入干流，为我国典型的格子状水系。涪陵至奉节段，长江干流沿向斜构造线伸展，属纵谷，其一级支流则成横谷，构成格子状水系。乌江水系干流虽也属横谷，但一级支流多沿背斜构造发育，为逆向发育成的格子状水系。

3）水资源时空分布不均

重庆地区地表径流即地表水资源主要由大气降水补给，其时空分布规律与降水量相似。但地表径流受下垫面的影响，时空分布差异较降水更大。

就季节分配而言，夏季径流量占年平均径流量的42.2%；秋季次之，占28.0%；春季占26.7%；冬季最少，只占5.1%。从年内径流量丰枯时期来看，以东南部（涪陵、黔江、酉阳、秀山、彭水、石柱、武隆）为例，枯水期（11—12月，1—3月）的径流量占年径流总量的11.9%，丰水期（4—10月）的径流量占全年的88.1%。因在8月份受副热带高压控制，常发生伏旱，故其径流量少，仅占全年的4.8%。因此，丰水期径流常出现双峰分配，第一丰水期在4—7月，占年径流量的57.6%，高峰在5—6月；第二期在9—11月，占年径流量的25.7%，高峰在9月。

就空间分布而言，年径流量地区差异也较大。主要是因为天气、河流和地形所致。从年径流量分布规律来看，北、南、东部多，西部少。北部大巴山南坡1 000~1 400 mm；东部巫山南缘及巫溪东部为

1 000～1 200 mm；南部金佛山等地多于1 000 mm；中部平行岭谷为500～550 mm；西部丘陵地区最少，仅350～400 mm。

4）水资源总量丰富，但人均占有当地水资源较少，且地区差异较大

重庆地区水资源总量丰富，为4 624.42亿 m^3，其中当地地表水占总量仅11.06%，地下水占2.85%，入境水占86.09%。说明入境水资源十分丰富，但实际利用入境水的能力有限，据估算人均占有当地水资源量约为1 600 m^3/人，仅为全国平均数的2/3，不足世界平均数的1/6，属于中度缺水地区。水资源空间分异明显，人均占有当地水资源差异更大，东部多于西部，北部大于南部，中低山区大于丘陵河谷区。东部地区人均水资源量达3 000 m^3/人左右，而西部永川、璧山、荣昌等地人均占有当地水资源量仅有550 m^3/人。人均占有当地水资源量最高的是城口县，多达13 305 m^3/人，而最少的荣昌区人均只有510 m^3/人，悬殊甚大。西部璧山、铜梁等地人均年占有量仅为东部地区的1/20，属于重度缺水地区。

1.2.5 生物条件

1）植被

重庆属于典型的亚热带湿润季风气候，高温多雨，雨热同季，为植物的生长提供了良好的水热条件；再加上山地丘陵广布，地形复杂多样，立体气候明显，也为植物生长提供了不同的生境条件，从而致使重庆植被具有如下特征。

（1）植物种类繁多，起源古老，多珍稀孑遗植物

重庆植物资源丰富、种类繁多。据不完全统计，辖区内分布有维管束植物6 000种左右，其中木本植物占1/2，列为国家级保护的珍稀濒危维管束植物至少有63种，其中Ⅰ级11种，Ⅱ级52种。重庆特有植物和模式标本植物有47种以上，全市属国家Ⅰ、Ⅱ、Ⅲ级保护的高等植物有59科105属127种。此外还分布有大量野生药用植物、油脂植物、果品植物、芳香油植物、淀粉植物、观赏植物、纤维植物、单宁植物等各种经济植物。除野生植物外，全市还有柑橘、桑、茶、甘蔗、棉、麻、烟草、粮食、蔬菜、中药材等栽培作物560多类、2 000余个品种。

重庆植物起源古老，多珍稀孑遗植物。第四纪冰期时，因北部秦巴山地的屏障，重庆境内未直接受冰川的影响，成为第三纪（古近纪和新近纪）植物的“避难所”，为已有植物的保存、繁衍、分化提供了有利的环境条件。因此，在重庆植物种类中，具有许多古老的孑遗种。例如蕨类植物有属古生代的松叶蕨、莲座蕨；属中生代的紫萁、芒萁、里白，属中生代侏罗纪的有桫椤、白垩纪的有瘤足蕨；属新生代第三纪的有凤尾蕨、石松等古老孑遗种。在古镇、传统村落中及其周边大都分布有比较珍贵的古树名木（图1.16）。

（2）植被类型较多，纯林比重偏大

重庆地处亚热带湿润气候区，地带性植被为亚热带常绿阔叶林。由于受自然历史因素，特别是人类经济活动的影响，现在地带性植被仅存于人类经济活动影响较弱的山地区域，如四面山、金佛山、大巴山等地。在人口比较集中、交通比较便利的地区，亚热带常绿阔叶林则只是在风景区或寺庙周围有少量分布或残迹，一般面积较小且受人为影响较重，多已成半天然林，带有一定的次生性质，如北碚缙云山的常绿阔叶林。亚热带常绿阔叶林的物种密集程度最高，堪称物种基因库，生态效益最显著，是重庆境内最珍贵的自然植被。除地带性植被外，境内还有：常绿落叶阔叶混交林、落叶阔叶林、针叶林、针阔混交林、竹林、灌丛、稀树草丛（草坡）、草甸等植被类型。

纵观全市森林资源，纯林比重偏大，混交林较少，并且林分树种组成相对单一，主要树种有松、栎、杉、柏等。按照优势树种统计，全市现有18个优势树种组，阔叶树只占30%，以马尾松为主的针叶树种分布面积多达68%以上，其中马尾松纯林占50%左右。这种纯林每个样方植物种类只有50种左右，且林地土壤含蓄水的能力只为亚热带常绿阔叶林的50%左右，单位产量较低，抵御病虫害能力差，森林层次相对单调，多为单层林。因此，提高森

（a）千年银杏王（酉阳县苍岭镇）

（b）桫椤（江津区四面山）

（c）千年金丝楠木（酉阳县铜鼓乡）

图 1.16　重庆市部分古树名木

林质量，努力保护并恢复以亚热带常绿阔叶林为主的天然林资源势在必行。

（3）植被水平及垂直分异明显

重庆地域辽阔，水热条件有较明显的水平变化，总趋势大致是东南、东北优于中西部。因此，植被也随之产生了明显的水平地域分异。例如在重庆境内分布地域较广的亚热带常绿阔叶林、亚热带针叶林等植被类型，就有明显的南北差异。在重庆市东南部边缘山地，气候温暖湿润，常绿阔叶林分布上限可达海拔2 000 m左右。常绿阔叶树种以峨眉栲、甜槠栲、栲树、宜昌润楠、川桂、华木荷等占优势；山茶科、樟科植物生长比较普遍；杉木在这些地区分布广，面积也较大。这与气候温和、降水丰富、空气湿度大有关。在针叶林中，有我国特有的“活化石”水杉、银杉等。在东北部边缘的大巴山地区，因地理位置偏北，受寒潮的影响比境内其余地区大，气候特点温凉湿润，年均气温较东南部低3~5 ℃，常绿阔叶林分布上限一般在海拔1 500 m以下。组成阔叶林的优势树种主要是苞石栎、青冈、曼青冈、云山青冈等耐寒的种类。在亚热带针叶林中，较耐寒的巴山松代替了马尾松，杉木已少见。

重庆多山，由于地势高差较大，造成植被垂直分异明显。以大巴山南坡为例，其植被垂直带谱为：海拔1 500 m以下为基带植被常绿阔叶林，海拔1 500~2 000 m的植被是常绿落叶阔叶混交林，海拔2 000~2 300 m的植被为针阔混交林，海拔2 300 m以上的植被是亚高山针叶林。

2）动物

重庆地形复杂，生境条件丰富多样，因此野生动物种类较多。据初步统计，全市约有脊椎动物600

余种，其中兽类近100种，鸟类300余种，爬行类50余种，两栖类30多种，鱼类100多种。尽管重庆国土面积不到全国的1%，但有陆生脊椎野生动物近500种，约占全国陆生脊椎野生动物种类的17%。

重庆市在全国动物地理区划与生态地理动物群中，属东洋界–西南区–西南山地亚区（中、低山带）–亚热带林灌、草地–农田动物群。赤腹松鼠、长吻松鼠和岩松鼠等为小型的林间兽类优势种，林间常见有蹄类为小麂、毛冠鹿、野猪和林麝，华南兔亦较常见。食肉兽中的优势种和常见种主要是黄鼬、鼬獾、貉、豹猫、果子狸、大灵猫、小灵猫和青鼬等。在少数农耕区以黑线姬鼠、黄胸鼠、褐家鼠和小家鼠为主。鸟类以麻雀、金腰燕、棕头鸦雀、黄臀鹎、绿鹦嘴鹎、珠颈斑鸠、山斑鸠、画眉、噪鹛和大山鹊等较为常见。两栖爬行类中的泽蛙、姬蛙、树蛙、虎纹蛙、湍蛙、东方蝾螈、肥螈以及草游蛇、水赤链蛇、乌梢蛇、菜花蛇、竹叶青、鳖、乌龟等较为普遍。

重庆动物区系特征表现为：特有种少，孑遗种不多，以农田动物群为主的种类较多，资源动物较为贫乏。原因在于重庆市境内除盆缘山地森林植被保存较好外，盆地部分人口稠密，农业开发历史悠久，森林、灌丛、农田常交错分布，而且农田占有较大面积，原始林型稀少。森林动物，特别是大型动物已无法适应，显著减少。有许多野生动物随着森林遭到破坏逐渐灭绝，比如狼、水鹿等。

1.2.6 土壤条件

土壤与人类关系十分密切，它是人类赖以生存的物质基础。土壤既是独立的历史自然体，也是地理环境综合体中的一个组成要素。土壤与环境是不可分割的整体，其形成与空间分布无不打上环境的烙印，即是在气候、地貌、母质、生物、水文以及人为活动等因素的共同作用下形成的。重庆土壤具有如下特征。

1）成土条件复杂，土壤类型较多

重庆地域辽阔，从纬度范围来看，地带性土壤是在亚热带湿润季风气候条件下形成的黄壤、红壤。但重庆境内自然成土条件相当复杂：首先，地貌条件复杂，既有大面积中低山地与深切河谷，也有广阔丘陵、平坝，山高谷深，地势高低起伏悬殊。这在很大程度上重新分配了境内的水热状况，导致气候、生物等成土因素产生了明显的垂直变化和区域分异。其次，地表岩石有从前震旦系到第四系的大部分地层出露，岩性复杂、母质多样。加之水文地质条件和人类生产利用形式的差异，使成土条件更为复杂，从而导致本市土壤种类的多样化。据统计，全市土壤共有5个土纲，9个土类，17个亚类，40多个土属，100多个土种，变种更多。5个土纲、9个土类分别是：铁铝土纲——红壤、黄壤；淋溶土纲——黄棕壤、棕壤；半水成土纲——山地草甸土；初育土纲——紫色土、石灰（岩）土和新积土；人为土纲——水稻土。

2）土壤具有粘化、酸化、黄化、幼年性、粗骨性等特点

重庆境内的山地，属亚热带山地湿润季风气候。这些地区降水充足、热量丰富、湿度大、云雾多、日照少、干湿季节不明显。因此，在山地土壤的形成过程中，土壤母质化学风化作用非常强烈，原生矿物不断被分解，形成大量的黏土矿物。在漫长的温湿条件下，土壤淋溶较为明显，盐基物质大量流失，饱和度低，在代换性离子中，氢、铝离子占绝对优势。同时，受大气湿度的影响，土体较湿润。因此，在成土过程中产生的氧化铁和氧化铝的水化程度很高。土壤中游离氧化铁发生水化而成水化氧化铁，因其颜色为黄色，所以使土壤剖面呈黄色或蜡黄色。由此可见，重庆山地土壤的形成过程中，呈现出了明显的粘化、酸化和黄化等特点。

另外，因深受地形、母质等影响，土壤还具有幼年性、粗骨性特征。重庆深丘及山区地形起伏大、坡度陡，自然植被覆盖率低，人工植被（农作物）更替频繁，而且降水集中、强度大，因而地质大循环进行得十分剧烈，水土流失特别严重，土层侵蚀和堆积作用频繁，原有的土壤因为遭受侵蚀而

不断被新的土壤取代，故成土时间短暂，使土壤长期处于幼年阶段。此外，广泛分布的石灰岩以及紫红色砂、泥岩含（碳酸）钙量高，土层中游离的碳酸钙阻滞了盐基淋溶作用，也使相当部分土壤长期停留在幼年阶段。土壤受母岩的直接影响，原生矿物含量高，粗骨性十分明显。在形成的土壤中夹有大量的页岩或泥岩碎屑。这部分土壤发育浅，土层薄，受冲刷侵蚀严重，农业上保肥抗旱力弱，宜种性差，是重庆市的主要低产土壤。

3）土壤具有地域分异特点

由于重庆地域面积大，地形、母质及气候条件差异较大，致使土壤具有明显的水平地域分异。全市大致可分为3个土壤类型组合区：渝西方山丘陵紫色土-新积土组合区；渝中渝东平行岭谷紫色土-黄壤（石灰岩土）-新积土组合区；渝东北渝东南低中山黄壤（石灰岩土）-黄棕壤-棕壤、草甸土组合区。由于重庆市紫红色砂、泥岩分布十分普遍，致使紫色土也广泛分布。

除了水平地域分异之外，重庆的土壤也具有明显的垂直分布规律。海拔由低到高土壤分布大体趋势是：沿河两岸分布着新积土（多在200 m以下）；在海拔500 m以下（个别地区达800 m）的丘陵地区，大多植被破坏殆尽，地表冲刷严重，紫色母岩在热胀冷缩的作用下，物理风化强，故分布着带有明显母岩特性的紫色土；在海拔500～650 m 的石灰岩槽谷区分布着石灰（岩）土；海拔500～1 500 m的低山和中山下部，分布着受水热支配明显、反映生物气候对土壤形成产生深刻影响的地带性土壤黄壤；海拔1 500 m以上分布着黄棕壤；海拔2 100 m以上分布着棕壤。从海拔1 500 m左右至2 500 m以上的中山上部，还零星分布着山地草甸土。

1.3　人文环境

1.3.1　历史沿革

1）先秦时期

20世纪80年代，在今重庆三峡地区的巫山县庙宇镇龙坪村龙骨坡发掘出古人类化石，考古学上命名为“巫山人”，被认为是中国最早的人类，将我国人类起源时间提早到200万年前，说明巴渝地区也是原始人类起源地之一。早在6 000多年前，大溪文化时期的先民便以捕鱼为生，以鱼为姓氏，读曰“巴”。古“巴”字正是一个鱼头拖着一条鱼尾的象形文字，有的也认为甲骨文中“巴”字的写法和字形呈“蛇”状。《说文解字》卷一四释“巴”曰：“虫也，或曰食象蛇，象形。”“巴蛇吞象”这一神话传说正是其真实写照。巴族是我国古代西南及中南地区的少数民族之一，主要分布在今重庆、川东、鄂西、陕南一带。巴是一个历史悠久的文明古国，早在商代甲骨文中，就有关于巴活动的记载。巴国在殷代已经见称于世，殷卜辞称为“巴方”。巴族主要有两支，一支为龙蛇巴人，另一支为白虎巴人。龙蛇巴人最初居住于汉水中游。商朝中叶武丁时代，商率军进入汉水中游一带，同巴人发生了激烈的战争，巴最后战败，被迫向南迁徙于长江夔、巫一带。白虎巴人最初居住在夔、巫地区，后来部分迁往夷水流域，即现在流经湖北利川、恩施等地的清江，建立了“夷城巴国”。

殷代末年，周武王率西土之师东伐殷纣王，巴师为其前锋。史称“巴师勇锐，歌舞以凌殷人，前徒倒戈，故世称之曰：武人伐纣，前歌后舞也”[（晋）常璩著，刘琳校注，1984]。因为巴师勇敢陷敌，克敌制胜，故“武王既克殷，以其宗姬封于巴”，成为最早受周王室分封的姬姓诸侯之一。巴在周代一直称子，意为子族，故其首领称“巴子”，其国称“巴子国”，即源于此。巴国受封，获得了进一步发展的条件，开始向南扩展，同时又成为周王室控制南边疆土的一个重要战略基地。巴国的建立有利于偏远地区的巴族接受中原先进的政治、经济和思想文化的影响，也有利于巴族的发展壮大。

春秋时期，楚国崛起，大肆扩张，并吞小国。在楚国强大的攻势下，巴国被迫放弃汉水中游一带故土，举族西迁，重新开辟疆土。龙蛇巴人西迁进入了阆中地区，但并没有建立自己的国家，只是作为白虎巴人建立的巴国内的一个部族。白虎巴人沿清江而上，后又沿郁水（江）进入乌江水道，到达乌江与长江的汇合处——枳（今涪陵），并将枳作为白虎巴人西迁时最初的政治中心。春秋末期，白虎巴人再从枳向西溯江而上，到达今渝中区，古时称为“江州”，意为江中之州，并定都江州，这是重庆（城）历史上第一次被作为国都。战国初期，白虎巴人不断扩展领土，向北将蜀国的势力挤压到阆中以西以北，从而控制了川北以及汉中地区；向南占据了今黔北一带，从此巴人进入了鼎盛时期。其疆域“东至鱼复（今奉节），西至僰道（今宜宾），北接汉中（今陕西南部），南接黔涪（今彭水、黔江一带至贵州东北和湘西北等地）”，控制了以嘉陵江、长江、汉水、乌江流域为腹心，包括今重庆、川北、川南、陕南、鄂西、湘西北和黔北等地的广大地区，雄踞一方（周勇，2002）。

战国时期，虽五易其都，但以在江州的时间为最长，以致世称“巴子都江州”。由于东面受到强楚压力，西面则巴蜀世代战争，因而政局并不稳定。在楚国的军事压力之下，巴国逐渐偏于川东一隅，国力越来越弱，并经常受到强国的军事攻击。战国时期，巴国的五次迁都，应该说都与当时的政治军事局势的急剧变化有着直接的关系。从江州、垫江（今合川）、枳、平都（今丰都）、阆中五地来看，其迁都顺序大致是枳→平都→江州→垫江→阆中，即溯长江、嘉陵江而上，其依托的腹地由巫巴山地向大巴山区转移，每次迁都都愈远离其争夺的主战场，步步败退。随着楚国咄咄攻势及强秦统一步伐的加快，巴国的灭亡已成定局，最后落幕只是时间的早晚而已。

公元前316年，秦灭巴，两年后置巴郡，为三十六郡之一。巴郡，初治阆中县，秦昭王二十七年（公元前280年），移至江州城（今重庆城）。至此以后，历代中央政府均在重庆地区建立郡县。

2）秦汉时期

秦汉是中国历史上第一个大一统时期。自秦开始，历代王朝都从政治、经济、文化、军事以及交通等各个层面采取措施，致力于中央集权制度的建立与巩固。公元前316年，秦灭巴国，重庆地区大部分纳入秦朝的统治之下，从政治制度上秦对于当时仍然具备较强地方军事实力的巴人，实行了以“优宠”为基本倾向的民族政策，推行郡县制。公元前314年，张仪筑城江州，并设置巴郡，标志着重庆地区从此进入与整个中华民族文化同步的发展轨迹。虽然秦在全国的统治仅15年（公元前221—前206年），但在巴地的统治却长达110年（公元前316—前206年），为秦统一六国起到了重要作用。秦把巴纳入秦朝统治之后，推行了一系列改革措施，如推行郡县制与羁縻制相结合的统治政策；废除奴隶制土地制度，推行封建土地制度和赋税制度。而作为重庆地域性文化的巴文化，则逐步被同化和削弱，仅在少数特定地区随着巴人后裔的生存保留下来，与楚、秦文化以及以后的汉文化长期交融共存，发展成为今天以土家族为代表的民风民俗。

秦时巴郡初置范围较小，主要在川东北、川南、渝西及渝东北等区域。随着秦伐楚国的胜利，巴郡疆域不断扩大，其下辖九县：江州（治今重庆市渝中区）、阆中（治今四川省阆中市）、垫江（治今重庆市合川区）、宕渠（治今四川省渠县）、符县（治今四川省合江县）、江阳（治今四川省泸州市）、枳县（治今重庆市涪陵区）、朐忍（治今重庆市云阳县）、鱼复（治今重庆市奉节县）。

汉继秦制，东汉后期通过逐步分化郡县，在少数民族地区设置属国的方式，进一步加强了对本地区的管理。与此同时，自秦代始，中央王朝政府不断迁徙北方关中中原地区人口进入巴蜀，所谓“移秦民万家以实之”。在两汉以后，随着中央王朝对西南夷地区控制力度的加大以及进入巴蜀交通的改善，这种趋势更加频繁。汉族民众陆续移居巴渝，逐渐成为本地主体民族，土著居民也逐渐汉化。

汉时仍设置巴郡，郡治江州，辖十一县：江州、阆中、垫江、宕渠、枳县、朐忍、安汉（治今四川省西充县、南充市等地）、充国（治今四川省南部县）、鱼复、涪陵（治今重庆市彭水县郁山镇）、临江（治今重庆市忠县忠州镇）。汉武帝为了加强中央集权，元封五年（公元前106年）把全国划分为十三州，州长官称“刺史”，又名十三刺史部，巴郡属益州刺史部。此时“州”只是一个监察区，到了东汉中平五年（188年），“州”才成为地方一级行政区划。州刺史改称“州牧”，地方行政区划由郡、县二级变更为州、郡、县三级。汉和帝时巴郡增加了平都（治今重庆市丰都县）、宣汉（治今四川省达州市）、汉昌（治今四川省巴中市）三县，共计十四县。东汉末年，为了加强管理，汉献帝兴平元年（194年）益州牧刘璋将巴郡一分为三：垫江以北为巴郡、江州至临江为永宁郡、朐忍至鱼复为固陵郡，史称“三巴”。建安六年（201年），改巴郡为巴西郡，治安汉；改永宁郡为巴郡，治江州；改固陵郡为巴东郡。又设巴东属国（郡级行政区），以加强对彭水、黔江等地少数民族的管理。

3）蜀汉两晋南北朝时期

东汉以后重庆地区经历了蜀汉、西晋、成汉、前秦、东晋、南北朝等7个政权的统治，近400年战火纷飞的割据状态，直至隋朝统一全国。蜀汉时期，今重庆地区分别属于蜀国益州的巴郡、巴东郡、涪陵郡和吴国的巫县。曹魏灭蜀汉政权后，沿用蜀汉建置。西晋、东晋时期，行政建置变化不大。西晋将益州分为益州和梁州，今重庆市辖区属于梁州的郡县有：巴郡、巴东郡、涪陵郡；属于荆州的有建平郡（治巫县）。南北朝时期，今重庆市辖区州级行政区增多，郡辖县减少。刘宋时期（420—479年），今重庆地区分别属于益州、梁州和荆州；南齐统治时期（479—502年），属于益州、荆州；萧梁时期（502—557年）设置楚州和信州；西魏时期（535—556年），属于巴州、合州、临州、信州、开州及邻州；北周时期（557—581年）所属州最多，有楚州、合州、奉州、临州、南州、开州、信州、渠州。

4）隋唐五代两宋时期

589年，隋朝统一全国，隋文帝裁郡设州，实行州县两级地方行政区制。因重庆地处嘉陵江畔，嘉陵江古称渝水，故隋政府将南梁在重庆设置的楚州更名为“渝州”，作为今日重庆城区及部分周边地区的统一名称。渝州之名经唐朝到北宋晚期，使用了近500年。“渝”作为重庆的简称也由此而来。北宋徽宗崇宁年间（1102—1106年），渝州被更名为“恭州”。南宋隆兴元年（1163年），宋高宗嗣子赵昚即皇位，为宋孝宗。九月，赵昚将恭州封与第三子赵惇，赐“恭王”号。绍熙元年（1190年），赵惇正式即皇位，为宋光宗。按照宋朝藩王即皇帝位的惯例，其封地由“州”升“府”，加之宋光宗认为他受封恭王是一大喜庆，由恭王即皇帝位又是一大喜庆，天降双重喜庆于一身，于是将恭州更名为“重庆府”。从此，重庆之名就一直沿用至今。

隋唐五代两宋时期，我国地方行政区划多有变革，大致经历了州郡县三级行政区划、州县或郡县两级行政区划、道州县或道郡县三级行政区划、路州（府、军、监）县三级行政区划4种形式的变革。

5）元明清时期

元明清是我国封建社会后期三个大一统朝代，我国多民族的中央集权制得到进一步巩固和加强。这一时期的重庆，政治上同中央政府的关系得到加强；经济在曲折动荡中有所发展；文化受“湖广填四川”等因素的影响，封闭的巴渝文化出现了较大的变化。元明清时期，我国地方行政区划实行以省为主的四级行政区划制，但不同时期又略有不同。大致经历了元朝的行省、路、府（州）、县，明朝的布政使司、府（州）、县和清朝的省、道（直隶州、直隶厅）、府、县等几种变化。

元朝时期，全国划分为十一个行中书省，四川行省于至元二十三年（1286年）正式成立。四川行省之下，元朝在重庆地区先后设置的管理机构主要有“三路一府”，即重庆路、夔州路、绍庆路及怀德府。明朝时期，全国划分为十三布政使司，在今重庆辖区内先后设置有重庆府、夔州府。清朝时期，在今重庆辖区内设置有重庆府、夔州府、忠州直隶州、酉阳州、石柱直隶厅等。

元明清时期，重庆地区并不一直在中央王朝的统治下，在元末和明末先后还经历了大夏和大西两个农民政权统治的特殊时期。元朝在重庆的统治时间不长，从1279年平定合州到1357年明玉珍农民起义军攻下重庆，前后仅79年。从1357年到1371年的元末明初间，重庆处于明玉珍大夏农民政权控制时期。1363年正月，明玉珍在重庆称帝，建国号大夏，年号天统，以重庆为国都，这是重庆（城）历史上第二次建都。明末清初，从1644年到1646年，重庆处于张献忠农民起义军控制时期，张献忠在成都建立政权，国号大西，以成都为西京，自称大西王。1891年重庆成为中国最早对外开埠的内陆通商口岸。秦至明清以来，重庆历史沿革如图1.17、图1.18所示。

总之，秦汉时期是中国封建社会形成发展及走向定型的时期，建立起封建郡县制度，并形成了首都—郡城—县城三级城市等级系列。此时在重庆设有巴郡，郡治江州，郡下先后设9县和11县。在此后2 000余年的封建社会中，中国社会虽经历了多次分裂和统一，但封建统治的分级管理体制基本没有改变，而且“县”一直作为基层的管理政区。

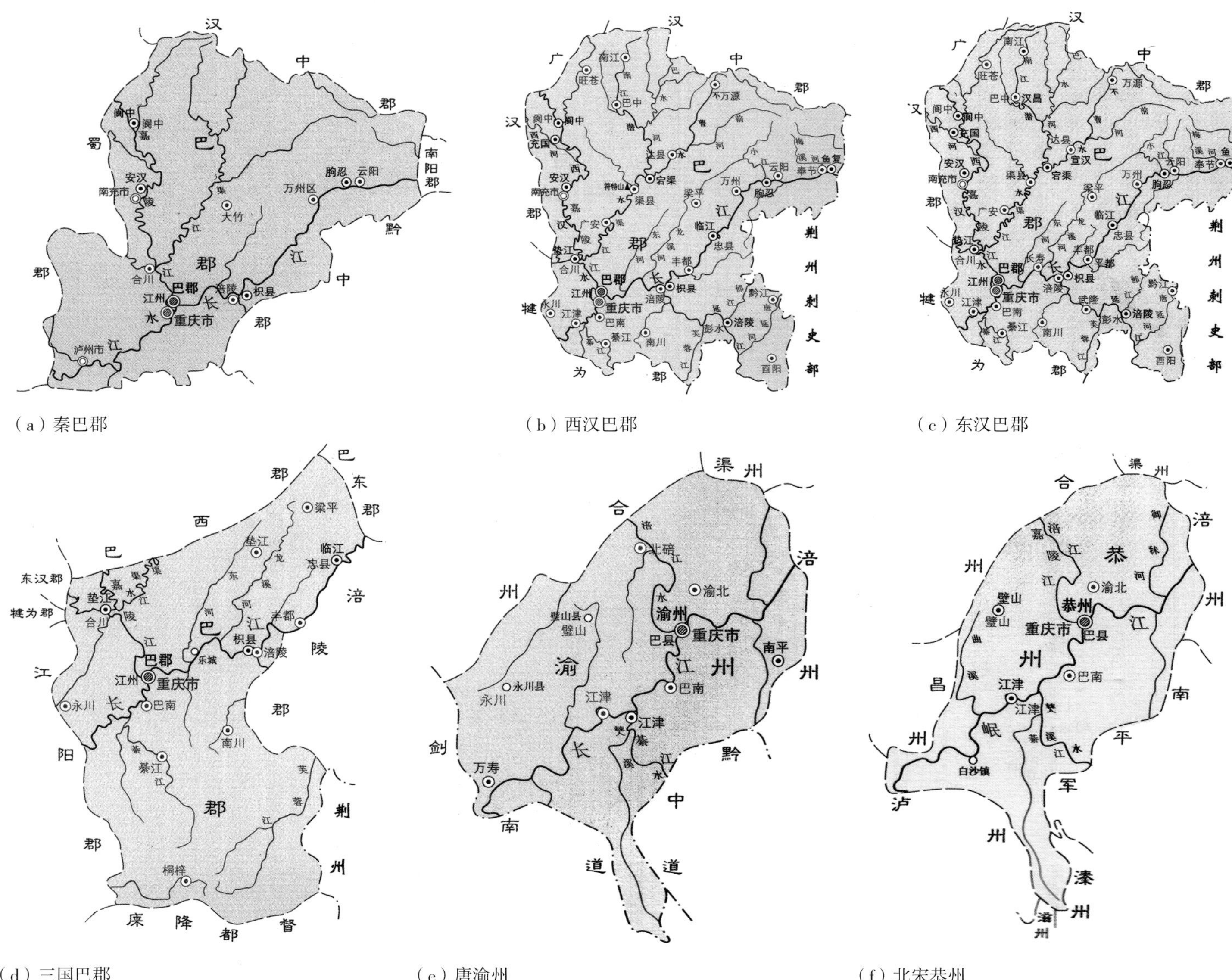

（a）秦巴郡

（b）西汉巴郡

（c）东汉巴郡

（d）三国巴郡

（e）唐渝州

（f）北宋恭州

图 1.17　重庆市历史沿革示意图（一）

图片来源：《重庆市地图集》编纂委员会，2007

在重庆先后建置有郡、州、府、路，形成两级或三级行政管理，其境域范围、政区划分与设置都经历了多次变更，成为影响行政中心城镇发展与变迁的重要因素之一。郡、州、府、路以及县之治所不仅是地区性政治中心和军事防卫中心，而且也是地区工商业中心和文化中心。唐宋以后，随着巴渝地区区域开发的深入以及人口的增加，置县的数量大增，带来了县城的大发展。明清时期，巴渝地区置县数量有所减少。在经历了明末清初的社会动荡后，城市建设在清代逐渐恢复，并奠定了其后城镇发展的基本格局（李和平, 2004）。

6）民国及新中国时期

1891年3月1日，重庆海关正式设立，标志着重庆正式开埠。1929年2月15日，重庆正式建市。抗日战争全面爆发后，1937年11月，中华民国政府颁布《国民政府移驻重庆宣言》，定重庆为战时首都（陪都），这是重庆（城）历史上第三次建都。1939年5月5日，民国政府颁令将重庆升格为中央直辖市，这是继南京、上海、天津、青岛、北平后第6个中央直辖市，辖区范围大致为今重庆主城区，即渝

（a）南宋重庆府　（b）元重庆路

（c）明重庆府　（d）清重庆府

图1.18　重庆市历史沿革示意图（二）

图片来源：《重庆市地图集》编纂委员会，2007

中区、九龙坡区、沙坪坝区、江北区以及南岸区，而北碚市（今北碚区）为中央行政院和临时政府所在地。这是重庆历史上第一次成为中央直辖市。

新中国成立后，重庆随后成为西南军政委员会驻地，为西南大区代管的中央直辖市，驻地亦设在重庆。1953年3月12日，重庆市升为中央直辖市，这是重庆历史上第二次成为中央直辖市。1954年6月19日，中央人民政府委员会决定，撤销大区一级行政机构，将重庆等11个中央直辖市改为省辖市。同年7月1日，重庆市正式并入四川省。1983年3月3日，将四川省永川地区8个县（当时辖永川、江津、合川、潼南、铜梁、大足、荣昌、璧山）并入重庆市，并成为计划单列市（图1.19）。1992年，重庆辟为沿江开放城市。1996年9月15日，重庆市代管万县市、涪陵市和黔江地区。1997年3月14日，第八届全国人大五次会议批准设立重庆直辖市，并将万县市、涪陵市和黔江地

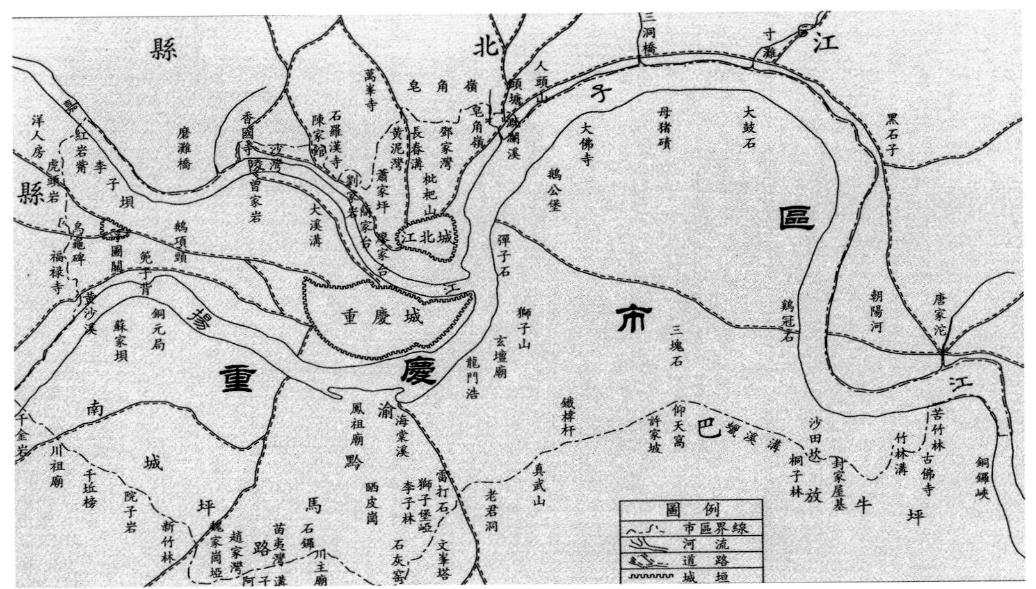

（a）20世纪30年代行政区划

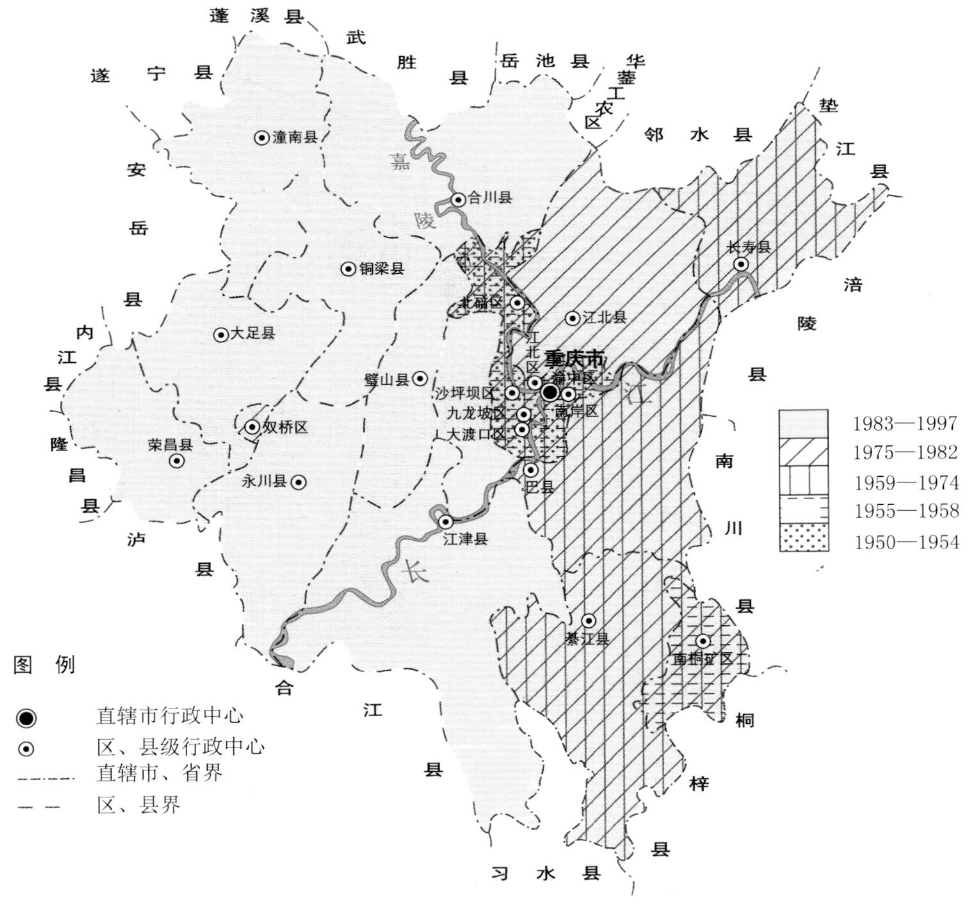

（b）20世纪50—90年代行政区划变化

图1.19　重庆市历史沿革示意图（三）

图片来源：《重庆市地图集》编纂委员会，2007

区划入重庆直辖市，同年6月18日正式挂牌。这是重庆历史上第三次成为中央直辖市。重庆辖区面积8.24万 km^2，人口3 000余万，是中国面积最大、人口最多的城市。

1.3.2　移民活动

移民是人群迁徙的一个过程，在迁徙中和迁徙后相当长的时间内，不但会发生移民群体的大规模文化变迁，甚至还会改变某一地区的文化积淀和文化结构，从而产生一定的新文化形态，形成特定的移民文化。重庆地处西南腹地，长江横贯东西，水运交通便利；地貌空间形态复杂，降水丰沛，雨热同季，湿热气候典型；物产丰富，生产方式多样（主要有旱地农业、水田稻作、渔猎等），农耕经济发达，社会繁荣，民风淳朴、好客、直爽。对促进文化交流，特别是对巴渝吸收外来文化提供了有利条件。重庆地理位置的特殊性，频繁的商贸往来，加之各民族的迁徙，使得巴渝地区呈现出多民族"大杂居，小聚居"的融合状态，"蜀地存秦俗，巴地留楚风"，不但本土文化积淀深厚，而且也使重庆文化具有很强的开发性与包容性。

历史上造成巴蜀地区大规模移民进入的原因是多方面的。首先是战乱和社会动乱，尤其是长期大规模战争引起的人口锐减。历史上有一种说法是"天下未乱蜀先乱，天下已治蜀后治"，说明巴蜀地区的战事比较频繁。不管是外乱还是内乱，都会引发移民潮。其次是巴蜀地区作为天府之国，物产丰富，气候湿润，宜于生产生活，故流行一句俗语"老不进广，少不进川"。第三是官方的支持倡导，组织推动。

移民路线大多是从四川盆地的北、东、南三个方向，以水路、旱路两种方式进入巴蜀地区的。东路主要是从东及东南方向沿长江以舟楫行水或经三峡栈道穿过三峡，到达巫山、奉节、万州等地，或从清江溯江而上，从湖北恩施、利川再至万州或渝东南地区（图1.20）。这是当年"湖广填四川"移民的主要行进路线。北路主要是沿古老的秦巴山地的八大古栈道（川陕驿道）进入巴蜀腹地的。其中，秦岭地区自西向东有4条：陈仓道（又称故道、散关道）、褒斜道、傥骆道（又称骆谷道）、子午道；巴山栈道自西向东也有4条：阴平道、金牛道（又称石牛道、剑阁道、五丁道）、米仓道、洋巴道（又名荔枝道）（图1.21）。这主要是陕甘等北方移民入川的主要路线。南路主要是因川盐外销而开拓的渝黔盐道，包括渝黔西线（永宁道、合茅道）、渝黔中线（从綦江东溪镇，越大娄山，过娄山关，经贵州桐梓县直达遵义、贵阳）、渝黔东线（从涪陵，溯乌江而上至酉阳龚滩，再经秀山至贵州松桃、铜仁、镇远等地）（图1.22）。南路为广东、广西、福建、湖南、湖北等省的移民进入巴蜀的主要路线（李先奎，2009）。四川盆地是一个典型的移民区域，历史上巴蜀地区大约经历了7次大规模的移民活动，对巴渝文化起到了很大的影响。

第一次大移民发生在秦灭巴蜀到秦灭六国统一天下之后。商周时期，巴族自鄂东迁徙进入重庆地区，在先巴文明的基础上，建立了部族联盟的国家，形成了具有浓郁地方民族特色的巴文化。长江联系着巴蜀、荆楚与吴越地区，因此巴文化始终与荆楚文化及吴越文化有着千丝万缕的联系。秦王朝灭巴蜀两国后，为巩固统治，大批向巴蜀地区移民。据《史记·秦始皇本纪》《华阳国志·蜀志》记载，公元前316年，秦大将司马错率大军伐蜀灭巴，以张若为蜀守，后两年"移秦民万家实之"。秦王朝最初的移民主要居住在成都、乐山等地区。其后，

图 1.20　长江三峡古栈道

（a）

（b）

（c）

图 1.21　川陕驿道之一的“金牛道”（四川省剑阁县剑门关）

秦灭六国后又把巴蜀作为流放地区，迁六国贵族富豪进入。这前后近百年时间，加上留驻的秦军士兵，迁巴蜀者数量应有十万之众，在当时全国人口不多的情况下，这个数量是十分可观的。这些移民既带来了中原的文化知识，也带来了宫廷的生活方式。中原文化的涌入，使巴蜀文化与周边文化广泛融合，加速了巴蜀文化与中原文化的交流。

第二次大移民起于东汉末年到东晋时期。东汉末年，群雄割据，天下大乱，中原成了战火纷飞之地，河南南阳一带有数万民众避乱入蜀。三国时代，刘备、诸葛亮率数万军民占据益州，刘备称帝，史称“蜀汉”。西晋末年（311年）发生的著名“永嘉之乱”，迫使晋朝南迁建康（今南京）建都，是为东晋。这次动乱造成了我国历史上第一次大规模中原汉人南迁的移民浪潮，其中流入巴蜀地区的史称西晋“陇西六郡流民入蜀”。此时入蜀的秦雍流人拥其首领李特之子李雄在成都称帝，史称“成汉”（304—347年）。成汉后期，发生了“巴蜀大姓流徙荆湘”。东晋时期“十万僚人入蜀”，大批僚人由贵州进入巴蜀地区，对巴蜀地区的人口构成产生了持久性的影响。

第三次大移民发生在唐中叶天宝十四年（755年）“安史之乱”后。这是继“永嘉之乱”后的一次规模更大的北方汉人南迁避乱的大移民。南迁地区主要包括淮南、江南、江西、湖南、福建及岭南地区，也有部分移民经汉水到汉中入蜀，或沿长江而上，经三峡入巴蜀。

第四次大移民始于北宋靖康元年（1126年），金兵大举南下侵袭中原，攻破京城汴梁，俘获宋王朝徽钦二帝，史称“靖康之乱”。宋王室被迫南迁临安（今杭州）为都，是为南宋。相应大量中原百姓及各阶层人员举家举族南迁，成为中国移民史上规模

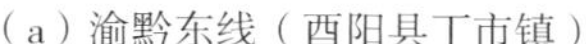
（a）渝黔东线（酉阳县丁市镇）

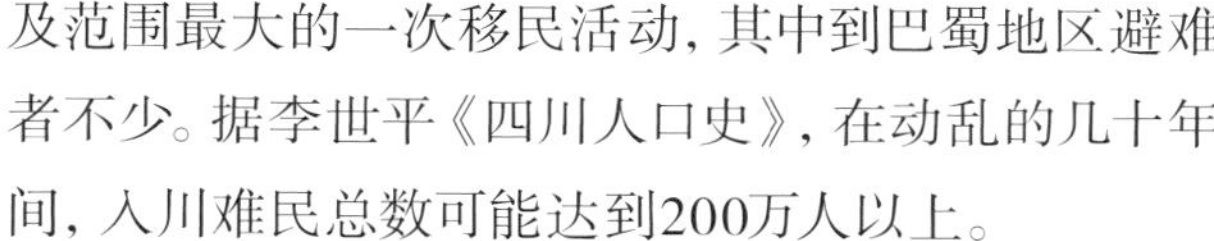
（b）渝黔中线（綦江区东溪古镇）

图 1.22　位于重庆市境内的部分"川盐古道"

及范围最大的一次移民活动，其中到巴蜀地区避难者不少。据李世平《四川人口史》，在动乱的几十年间，入川难民总数可能达到200万人以上。

第五次大移民发生在元末明初以湖北为主的南方移民大量进入巴蜀地区。这标志着移民来源发生了变化，由陕甘转向湖广，史称第一次"湖广填四川"。其原因主要是巴蜀地区近半个世纪的抗金抗元战争，人口锐减，经济衰退，当时人口不足百万。元末湖北红巾军起义，其首领明玉珍率部入巴，在重庆称帝，建立大夏国，有不少湖北地区的乡民随军入巴，他们大多称来自湖北麻城孝感乡，从此揭开了"湖广填四川"移民浪潮的序幕。

第六次大移民发生于清代前期，历经100余年，规模空前，史称第二次"湖广填四川"。据《四川通志》记载，"自汉唐以来，生齿颇繁，烟火相望。及明末兵燹之后，丁口稀若晨星"。这主要是明末清初"张献忠剿四川"所致。据康熙二十四年（1685年）人口统计，经历过大规模战事的四川省仅有人口9万余人。在四川巡抚张德地的倡导下，清朝政府颁布了《康熙三十三年招民填川诏》的诏书，下令从湖南、湖北、福建、江西、广西、广东等地大举向四川移民，这就是历史上著名的"湖广填四川"。移民共计达600余万人，其中湖广省（辖今湖北、湖南两省，雍正初年，湖广省分成湖北、湖南两省）移民最多，近350万人，占本次移民总数的一半以上，故俗称"湖广填四川"。实际上，人们习惯于把明、清的这两次移民都称为"湖广填四川"。这是重庆历史上规模最大、人口最多、持续时间最长、影响最为深远的一次大移民，这次移民不仅改变了重庆人口的籍贯结构，而且又扩充了人口数量。据统计，现今的重庆人和四川人多为清代移民的后裔，重庆有85%，成都约70%，在川渝的山区有50%～60%不等。并且"湖广填四川"移民的来源地域集中，多为举家、举族迁入，落业后聚族而居、同籍而居，因而原籍的文化习俗成了群体文化的主体，定居后的移民成了群体文化的传承者，加上他们的文化又必须与当地原住民和其他移民群体的文化习俗相互交融，特别是要与巴文化、蜀文化等相互交融，因而必然发生整个巴蜀地区文化大流变，形成一种独特的移民文化，主要包括湖广文化、客家文化，从而推动巴蜀地区社会经济及人文精神的发展。不仅使重庆地区社会经济得到再次复苏，还把异省地域文化带到重庆，直接影响了重庆文化的多个方面。

湖广文化：由于移民的主体是湖广人，所以湖广文化对重庆文化的影响最为深远。湖广文化与巴渝文化在历史上一直有着渊源关系，就文化类型而言，巴与楚可成为一个系统，但各自又有自己的特征。例如，重庆地区明清时期建筑的木结构多采用穿斗式构架，或是穿斗与抬梁混合使用，几乎没有纯粹的抬梁式结构。而在湖广地区，这种穿斗式的建筑在更早之前便已广泛存在。由于重庆地区温热多雨的气候和复杂多变的地形与湖广地区基本一致，所以很适合这种轻薄透气的屋面、墙壁和轻巧灵活、小柱径的穿斗构架，而且穿斗构架用料经济、施工简单、出檐方便，所以穿斗构架和夹壁墙在重庆地区得到了广泛运用。刘敦桢先生在1939年的川康古建调查日记中记载："最近二日所见之民居（从桐梓到綦江），壁体结构不尽用木板。由于柱与柱间，编竹为壁，内外涂泥刷白灰者，与湘、鄂诸省略同……四川省民居之结构与北方诸省相差殊甚……若细予分析，则其一部分曾见于湘、赣诸省，另一部分与江浙等省类似。"可见，湖广移民文化对巴渝建筑文化影响之深远。

客家文化：重庆地区的客家人，由于自身的语言文化习俗加上固守本族群文化的心理，以其强烈的本乡习俗和特殊的语言作核心，表现出较强的凝聚力和浓厚的客家族群意识。如果说湖广文化与重庆文化的融合是一种"嫁接"关系的话，那么客家文化在重庆地区的发展则属于一种"移植"的关系，其重点在于对原乡文化的移植或重建，体现出的是独立性、封闭性和保守性。在这里，原乡文化的传承成为主流。客家的建筑在全国的汉族建筑体系中独树一帜，有区别于其他各地建筑的显著特征。由于客家人非常善于保持自己民系的纯粹性，相对其他移民来说，客家人的建筑在重庆地区也较好地保持了原型。不过与四川相比，重庆客家文化与本土文化进行了较好的融合。例如，涪陵大顺乡瞿九酬客家土楼，其外部完全采用客家夯土厚墙围合，但内部却是完全采用巴渝地区的千足落地式穿斗木结构承重，很好地把客家建造技术与巴渝营建技术有机地融合起来，既可防御，又能很好地适应重庆湿热的气候环境。

第七次大移民发生在抗日战争时期。据不完全统计，在战火中有700多万人从北方和沿海进入四川，重庆作为中国战时首都接纳了100万以上人口，400多家工厂，30多所大学以及大量文化、科研、商业团体和党、政、军机构。这次大移民使重庆成为抗战时期中国大后方的政治、经济、文化、科技、教育中心。对城镇发展与空间布局以及民居建筑也产生了一定的影响。

总之，正是这些一次次的移民，既使重庆地区不断地接纳和包容了四方豪杰，又使重庆人具有了较重的移民心理情结，重庆文化与人文精神也深深地打上了移民的烙印，体现了传统文化与现代文化、故土文化与迁居地文化的融合，具有包容性强、传播面广、影响力大、敏感度高的特点。历代重庆都几乎容纳了东西南北四方众多的移民，形成风俗的大杂烩，也使重庆民间文化内容极为丰富。重庆文化实际上是多种文化的综合体。

1.3.3 民族分布

春秋时期，白虎巴族进入今重庆区域后，建立起以江州为政治中心的巴国。在巴国广大的区域内，民族关系十分复杂，除居于统治地位的巴族外，还有许多小的民族，主要有濮、賨、苴、共、奴、夷等民族。经过多次移民与民族融合，重庆辖区内就形成了一个多民族的聚居地。

目前，重庆是我国唯一辖有民族自治地方的直辖市，既辖有民族自治区域，又拥有大量散居少数民族人口。重庆有4个自治县，1个享受民族自治地方优惠政策的区，以及14个民族乡。重庆以汉族为主体，还有土家族、苗族、回族、仡佬族、满族、彝族、壮族、布依族、蒙古族、藏族、白族、维吾尔族、朝鲜族、哈尼族、傣族等49个少数民族。少数民族中，土家族人口最多，其次为苗族，主要分布在渝东南地区。

4个自治县分别是秀山土家族苗族自治县（1983年4月4日成立）、酉阳土家族苗族自治县（1983年11月11日成立）、彭水苗族土家族自治县（1984年11月10日成立）和石柱土家族自治县（1984年11月18日成立）。此外，黔江区的前身是1984年11月14日成立的黔江土家族苗族自治县，2000年撤县设区后，仍比照民族自治地方享受民族优惠政策。全市设有14个民族乡，分别是万州区恒合土家族乡、地宝土家族乡，忠县磨子土家族乡，云阳县清水土家族乡，奉节县云雾土家族乡、龙桥土家族乡、长安土家族乡、太和土家族乡，巫山县红椿土家族乡、邓家土家族乡10个土家族乡；武隆区文复苗族土家族乡、石桥苗族土家族乡、后坪苗族土家族乡3个苗族土家族乡；武隆区浩口苗族仡佬族乡。

土家族：是重庆市人口最多的少数民族，有140余万人，分布最多的区县有酉阳、石柱、黔江、秀山、彭水等。另外，万州、忠县、云阳、奉节、巫山、武隆都有土家族聚居的民族乡。土家人自称“毕兹卡”。清雍正十三年（1735年）“改土归流”后，汉人陆续迁入渝东南地区，土家人便逐渐习用汉语，称本民族为“土家”，汉族为“客家”，苗族为“苗家”。1957年，“土家族”这一民族称谓得到国家的正式确定和采用，被认定为我国少数民族之一。土家族具有刚柔相济、泛神崇拜、家族本位等文化特征（周兴茂、肖英，2013）。

苗族：是重庆市人口仅次于土家族的少数民族，有近50万人，分布最多的是彭水、酉阳、秀山、黔江、武隆等地，另外綦江、万盛也有数千人，总体呈大杂居、小聚居的分布。

回族：有9 000余人，其中以渝中、沙坪坝、荣昌三区分布最多，其余散居于各区县。重庆境内回族很多为明清时期来渝定居，如渝中区中兴路、十八梯一带有清真寺、清真巷，即为明清时回族同胞聚居于此所形成；荣昌区清流镇也居住着一定数量的回族人口。

彝族：有6 000余人，在綦江石壕等地有聚居村，其他散布于各区县。

蒙古族：有近6 000人。重庆的蒙古族大多为元代开始迁入，有的因元代作为朝廷命官迁来重庆，有的则因屯军和避难迁入重庆。重庆境内除彭水鹿鸣乡向家村和太原乡香树坝村集中居住了谭、张两姓的蒙古族外，其余均散居在各区县。其中彭水向家村的蒙古族直至20世纪40年代仍保留着养马骑射的传统，村内设有马道、箭池等学骑射的场所。

仡佬族：主要分布于武隆区浩口苗族仡佬族乡。历史上仡佬族活动范围很广，据南宋地理总志《舆地纪胜》记载，在南北朝时期，就有仡佬族人活动于重庆一带。有研究称歌乐山的“歌乐”一词就是来源于仡佬族语言。

各民族在漫长的历史进程中存在着不断被同化与融合的现象，但民族个性并没有消失，有着风格迥异的物质文化与精神文明。在农业经济、传统技能、文化艺术等方面，各民族都作出了自己的贡献，推动了社会进步和人类文明的发展。

1.3.4　山地文化

重庆市位于四川盆地东南部，地势大致由西向东北、东南两个方向逐步升高，并从南北向长江河谷倾斜。全市以中低山为主，约占辖区面积的76.4%，丘陵约占17.7%，而平原（平坝）、台地仅占5.9%，构成了以山地丘陵为主的地貌特征。由于山地区域生产力水平低下，经济发展缓慢，交通不发达，信息不通畅，致使不少的山地区域形成了封闭、半封闭的文化孤岛，在空间形态上常常表现为呈封闭状分布的传统村寨。不同的文化在受到山地影响后，显示出了一些共性的文化特征，其中最突出的便是保守性、排他性和崇尚个性，即山地文化的共性。与之相对应的是缺乏开放性、兼容性和崇尚集体性。所谓保守性，是指不愿意或不善于接受新事物、新文化，对外来优秀文化持怀疑态度而自觉不自觉地生出一种抵制力（图1.23）（陈钊，1999）。

虽然山地文化具有上述3个共同特性，但是对于大部分山地区域而言，却存在山地河流域和山地腹地域两种细微差异的文化。一般地，山地腹地域的文化传播摩擦力比河流域的要大，并且受外界文化影响小，文化演进相对较慢，因此，二者虽同为山地文化，但却表现出细微的差异。

山地腹地域，特别是位置偏僻、交通不便的中山地区，是山地文化保守性、排他性和崇尚个性特质的典型区域，形成了自己独特的居住文化和民居建筑。如在崇尚个性方面，腹地域的传统民居和聚落绝大部分坐落于山间坡地，受地形因素影响，各家各户或聚落由于选址的不同而产生布局差异。坡度不同，使得民居建造种类在座子屋和吊脚楼间变换；平地大小不同，导致民居平面形态发生变化。加之人口数量的不同，各家各户对具有不同功能的建筑有不同的需求，如有的需要一间或两间偏房。这些因素使得重庆地区传统民居形态产生了丰富的变化，这便是崇尚个性的典型表现，也是顺应自然的典型特征。排他性在少数民族聚落营建过程中表现得尤为明显，其居民往往以宗族血缘为基础，聚集而居，姓名是血缘差异的外在表现，其居民姓名往往单一，如酉阳县石泉苗寨居民全部都姓石。在保守性方面，制度文化建设就是一种典型的体现。元明两朝以及清初，历朝历代为维护地区的稳定，在少数民族地区推行与汉族地区截然不同的政治统治——土司制度。一方面，是各朝统治阶级为了安抚少数民族权贵的统治而采取的一种政治手段；另一方面，也是少数民族地区社会经济的发展以及思想观念都不同，不大适应中央政治制度的体现。清朝中后期以后，随着地区经济社会的发展，与外界交流的增加，客观上满足了政治制度改变的要求，所以“改土归流”才能得以实施。

山地河流域，具备山地文化保守性、排他性和崇尚个性的特征，但是同山地腹地域相比较弱，同时也具备一定开放性和兼容性特征。如位于山区河流旁的古镇，与附近山地腹地域的传统聚落相比，其建筑风格就明显打上了外来文化的烙印（图1.24）。开放性，以经济和人口迁移最为典型。山地河流域因靠近河流，而河流是山地区域联系外界最为便捷的通道，是物资和人口流动的主要交通线。

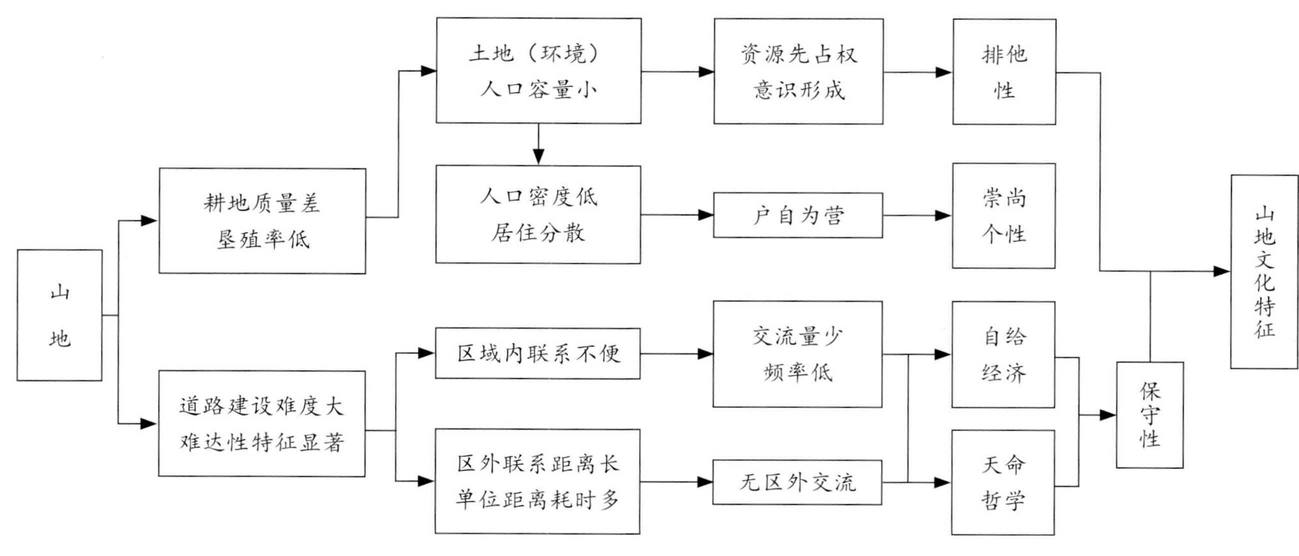

图 1.23　山地文化形成机制

随着社会经济的发展，商业活动频繁，河流沿岸部分聚落发展成为商品集散地，随之而来的则是人口流动与迁徙。当地居民参与经济活动，与外来人口交流密切，所以外来文化对本土居民逐渐产生了影响。河流域往往是各种文化的交融地带，因此，逐渐形成了一定的开放性特征。在兼容性方面，山地腹地的传统民居往往以木结构为主，而位于河流旁的传统聚落，如龙潭古镇，其传统民居很多具有徽派建筑的风格，有很高的马头墙。其原因是，龙潭古镇位于龙潭河畔，可通过龙潭河、酉水与阮江相连，直达长江中下游地区，这样通过与长江中下游地区的经济联系、文化交流及移民活动，徽州地区的营造理念便在这里生根发芽。受之前古镇焚毁的影响，为保护财产安全防止火灾，便在新建的建筑上采取徽州地区高大马头墙的建筑方式。这充分体现了文化发展过程中的相互影响、吸收借鉴的特点。

（a）山地腹地域民居（酉阳县苍岭镇石泉苗寨）

（b）山地河流域民居（酉阳县龙潭古镇吴家院子）

图 1.24　山地腹地域与山地河流域具有不同的建筑风格

人文环境的特性受自然环境的影响，山地影响下的人文环境必定带有山地的特性。山地文化是重庆地域文化的主要特征之一。对于重庆山区而言，山地文化不仅具有保守性、排他性，崇尚个性，同时也具有部分开放性和包容性，这便是其山地文化的最大特征所在。

1.3.5　码头文化

重庆地区不仅山多，河也多。江河纵横，源远流长，对重庆的形成与发展起到了非常关键的作用。在古代，河流是一条十分便利又非常重要的交通通道，是联系内地与沿海、山区与平原的重要纽带，承担着输送人流、物资流、信息流这一重要功能。因此，在山区，河流两岸往往成为人口、经济、聚落等集中分布的区域，形成了独特的码头文化。

一般来说，码头文化是指中下层以河岸货运为重心的一群人的文化，往往以“利”字当头、“义”字为口号，带有浓厚的江湖气息。码头文化最大的特征之一就是具有吸纳意识。古今中外有很多这样的码头，因为得水利之便人来客往，各种信息、资源相互融汇，往往让它们有了吸收外来优势资源、优秀文化的先天条件，学习、吸纳也就成了码头城镇惯有的风气。许多好的东西，能够很便利、很及时地为其所用。这种吸纳意识使其更具有开放性和包容性。在重庆山地区域，因山地因素的限制以及河流因素的诱导，产生了独特的码头经济与码头文化，与周围山地腹地域相比，具有明显的开放性、包容性和与时俱进性。

历史上，因特殊的地理位置而形成的商业重镇不胜枚举，凭借着不同的优势条件，商业城镇便形成了不同的类型。例如：广州凭借与隔海相望地区的贸易形成了沿海的商业口岸；重庆因位于内陆，依靠长江和嘉陵江，则形成了内陆商业口岸。经济的发展催生了推动经济活动的各种行为，久而久之便产生了相应的经济文化。码头文化又可分为码头物质文化和码头非物质文化。

码头物质文化，主要表现为特殊的聚落形态和民居建筑类型组合。在聚落形态方面，最突出的便是大多数沿河聚落，特别是古镇呈现出条带状空间形态。这主要基于以下三点：第一，重庆地区大面积的山地使得聚落不可能形成大面积团状布局；第二，沿河流而建的聚落，因地形的限制，形成了沿河或垂直于山坡走向的层层叠叠的布局；第三，为了防洪，聚落选址一般位于洪水位之上的阶地区域，而这些阶地往往呈带状格局。在民居建筑类型组合方面，沿河而建的吊脚楼以及沿山而建的座子屋便是最佳的例证。经济具有集聚效应，而距离会产生经济衰减。因此，在适宜布置建筑而用地面积较少的河谷地区，为了经济适宜性，传统民居建筑集中布局，形成了吊脚楼与座子屋的组合形态。吊脚楼虽然在建造成本和技术要求上较座子屋更高，但是增加了有效的空间利用。

码头非物质文化，则表现得更为丰富，如纤夫、船工号子以及与河流相关的文化。在特殊的河流区域，因水情和地形因素的影响，如遇险滩急流，大型船只往返过程中必须卸货转滩，就需要借助纤夫拉船，纤夫是码头必不可少的文化景观之一。船工号子是一种民俗歌谣，通过号子特殊的韵律，使得一起工作的劳动者可进一步增强工作的协调性，利于发力，方便逆水行舟。同时，号子因地域的不同，产生了不同的内容，体现了不同地域的文化特性。

重庆至巫山这段千里川江上，航道弯曲狭窄，明礁暗石林立，急流险滩无数。旧社会江上船只多靠人力推桡或拉纤航行，少则数十人多则上百人的江上集体劳动，只有用号子来统一指挥。因此，在滚滚川江上，产生了许多歌咏船工生活的水上歌谣——川江号子。旧社会船工们的生活是极其艰辛的，他们就用悲愤而苍凉的声声号子来倾诉自己的不幸：“脚蹬石头手爬沙，八根纤绳肩上拉。打霜落雪天下雨，一年四季滩头爬。周身骨头拉散架，爬岩翻坡眼睛花。拉船的人如牛马，不够吃来难养家。凶滩恶水船打烂，船工淹死喂鱼虾。丢下父母妻儿女，受饥挨饿泪如麻……”

除了倾诉自己的苦难，旧时代那些天性乐观豪爽的船工们，也用号子来歌吟长江两岸的社会风貌和自然山水，随着舟楫的移动，船工们看见什么，便即兴抒发。有首流传十分广泛的船工号子，对依山傍水而建的重庆城门加以歌吟：“长江上水码头要数重庆，开九门闭八门十七道门。朝天门大码头迎客接圣，千厮门花包子雪白如银，临江门卖木材树料齐整，通远门锣鼓响抬埋死人，南纪门菜篮子涌出涌进，金紫门对着那府台衙门，储奇门卖药材供人医病，太平门卖的是海味山珍，东水门有一口四方古井，对着那真武山鱼跳龙门。”号子话语不多，却把古重庆的城门建筑及风土人情栩栩如生地描

（a）

（b）

图 1.25　重庆市袍哥组织部分纪律条款（巴南区丰盛古镇长寿茶馆）

述了出来。

新中国成立后，江上船只大多实现了机械化和半电气化的操作。即使这样，在特殊情况下，某些工种仍离不开人们的艰苦劳作，那悠远嘹亮的江上号子，仍时时荡漾在千里江面上。老船工蔡德元就曾唱过这样一首歌颂新生活的号子："嘿呀，嘿呀，嘿嘿！说长江（哟）道长江（哟），长江两岸（哪）好风光。烟囱林立马达响（哟），瓜果如蜜稻麦香，江船只只穿梭样（哟），多装快跑日夜忙（哟）……"

码头文化不仅包括水码头文化，而且还包括旱码头文化。除了纤夫与船工号子之外，重庆码头文化还有一大特色，便是"袍哥文化"和"行会文化"。"袍哥"亦称"哥老会"，又叫"汉流"，俗称"三把半香"，是一种民间帮会组织，起源于明清之际。由于重庆河流众多，水运发达，商贸繁荣，袍哥文化盛行，很多沿江城镇都成立了袍哥组织，其口头禅是："袍哥人家，义字当先，决不拉稀摆带（重庆话，意思是决不推辞）！"说明袍哥文化具有浓厚的江湖气息（图1.25）。"行会"是明清时期地方群众自发的一种组织，一则表示纪念行业创始人，二则团结师徒，同时解决行业内部纠纷。在码头一般都会形成人力、盐业、药业、船业、酒业等众多行会，分类管理，为重庆经济社会的发展作出了一定的贡献。

总之，码头文化的精华就是开放、包容和与时俱进，体现了重庆鲜明的民众个性，大山大川铸就了重庆男儿的热情似火与坚韧豪迈，女儿的柔情似水与英气勃勃。

1.3.6　开埠文化

自古以来，重庆就是长江上游的商业重镇。到了近代，由于帝国主义的侵略，从19世纪末开始，重庆沦为半殖民地半封建城市，成了帝国主义侵略重庆乃至四川的基地。政治和军事的侵略，是资本主义向外扩张的手段，其目的是进行经济掠夺。经过两次鸦片战争，英国取得了中国沿海通商口岸，并开始伸入长江中下游地区，对华贸易有了长足的进展。但这并没能满足英国资产阶级的侵略野心，反而进一步刺激了他们沿长江夺取中国西部，尤其是重庆、云南市场的强烈欲望。因此，从19世纪60年代开始，一批英国冒险家就积极准备在长江上游地区实现通航和通商，而他们确定的第一个目标就是重庆。

在宜昌开埠成为洋货入渝、入川的转口商埠之后，重庆便很快成为仅次于上海、天津和汉口的第四个销售中心。1890年3月31日，中英《烟台条约续增专条》的签订，使重庆被迫成为通商口岸，英国从此取得了在重庆开埠的特权。1891年3月1日，重庆海关正式设立，颁布《重庆新关试办章程》，英国人霍伯森担任重庆海关税务司的职务，掌握海关行政和征收关税的大权并兼管港口事务，标志着重庆正式开埠。这开启的不仅是对外的通商口岸，同时也拉开了一部充满斗争的开埠文化史的序幕，其影响是深远的。重庆开埠不仅吸引了50余家外国洋行在重庆设立分点，同时也促进了重庆民族资本经济的发展，也吹响了重庆人民反租界斗争的号角。各国在重庆纷纷设立领事馆，开辟租界，建立"国中之国"。重庆海关的建立标志着重庆正式被纳入

图 1.26　南岸区法国水师兵营

图 1.27　渝中区打枪坝水塔（邹胜春摄）

图 1.28　渝中区仁爱堂旧址

了世界资本主义市场体系，成为西方列强侵略重庆乃至巴蜀地区的一个据点。当然，西方列强开埠重庆的初衷是开辟市场、倾销商品、掠夺原料等，使重庆沦为了半殖民地化的城市。但开埠却在客观上加强了重庆与外部世界的联系，西方现代化的各种生产要素与观念由此逐渐输入重庆，从而促进了重庆的近代化。正如陈旭麓先生所说，“近代中国开埠的趋势是由沿海入长江，先下游后上游，并逐步进入内陆腹地。这些埠口，在中国封建的社会体系上戳开了大大小小的‘窟窿’。外国资本主义的东西因之而源源不断地泄入、渗开。这是一种既富有贪婪的侵略性，又充满进取精神和生命力的东西”（陈旭麓，1992）。

至1891年开埠之始，诸列强进入重庆的军舰就达38艘，泊位就达11处之多。其中英国军舰停泊在龙门浩，美国军舰则停泊在龙门浩瓦厂湾，而法国军舰停泊在弹子石，日本军舰则停泊在王家沱等。1901年9月，日本又通过《重庆日本商民专界约书》这一不平等条约，在重庆南岸王家沱长四百丈、宽一百零五丈二尺（1丈≈3.33 m）的土地设立租界。在租界内，日本领事几乎掌管警察权、管辖道路权、司法审判权等一切施政事宜，且只准日本人承租执业。日本商民在租界内开公司、办工厂，并把货品倾销重庆市场。王家沱日本租界设立后，帝国主义又以重庆海关税务司承租打枪坝为名强索打枪坝的承租权。打枪坝是重庆城的一个制高点，有雄踞市区、扼控长江之势，在军事上占有十分重要的地位。1902年，法国海军还在重庆南岸建立了法国水师兵营（图1.26）。1903年，重庆海关英籍税务司华特森与川东道贺文彬签署了续租打枪坝的“租约”，并于1931年建了水塔，成为打枪坝标志性建筑（图1.27）。1937年抗日战争全面爆发后，重庆军政当局于当年7月31日接管了王家沱日本租界。王家沱和打枪坝是重庆近代历史上的两块租界地。

重庆开埠史是中国近代半封建半殖民统治下的屈辱史、抗争史的缩影。但重庆开埠在客观上也促进了当时重庆经济，特别是民族资本经济的发展。重庆开埠使重庆在整个西南地区的中心城市地位进一步提高。然而，西方列强依靠军事和文化的双重手段以及工业化大生产优势，使重庆地区的传统手工业遭受了沉重打击。会馆等中国民间传统建筑形式日渐式微，而作为西方文明代表的各种西方建筑逐步增多，在功能上也有较大的改变。这一时期的西式建筑以领事馆、教堂、洋行、教会和公益性建筑（如医院、学校）为多（图1.28）。

目前重庆保存最好、最古老的天主教堂，是位于渝中区七星岗的若瑟堂，由法国传教士范若瑟于1864年修建，该教堂平面为三廊式巴西利卡形，深37.38 m，包括钟楼在内，面积近700 m^2，为法国哥特式建筑风格（图1.29）。另一方面，中国传统建筑在西方文化的影响下，也发生了一些改变。例如，重庆南岸的慈云寺，为僧尼并持的佛教建筑，现保留的建筑群为砖木结构，带有明显的殖民特征。而该寺没有传统寺院型制要求的山门，主入口与建筑合为一体，是一座高四层、三面围合、一面靠山的建筑组群，其风格可谓“中西合璧”（图1.30）。然而，由于西方列强是通过侵略和掠夺手段进入巴渝等内陆地区的，为了强行在内地推行西方文化，扩大西方文明影响，常不择手段侵占民众地产来修建教堂，造成了尖锐的民族矛盾，使重庆地区教案频繁。可以说，在西方文化进入重庆地区的初期，其与当地传统文化相当对立，西方文化与当地文化在建筑上的交融是在20世纪以后才逐渐形成的，但交融的程度有限。

早期修建的殖民式建筑，多由外国建筑师设计，从平面形式、内部空间处理到外形设计，都因袭欧式生活方式，是典型的殖民式风格，与重庆地区当地的气候环境并不适应。因此，随着殖民式建筑在数量和用途上的不断增加，其风格、形式开始吸收当地传统建筑的优点，形成相互融合借鉴的发展方向。西方的建筑思潮推崇的是“功能至上”原则。重庆抗战陪都时期，由于受到西方现代建筑思潮的影响，以及战争条件下经济与工期的制约，建筑装饰都逐渐趋于简化，复杂的装饰元素已经不是很多，更多的是满足建筑的功能需求，逐渐向现代化建筑发展。

1.3.7　宗法礼制

宗法是指调整家族关系的制度，它源于氏族社会末期的家长制，是传统社会中形成的一种以血缘关系为准则的组织形式，表现为供奉同一祖先的同

图 1.29　渝中区若瑟堂

图 1.30　南岸区慈云寺

姓亲属组成的群体组织。宗族即同祖为宗，同姓为族。以宗族关系形成的传统聚落就是宗法制度最好的例证。宗族或家族观对聚落内的个人有很大的约束力，个人对家族或宗族具有较强的依赖心理和服从性。家族是维系聚落内部稳定的重要力量，通过制定的宗法族规或者其他形式的道德标准是传统聚落自治的社会基础，也是个人之间相互帮助的动力源泉。礼制是以德治理的具体化，通过礼仪定式与礼制条文规定人们的思想与行为。传统聚落是一典型的身份礼制社会，人们一旦发生冲突和纠纷，通常请族中的长老或辈分高、德行好的人出面，以人情礼俗来调停，注重的是相互礼让，保持社会原有的秩序和稳定，这种行为是礼制文化观念的集体表现。

基于宗法礼制的聚族而居思想，往往一个村一个姓或几个姓。他们都是一个祖宗以厅、房、支、柱形式一代一代传下来的。古代中国的家庭比现代的家庭大，父、子两代同居共财的家庭称“核心家庭”；由祖、父、子三代组成的称“主干家庭”，包括祖、父、伯、叔及其子女者，称为“共祖家庭”。五服之内的成员称为“家族”，五服之外的共祖族人称为“宗族”。所谓五服，是以丧服的轻重和丧期的长短来显示与死者的亲疏关系，即穿五种不同等级的服装来出席他的葬礼，以显示与死者的亲疏关系，形成了“五服”制度。该制度是中国古代礼制中为死去的亲属服丧的制度，分成五类，构成了五服图（图1.31）。其含义是以自己为圆心，纵轴向上为父母、祖父祖母、曾祖父曾祖母、高祖父高祖母，向下为子、孙、曾孙、玄孙，上下共九代，即本宗九族。显示了中国封建社会是由父系家族组成的社会，以父宗为重。横轴向右为兄弟、堂兄弟、再从兄弟、族兄弟，向左为姐妹、堂姐妹、再从姐妹、族姐妹，左右共九房。这种上下左右关系和秩序，被费孝通先生称为“差序格局”。古人就这样，以人为中心，构成一幅幅五服图，无数五幅图构成族群、社会、国家。这种“差序格局”衍化出来的民居形态，表现为一个家庭时，民居一进一进按着时间的轴线发展（当然也有分家的）；对于一个家族或宗族而言，他们虽然不能住在同一屋檐下，但都要建宗祠，在宗祠中存族谱、宗谱、挂祖宗像。宗祠在等级上高于家庭，所以是一族中各家各户房屋布局的核心。当然，这个核心不一定是布局平面上的中心。一般来说，因为土地所有关系，同一族人的宅基地多是连着的，因而房屋也多在一起。对于一个大聚落来说，会出现总宗祠、分宗祠，各房各室分布在自己这一宗的宗祠周围（图1.32）。这种聚落，可能不止一个中心，而是多心聚落（丁俊清、杨新平，2009）。

				高祖父母				
			曾祖姑	曾祖父母	叔伯曾祖父母			
		族祖姑	祖姑	祖父母	叔伯祖父母	族叔伯祖父母		
	族姑	堂姑	姑	父母	叔伯父母	堂叔伯父母	族叔伯父母	
族姐妹	再从姐妹	堂姐妹	姐妹	己、妻	兄弟兄弟妻	堂兄弟、堂兄弟妻	再从兄弟、再从兄弟妻	族兄弟、族兄弟妻
	再从侄女	堂侄女	侄女	子媳	侄、侄媳	堂侄、堂侄妇	再从侄、再从侄妇	
		堂侄孙女	侄孙女	孙子孙媳	侄孙、侄孙妇	堂侄孙、堂侄孙妇		
			侄曾孙女	曾孙、曾孙妇	侄曾孙、侄曾孙妇			
				玄孙、玄孙妇				

图 1.31　五服图

宗法礼制不仅体现在社会

（a）大门

（b）封火山墙

图 1.32　酉阳县后溪古镇白氏宗祠

关系、家庭关系中，同时也表现在聚落的空间布局与功能设置上，甚至许多少数民族的传统聚落与民居建筑也受此影响。山地区域社会经济组织主要是自给自足的小农经济，这种经济上的分散性使得社会成员在一定程度上比较疏离，导致与平原地区相比，其聚落空间布局与建筑空间形态比较灵活自由。当然，山地区域受宗法礼制思想的限制和束缚相对较少，除民居的核心部分仍保留中轴对称或合院式布局之外，其他附属房间连同披檐、廊子、墙垣等，大多数是随功能需要或地形变化而灵活布置，极大地丰富了山地传统民居的景观变化。

传统聚落通常是以一定的亲缘或地缘关系为基础，以家族宗法为维系纽带的小型社会。宗族法规对宗族活动的组织管理、个人行为以及民居建造等有各种成文或不成文的规定。例如，渝东南土家族法规规定，每年冬至日在宗族祠堂开宗族大会（称为冬至会）。宗族大会是宗族处理内部事务的权力机构，一般来说，宗族大会不设常设机构，只是由该宗族中辈分较高、品行皆优、大家敬重的人来担任主持人。大会会期1~3天不等，开会前，由族长率领族众拜敬祖先，然后，全体族人在宗祠处理人事纠纷。对败坏家风者，在冬至会那天处理，当场执行家法。平时抓获败坏家风者，可及时处理，无需等到冬至会。族内处罚皆由族长定夺。

土家族法规对民居建筑的规制、内部摆设也有规定，并且不得违反。例如，对神龛的摆设，必须摆在堂屋正对面的墙壁上。酉阳县后溪古镇是土家族的发祥地之一，镇内的水巷子白氏宗祠建造于咸丰至光绪年间，其大门左侧，保存有光绪二十五年（1899年）刻立的石碑，上面刻有严格的宗族家规和道德标准。

土家人在本民族长期的历史发展过程中，形成了一些关于交往礼仪及冲突处理的方式和习惯法，它们是宗族血缘关系制度进一步发展的产物，也是宗族外的交往准则。例如，土家族习惯法规定，族人走访亲友时，在未踏进主人家大门之前，必须先打声招呼，主人家应声出门，客人才能进屋。如果没有听到主人家回应，客人不能贸然进屋。族人走亲访友时，必须随身携带一些水果、点心或者土特产等礼物，不吉祥或违禁的物品，不能带进亲朋好友家里。

崇敬祖先与提倡孝道是中国传统的礼制思想，同样影响着重庆地区的建筑布局及居住空间形式。例如，受右长尊、左幼卑等传统文化思想的影响，对于坐北朝南的传统民居来讲，右厢房一般为长者住，或者给儿子住。

1.3.8　土司文化

土司制度主要是在元、明两朝及清前期，封建王朝对我国西南、西北等少数民族地区实施的一种管理制度。它是由封建王朝采用册封的方式，任命少数民族的首领、豪酋充任地方官吏，对本地区或本部落实行世袭统治的一种政治制度。这种政治制度是从唐宋时期的“羁縻政策”发展而来的。实际上，土司制度是封建王朝统治者借助少数民族的地方势力来管理民族地区地方事务的一种特殊统治方式，也是一项带有地方自治性质的管理制度，使“以土官治土民”这一政策制度化。“其所以报于国家者，惟贡、惟赋、惟兵。”作为一项适应少数民族地区社会发展需要的基本政治制度，在土司统治时期，少数民族地区形成了独特的民风民俗及封闭的文化意识。土司制度也引发了当地社会、政治、军事、经济、文化等方面的深刻变化，改变了少数民族地区社会发展的总体面貌。

土司制度具有以下特点：首先，土司一职通常来说均为世袭，但其职位的任命、升降、废除则需要通过封建王朝来决定；其次，在土司制度下的统治机构，内部官员的任命，除了中央任命的官员以外，还有土司亲自任命的官员，这些官员绝大多数与土司有着亲密的血缘关系；再次，土司制度是一种军政合一的组织，土司利用其占有的土地，将居民编入兵农合一的“营”“旗”之中，非战争时期为普通居民，战争时期则为士兵，士兵同时也听命于朝廷的派遣（石亚洲，2003）；最后，经济方面，土司控制地区除了向封建王朝进贡以外，也提供赋税，总体来说，其经济发展具有一定的独立性。

重庆地区特别是渝东南地区居住着土家族、苗族等少数民族，元、明、清三朝均在此推行过土司制度。元朝置有南平綦江长官司（治所在今綦江区古南镇）、溶江芝子平茶洞安抚司（治所在今秀山县清溪场镇司城村）等。明、清先后建立了播州宣蔚司（治所在今贵州省遵义市东北）、酉阳宣抚司（治所在今酉阳县钟多镇）、石砫宣抚司（治所在今石柱县悦崃镇新城村古城坝，图1.33）、永宁宣抚司（治所在今四川省叙永县东）、平茶洞安抚司（治所在今秀山县清溪场镇司城村）、溶溪芝麻子坪长官司（治所在今秀山县溶溪镇）6个土司地区（周勇，2014）。

在土司制度影响下，渝东南地区民族文化产生了一定的变化。第一，增强了民族内部长幼尊卑的传统。土司制度下，官员的任命是统治阶级在以血缘关系为框架的基础上产生的，这种行为巩固了民族内长辈的权力与威望。第二，阻碍了区域内外文化的交流与发展。土人有“蛮不出境，汉不入峒”的说法，土司制度在控制人口迁移方面有着极其严格的限制，《谭氏族谱》中记载：“嘉靖年间，因征土寇黄正中，本官移居万县尚未回关，以致本地土夷出没无常。黄正中等归附汉籍当差，仍遵前案，间有土田仍认纳土籍差粮，不得推闪。逮负以后，土民亦不许脱漏土籍”（何服生，1994）。这是渝东南地区少数民族特色文化形成及封闭意识的根源之一。第三，土司制度后期，促进了少数民族文化与儒家文化的融合。虽然封建王朝一直禁止汉人迁入土司地区，但是后来为了维护封建统治，封建集

（a）大门

（b）庭院

图 1.33　石砫宣抚司遗址（石柱县悦崃镇新城村）

权者在土司地区逐渐推行儒家文化——兴办儒学。《明史·土司传》记载弘治十六年（1503年）明孝宗同意了“以后土官应袭子弟，悉令入学，渐染风化，以格顽冥。如不入学者，不准承袭”的建议（张廷玉等，1974）。儒学的创办，使得儒家文化开始渗透到土司地区，使得当地特色文化具备了儒家文化的特征。例如，在儒家思想的影响下，土家族传统民居的建造出现了儒家化的特点——合围的空间形态。

明朝将元朝的土司制度发展成一套完整的统治制度。到清朝中后期则进行了全面的“改土归流”，主要包括以下三点：一是废除土司建制，设置与内地建制相同的州县制度；二是废除土司，对少数民族地区采取和内地一样的流官统治；三是对原土司地区进行政治、经济、军事、文化等方面的全面改革。改土归流的意义在于废除了土司的世代统治，打破土司割据，使得区域同外界的联系顺畅通达；废除了一些陈规陋习，奴隶制、领主制彻底瓦解，刺激了当地经济、社会的繁荣发展；广设学堂，促进了当地文化教育事业的发展和加强了中央政府对地方的直接统治，加强了各地区经济、技术与文化交流，巩固了多民族统一国家（宋仕平，2006）。渝东南少数民族地区在实行改土归流制度以后，社会经济与文化得到了较快的发展，汉文化影响逐渐加深，从而促进了重庆当地民居建筑及聚落的变化。

1.3.9　风水文化

风水学又称为堪舆学、相地术，是古代中华民族的重要发明，是中国古代一门重要学问，也是一个非常具有中国特色的文化现象。虽然风水学中有不少伪科学的成分，但在当时历史条件下能够分析聚落或建筑所处地理环境的优劣，不愧是一大创举，其目的是寻求理想的人居环境（图1.34）。需要指出的是风水理论及其实践与中国传统建筑文化有着千丝万缕的联系，可以说是古代有关城乡规划与建筑设计的基础理论。风水学中的居住文化观在中国传统文化观里扮演着重要角色，通过考察包括地形地貌、气候、水文、植被、土壤等在内的地理环境，来择吉地布局建设，其目的就是充分发挥地理环境的优势，规避地理环境的劣势，以求理想的人居环境。一直以来，山地区域主要以农耕文化为主，对自然有着较强的依赖性，因而在聚落的选址布局、营造过程中，风水观念起到了极大的作用。

根据风水理论，聚落选址要察看“龙”“穴”“砂”和“水”的空间组合。两晋时期郭璞所著的《地理正宗》（郭璞著，周文铮等译，1993）给出了具体的标准：“一看祖山秀拔，二看龙神变化，三看成形住结，四看落头分明，五看脉归何处，六看穴内平窝，七看砂水会合，八看朝对有情，九看生死顺逆，十看阴阳缓急。”清代姚廷銮所著的《阳宅集成》中理想的村落风水模式为：“阳宅须教择地形，背山面水称人心，山有来龙昂秀发，水须围抱作环形，明堂宽大斯为福，水口收藏积万金，关煞二方无障碍，光明正大旺门庭。”

总之，觅龙、察砂、观水、点穴、取向等地理五要素是传统聚落与民居建筑在地理环境中形法的

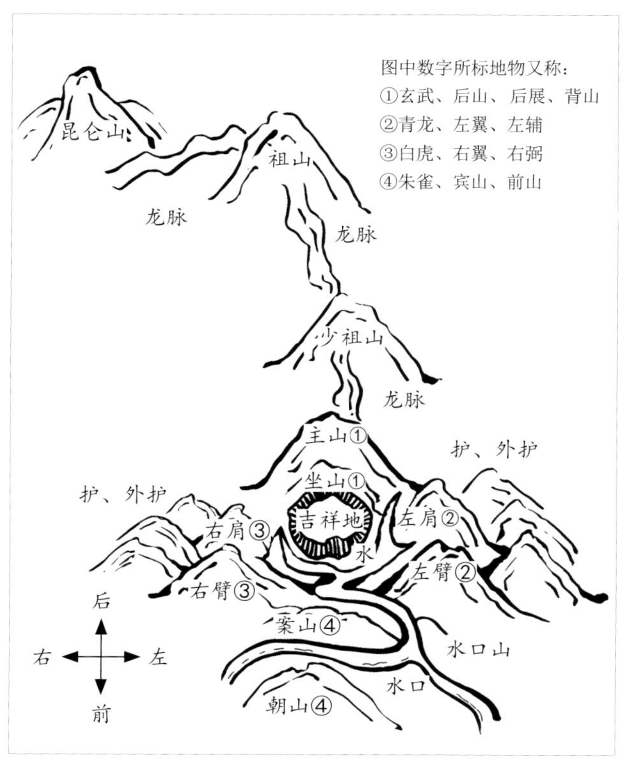

图 1.34　聚落及建筑的最佳风水选址示意图

代表，其基本要求是“龙要真，砂要秀，水要抱，穴要的，向要吉”，即“背有靠山，前有向山；依山面水，负阴抱阳”的风水宝地。其实，就是传统聚落与民居建筑在选址中所追寻的理想人居环境模式，也是在人们头脑中形成的一种环境景观意象。

风水文化的形成可以追溯至黄帝时代。经考古发现证实，距今6 000年前，在今河南濮阳西水坡仰韶文化的45号大墓葬中，已经出现象征风水思想的“青龙”“白虎”的图像。濮阳当时属于黄帝统治，而巴人的元祖是兴起于西北高原黄帝部落的一支，且与黄帝同为姬姓。因此，可以推断巴族部落文化中也存在风水文化。重庆地区4 000多年前便有巴人在这里繁衍生息。古代巴人为了对抗恶劣的生存环境，防止敌人猛兽的袭击，同时为了自身的生产生活，根据自然环境，发展出了“以山为背，以水为伴”的独特居所。这是一种居所选择的法则，表现出的对山水地形的勘察，便是风水文化的一种反映。当地迁徙而来的移民汲取了原住民的文化，风水观念也深入人心。人们在生活中的许多方面都讲究风水，最明显的例子就是传统聚落和民居建筑的风水选址布局、朝向以及民居建筑装饰。在民居寻址择基时，要请风水先生架罗盘看山势的龙脉走向和地理气势；更为讲究的，要根据当年甲子、主人生辰八字推断民居地基、坐向。聚落或者民居建筑选址都要讲究“背有靠山，前有向山；依山面水，负阴抱阳”的风水宝地。

根据风水学的观点，九宫八卦十七门的重庆城可谓是块风水宝地（图1.35）。背枕半岛山脊线——枇杷山、鹅岭、佛图关，构成“祖山”，连接“龙脉”，左嘉陵（江）右长江，左青龙（砂）——鸿恩寺（山），右白虎（砂）——南岸香弥山，可谓“背山面水称人心，山有来龙昂秀发，水须围抱作环形”；作为“明堂”的现解放碑，地势平坦，视野开阔，可谓“明堂宽大斯为福”；长江与嘉陵江交汇于朝天门，弹子石“水口”阻滞，致使水流迂回向东到大海，可谓“水口收藏积万金，关煞二方无障碍，光

图 1.35　重庆城九开八闭十七城门分布示意图

图片来源：据蓝勇（2013）标注

明正大旺门庭”。

九宫八卦十七门，哪些门开？哪些门闭？有歌谣为证：

朝天门，大码头，迎官接圣（开）
翠微门，挂彩缎，五色鲜明（闭）
千厮门，花包子，白雪如银（开）
洪崖门，广开船，杀鸡敬神（闭）
临江门，粪码头，肥田有本（开）
太安门，太平仓，积谷利民（闭）
通远门，锣鼓响，看埋死人（开）
金汤门，木棺材，大小齐整（闭）
南纪门，菜篮子，涌出涌进（开）
凤凰门，川道拐，牛羊成群（闭）
储奇门，药材帮，医治百病（开）
金紫门，恰对着，镇台衙门（开）
太平门，老鼓楼，时辰报准（开）
人和门，火炮响，总爷出巡（闭）
定远门，较场坝，舞刀弄棍（闭）
福兴门，遛快马，快如腾云（闭）

东水门，有一个四方古井，正对着真武山，鲤鱼跳龙门（开）

1.3.10 宗教文化

宗教是人类社会发展到一定阶段以后产生的一种社会历史文化现象，与其他文化相比，宗教文化是较古老的，而且在整个人类社会绵延不断。在传统社会中，宗教文化是社会的一个主要特征，影响着传统聚落形态，这种由宗教文化派生出的“空间”关系，使得看似松散的民居连接成为一个整体。重庆地区的宗教文化表现出多元性、世俗性，带有浓郁的民俗色彩，这是其所在地域的生产生活方式、自然生态环境、历史文化因素等综合作用的结果。宗教文化对传统聚落及民居建筑有着潜移默化的影响，在聚落形态、民居风格上都留下了印记。

宗教的显著特点之一在于信仰超自然物和超自然力量。古代巴人由于生产力极其低下，思维朦胧，认识简单，无法理解宇宙间存在的万事万物，不可避免地陷入了神灵观念所笼罩、支配的认知格局，于是他们想方设法去寻找他们所熟悉的自然神来保佑他们，并逐渐产生了不同的宗教崇拜对象，如图腾崇拜、山石崇拜和信仰鬼教等，以泛灵信仰、祖宗崇拜为主要的宗教形态。

巴人一直保持着对图腾的信仰，清江流域一带的白虎巴人部落世世代代崇祭白虎。“廪君死，魂魄世为白虎。巴氏以虎饮人血，遂以人祠焉”（周勇，2002）。廪君魂化白虎的神话，便是其后代崇祭白虎的由来，表明他们已崇奉白虎为图腾，并推行残酷野蛮的、以人为牲的祭祀制度。1989年夏，在万州甘宁乡红旗水库泄洪道巨石缝中发现了一件战国青铜虎钮錞于，该錞于属战国晚期的巴人作品，其通体完整，音质优良，造型厚重，形体特大，有“錞于王”之美誉。其上部的钮作虎形，栩栩如生，不怒而威，虎腿以漩纹勾画出神物特征，是巴人虎崇拜的又一重要例证（图1.36）。

龙蛇巴人则以蛇为图腾进行祭祀崇拜，千古神

图1.36 战国青铜虎钮錞于
图片来源：重庆市文物考古所，2010

话“巴蛇吞象”便是其真实写照。近年来出土的一把战国铜壶上铸有一幅以人祭蛇的图像，图像中蛇图腾被安置于祭台上，台前跪有一人——即人的图像。巴人之所以崇拜虎、蛇，主要是因为他们生活的环境山高林密、杂草丛生，虎、蛇之类的动物经常威胁他们的安全，因对它们的惧怕继而产生崇拜。

巴人也一直信仰鬼教。鬼教也称巫教，是由巫师举行一些巫术而已。巫鬼源于古代巫、巴之地对先祖的崇祭形式，以击鼓、歌乐、舞蹈为主要特征。今重庆丰都一带，在巴族进入之前，是鬼族所建的鬼国的中心区，鬼国的都城在今丰都，即古之平都，鬼教盛行于鬼国。巴族进入建立巴国以后，鬼教便成为巴人笃信的宗教了。正因为如此，巴国统治者将丰都设为别都。后来东汉的张道陵改造了在巴蜀流行的鬼教，结合黄老学说，创立了五斗米道，后世称“天师道”。五斗米道全面继承了鬼教的内容，因此当时人皆呼五斗米道为“鬼道”。

巴地文化自古充满神秘色彩，是古代长江流域巫文化的发祥地。巫文化是上古时期以巫咸为首的灵山十巫，在以巫溪宁厂古镇宝源山为中心创造的以占星术和占卜术为主要形式，以盐文化和药文化为主要内容的汉族地域特色文化。据《山海经·大荒西经》记载，“有灵山，巫咸、巫即、巫盼、巫彭、巫姑、巫真、巫礼、巫抵、巫谢、巫罗十巫，从此升降，百药爰在”。这里提到的灵山即巫山，灵的繁体字“靈”从“巫”。作为十巫之首的巫咸，是有文字记载以来的第一位巫师，相传是占筮的发明者，可将其称为巫文化的鼻祖。郭璞《巫咸山赋》记载“巫咸以鸿术为帝尧医师，生为上公，死为贵神，封于是山，因以为名”。经考证，今巫溪宁厂古镇宝源山不仅因有宝源山盐泉可供古人类直接取食，而且古代这里还盛产“神仙不死之药”——丹砂。因此，宝源山就是以巫咸为首的上古“十巫”“所从上下”升降采药、采卤制盐的灵山，也就是真正意义的巫山。这里诞育了神秘悠远的巴文化之母——巫文化（盐文化、药文化），在唐尧时期就建立了巫咸国，形成了巫文化在三峡地区（大巫山地区）之滥觞（李庆，2014）。

在巫巴山地，有许多关于神女的传说，神女也因此成为千百年来文人骚客吟唱传颂的对象。神女传说的最大特点就是与封建时代的烈女贞妇全然无关，其基本内容，不是盐水神女中的“愿留共居……暮辙来取宿，旦即化为虫”，就是巫山神女的“愿荐枕席……旦为朝云，暮为行雨”，反映了巫巴山地母系社会的遗韵长期存在，与其他地区以男性人物为中心的英雄神话迥然不同，确为史前风流的典型，华夏儿女的千古绝唱。

总之，重庆地区各民族的宗教信仰是从以自然崇拜为中心的原始宗教开始的，逐渐发展到后来的灵魂崇拜、图腾崇拜、生殖崇拜、祖先崇拜、英雄崇拜以及偶像崇拜等多种表现形式。随着历史的变迁，宗教信仰主要发展为佛教、道教、伊斯兰教，还有天主教和基督教等，形成了许多宗教建筑景观，其中最具盛名的是佛、道、儒三教并存的九宫十八庙。

据重庆博物馆的调查，历史最悠久的寺院是潼南大佛寺，原名“定明寺”，始建于唐咸通二年（861年），建寺之时便开始雕刻大佛，后来时刻时停，直到南宋建炎元年（1127年）才最后完成，历时260多年。它是重庆目前最大的石刻佛像，大佛高27 m，宽12 m。属于宋代的寺院有渝中区罗汉寺，又名“治平寺”，始建于北宋英宗治平年间（1064—1067年），是以皇帝年号命名的。清乾隆时，该寺建罗汉堂，故改名“罗汉寺”。目前重庆现存最古老的建筑为元代木构建筑——潼南上和镇独柏寺正殿。属于明代的宗教建筑主要有渝中区东华观、沙坪坝区磁器口宝轮寺、北碚区温泉寺、南山老君洞、合川涞滩二佛寺、江津石门大佛寺等。属于清代的宗教建筑主要有梁平双桂堂、南岸区涂山寺等（图1.37）。另外，反映宗教文化的石刻艺术也源远流长，如大足石刻兴起于唐高宗永徽年间（650—655年），两宋时期达到鼎盛，前后延续了600多年，是我国晚期石刻造像艺术殿堂中的瑰宝，尤以宝顶山石刻造像群和北山摩崖造像群最为著名（图1.38）。重庆开埠

（a）潼南区大佛寺

（b）南岸区南山老君洞

（c）江津区石门大佛寺

（d）梁平区双桂堂

图 1.37　重庆市部分佛教寺院及道观

（a）十大明王图局部

（b）六道轮回图

（c）牧牛图（一）

（d）牧牛图（二）

图 1.38　大足石刻雕像

（a）荣昌区天主教堂

（b）大足区跑马教堂

图 1.39　重庆市部分教堂

以来，外来的宗教文化也渗透到重庆的城镇乡间，并修建了许多宗教建筑，如荣昌天主教堂、大足跑马教堂、铜罐驿天主教堂、南山慈母堂等（图1.39）。

1.3.11　民俗文化

民俗是民间民众之间共存关系的一种社会活动现象与过程，是对民间民众风俗生活文化的统称，是一个地区民众所创造、共享、传承的风俗生活习惯，是在普通人民群众的生产生活过程中所形成的一系列物质的、精神的文化现象，具有普遍性、传承性、变异性。民俗文化体现在人民生产生活的方方面面，从衣、食、住、行，处处都有民俗文化的烙印。传统聚落空间形态及民居建筑的形制与民俗文化关系密切，因风俗习惯而出现的公共交往活动往往会对聚居形态和整体空间环境产生不同程度的影响，甚至民居建筑的每一个细部都与当地人的习惯及爱好分不开。重庆地域广阔，历史文化悠久，民风民俗极为丰富多样。主要包括生产劳动、日常生活、岁时节日、人生礼仪、游艺活动、民间文学、民间艺术、民歌民谣、音乐舞蹈、婚丧嫁娶等民俗文化。

体现山地特色的巴文化，有其自身独特的结构。首先是观念文化，其核心是价值观或人文精神。巴人以“良心”为其根本出发点，良心是其人性本体，在此基础上，又发展为“崇力尚勇”和“淳朴憨直”的阳与阴、刚与柔的二元人文精神，并且这两个方面相互补充、相互调节，阳刚之气与阴柔之美巧妙融合，刚柔相济，阴阳和合，形成了独具地域特色的巴文化。巴文化可简单地归纳为：“善、直、勇、舞、歌”五个字，这就是巴文化的本源。

所谓“崇力尚勇”，即崇尚实力，天性劲勇，注重竞争，它的极端形式是“胜者为王，败者为寇”。从巴人的发展历史来看，“崇力尚勇”堪称民族之天性，它充分体现了巴人阳刚之气的基本人文精神。从巴人及其后裔——今天土家族的白虎图腾崇拜、骁勇善战、狩猎遗风、傩戏、摆手舞、尚武遗风等民风民俗中，随处可见其“崇力尚勇”的人文精神。所谓“淳朴憨直”，即天性淳朴，朴拙淳直，毫无虚华，甚至“直”到近乎于“憨”了。这种人文精神体现了巴人的阴柔之美，它深深地带有原始社会的历史及其所处地理环境的痕迹。总的来看，巴文化体现了一种阳刚之气与阴柔之美融合统一的人文精神，但“崇力尚勇”是其基本的民族天性，它使巴人始终具有不畏艰难险阻、不畏强暴、勇于斗争、勇于反抗压迫、强健剽悍的民族精神，这种精神犹如一根红线，始终维系着巴人的生存和发展。

巴人既是一个崇尚勇武的民族，也是一个能歌善舞的民族。巴人乐舞在中国音乐舞蹈史上占有重要的地位。在现代汉语里，“下里巴人”意味着世俗、通俗，与有着高雅意义的“阳春白雪”完全相反。追溯其起源，就会发现“下里巴人”原来是两首古代巴人歌谣的歌名。据《文选·宋玉对楚王问》记载：“客有歌于郢中者，其始曰《下里》《巴人》，国中属而和者数千人；其为《阳阿》《薤露》，国中属而和者数百人；其为《阳春》《白雪》，国中属而和者数十人……”当楚人攻占白虎巴人的老巢——湘鄂西一带以后，他们的民歌也在楚国流传开来，成为最流行的歌曲，深受下层民众的喜爱。对巴歌有研究的司马相如曾描述巴歌：“千人唱，万人和，山灵为之震动，川谷为之荡波。”这种一人领唱、众人随声合唱的民歌，在今渝东南地区仍以唱山歌的形式沿袭下来。巴歌是后来川江号子、民间花灯、秧歌等词曲的先声。作为山歌的巴山调，亦称竹枝词，经民众创作和传唱，文人受其影响而纷纷效仿。唐代大诗人刘禹锡就曾仿民歌作《竹枝词》九首，其中“杨柳青青江水平，闻郎江上踏歌声。东边日出西边雨，道是无晴却有晴”，以天气的晴、雨巧妙隐喻男女恋情而为广大民众所喜爱。自刘禹锡之后，竹枝词开始成为一种富有民歌味的诗体形式，保存在我国历代诗词集中，足见巴山调对我国文学创作的重大影响。

古代巴人能歌善舞，其舞蹈主要包括两类：一类是表现他们英勇刚猛的战歌武舞，简称“战舞”。后来逐渐发展演变而成“巴渝舞”，成为一种专供表演的宫廷舞蹈。巴渝舞是集体舞蹈，它刚劲有力，富有气势，到了汉代，巴渝舞被列为宫廷宴乐，在宫廷庆典时进行演示。以后，巴渝舞不断演变，其分支为僚人的“羽人舞”、江南的“盾牌舞”等。另一类是纯娱乐性的摆手舞。摆手舞始创于白虎巴人，白虎巴人喜欢边唱边跳，“巴子讴歌，相引牵连手而跳歌也”。即大家相互牵着手，边唱边跳，这种“连手而跳歌”的形式一直延续下来，成为其后裔土家族的主要文娱活动——摆手歌舞。尤以酉阳土家族苗族自治县——中国土家族摆手舞之乡为代表，跳摆手舞的最大意义在于感谢天地和祖先。

土家族有很多节日，如社巴节、六月六等。“社巴节”又称为“舍巴节”“调年会”，有祭祀、跳摆手舞等数十种内容，从正月初三开始至初七结束，这是土家族最为隆重的传统节日。

苗族同样创造了丰富多彩的民俗艺术，至今还保留用自己的语言唱本民族歌曲的习俗，始终保持原汁原味，旧有原生态的风格，大多反映身边事、身边情、身边景。因此，有人认为苗歌是苗族文化中丧失民族特征最迟的文化因素之一，具有苗族区域性特征和重要的民族识别作用。苗歌从形式上可分为古歌（史歌）、酒歌、礼俗歌、劳动歌曲、山歌等，苗族的重要节日有苗年、赶秋坡和吃新节等。“苗年”又称为“郎卯”“能酿”，相当于汉族的春节，一般在农历十月的第二个或第三个卯日。立秋这天，人们身着节日盛装，成群结队从四面八方汇集到聚会地点，举行一年一度的“赶秋坡”活动。在生产生活用具方面，土家族与苗族基本上无差异，这

（a）高台舞狮（李化摄）

（b）花灯表演（李化摄）

（c）铜梁龙舞

（d）耍锣鼓

图 1.40　重庆市部分民俗文化

主要是两个民族在同一地区长期融合的结果。

长江像一条碧绿的飘带，弯弯曲曲穿行在巴山丛中。从古至今的重庆人，在歌吟爱情生活时，往往离不开对水的咏叹。比如，江边的渔夫追情妹，就借水起兴来传情："小河涨水大河清，打鱼船儿向上拼；打不到鱼儿不收网，缠不上妹儿不收心。"山里小伙想试探情妹对自己是否忠诚，也不忘随时向江水发出深情的叩问："隔山喊妹山在应，隔河喊妹水应声。为啥山应你不应，流水有声你无声？"这些民谣都真实而深刻地讴歌了长江两岸民众淳朴清新的劳动和爱情生活。

重庆的山歌民谣中各种类型的劳动号子丰富多彩，打石头有"石工号子"，抬滑竿的有"报路号子"。自古以来巴渝人民又喜欢"摆龙门阵"（讲故事），民间口头文学有着广泛的群众基础，直至今日喜欢"摆龙门阵"依然是重庆民间文学的一大特色。另外，重庆的火锅文化、茶馆文化源远流长，历史上南来北往的旅客，使外地文化与当地文化以相互传递，交流扩散，从某种意义上说，茶馆、火锅等场所为民俗文化的交流和传播起到了一定的促进作用（图1.40）。

重庆地区古代巴人还有独特的丧葬习俗，如船棺葬、悬棺葬、崖墓葬等。1954—1957年，在九龙坡区铜罐驿镇冬笋坝的长江北岸发现巴人墓葬群，出土战国、汉代的古墓81座，其中出土了形似"独木舟"的葬具，被命名为"船棺"，即"船形棺"，具有这种葬具的墓葬被命名为"船棺葬"（图1.41）。船棺葬与长期生活在水边的巴族密切相关，生前将独木舟作为重要的生产生活工具，去世后，便将独木舟作为葬具，或者另外仿照其形状制作葬具，并加盖，将死者遗体和随葬品一道直接装殓于舱内安葬。除了船棺葬外还有高悬峭壁的悬棺葬，主要分布在长江三峡地区，从奉节瞿塘峡到宜昌南津关这段区域，先后发现了风箱峡、大宁河等十余处分布地，并且有悬棺、幽岩、岩穴葬之分，还有本地俗称"蛮子洞"的崖墓。就大宁河沿岸，巴雾峡、滴翠峡、庙峡、剪刀峡等处都有，总计尚存完整的悬棺43具，尚存绝壁凿龛悬棺遗址274处，而荆竹坝悬棺群是三峡地区分布最集中、保存最完好的古代悬棺群（图1.42）。它们是2 000~2 500多年前古代巴人、濮人的墓葬，巴国灭亡后，该葬俗逐渐被汉族的土葬所替代。棺木全系整木剜挖而成，刀劈斧凿，工艺粗糙，棺盖与棺身子母榫扣合。一般长1.6~2 m，宽、高约0.5 m，呈不规整的长方形，再如巴南区五洲园内的东汉崖墓（图1.43）。

重庆地区民俗文化丰富多彩，类型多样，主要包括以下类别。民间文学：走马镇民间故事、酉阳古

（a）

（b）

图 1.41　九龙坡区巴人博物馆船棺

（a）

（b）

图 1.42　巫溪县荆竹坝悬棺群

歌等；民间音乐：川江号子、石柱土家啰儿调、南溪号子（黔江区）、接龙吹打（巴南区）、金桥吹打（万盛经开区）、木洞山歌、秀山民歌、酉阳民歌、梁平抬儿调、巫山龙骨坡抬工号子、永城吹打（綦江区）、小河锣鼓（渝北区）等；民间舞蹈：铜梁龙舞、土家族摆手舞、高台狮舞；传统戏剧：川剧、梁山灯戏（梁平区）、秀山花灯；曲艺：竹琴、扬琴、评书、金钱板，等等。

1.3.12 传统技艺

目前重庆地区有关传统技艺方面的国家级非物质文化遗产名录主要有：夏布织造技艺（荣昌夏布，图1.44）、漆器髹饰技艺（重庆漆器髹饰技艺）、豆豉酿制技艺（永川豆豉酿制技艺）、榨菜传统制作技艺（涪陵榨菜制作技艺）、制扇技艺（荣昌折扇）、土家族吊脚楼营造技艺（图1.45）、陶器烧制技艺（荣昌陶器制作技艺，图1.46）、蜀绣、竹编（梁平竹帘）等。尤其是“土家族吊脚楼营造技艺”非常精湛，值得传承和发扬光大。民居建筑的营造，可以说是“没有建筑师的建筑”，建筑图纸都在脑中，民间匠人结合以往的经验，根据实际情况随时加以创造。各种技艺成果的产生和经验的积累方式大多是由民间能工巧匠自发创造，然后师徒相承或口头相传，总结成系统的理论与方法极少。

传统民居离不开技艺和文化两大方面，前者是基础，后者是灵魂。民居建筑的形成和发展，总是以不断满足人们的需要为前提的。各时期民居的建筑风格、空间形态、格局形制等无不是采用一定

（a）

（b）

图 1.43 巴南区五洲园东汉崖墓群

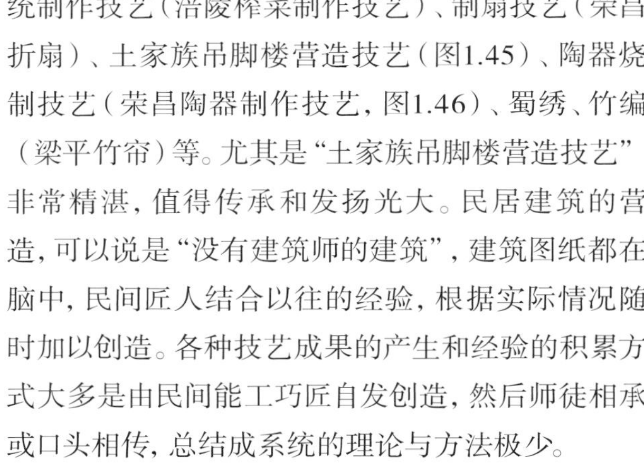

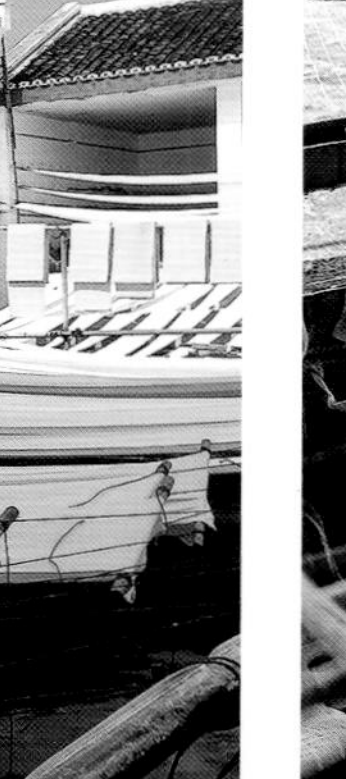

（a）

（b）

图 1.44 荣昌区夏布织造技艺

的技艺，对一个地方、一个民族所特有的深层文化结构（包括民族性格、伦理道德、审美取向、宗教信仰、风俗习俗等方面）的综合诠释。人们选什么样的材料、采用什么样的技艺方法来实现自己所需的居住空间，各民族有不同的方式和手段（构筑行为），包括建造技艺和建构过程中所信奉的礼仪、宗教和习俗等。各民族不同的构筑行为，都经历了从最初直接模仿、比拟自然界，到进一步的移植创造，在经过长期的调适整合之后完善积累，形成了独具特色的各种专项建筑技术。在进行选择和调

（a）秀山县海洋乡岩院村

（b）酉阳县酉酬镇江西村

图 1.45　土家族吊脚楼营造技艺

（a）

（b）

（c）

（d）

图 1.46　荣昌区陶器制作技艺（荣昌区安陶小镇）

适的过程中，各地方、各民族的构筑行为，都要受到其传统观念和群体意识的影响和控制，并随着时代的发展而变化。总之，传统民居建筑文化和建造技艺密不可分。技术是文化的重要组成部分，文化的发展也不可能超脱技术的范畴，它总是在与技术发生适应并交融；反过来，技术又不可能凌驾于人文、历史、宗教等文化因子之上，它只能是一定时期建筑文化的缩影。

传统建造技艺作为非物质文化遗产的一种类型，完全具有非物质文化遗产的共同特点。非物质文化遗产一般划分为三个层面：表层——文化样式、结构层——生活方式、核心层——价值观念。三者关系如同心圆。其中，一定的生活方式是一定文化样式的土壤，或者本身就是作为遗产本身；而一定的生活方式和文化样式又培育了一定的价值观念与审美情趣。反过来，价值观念与审美情趣又支配人们对生活方式和文化样式的选择，生活样式和文化样式又成为价值观念和审美情趣的载体与产物。因此，三者作为非物质文化遗产的不同层面，从某种意义上讲，具有不可分割性。三者之中，文化样式最易于受到环境影响而变化，生活方式次之，价值观念最为稳定与持久。

根据传统建造技艺的特点，同样也可划分为三个层面：a.效用层面（表层），是指历代所传的技艺典籍和营造法式，如建造口诀和图纸，它是传统建造技艺作为艺术知识存在的一种直观体现；b.文化层面（结构层），反映了传统建筑技术的社会属性，即建造技艺服务的社会对技艺所形成的各种规制要求，以及传统建筑行业内部的文化现象；c.观念层面（核心层），主要指传统建造技艺传承者所具有的价值观，包括对技术本身的认识和思考以及对行业的理解和追求。

本章参考文献

[1] 吴庆洲.四塞天险重庆城[J].重庆建筑，2002(2).

[2] 周心琴，李雪花，莫申国.重庆地区综合地理野外实习教程[M].成都：西南财经大学出版社，2012.

[3] 陈升琪.重庆地理[M].重庆：西南师范大学出版社，2003.

[4] [晋]常璩.华阳国志[M].刘琳，校注，成都：巴蜀书社，1984.

[5] 周勇.重庆通史(第一卷古代史)[M].重庆：重庆出版社，2002.

[6] 李先逵.四川民居[M].北京：中国建筑工业出版社，2009.

[7] 陈蔚，胡斌.重庆古建筑[M].北京：中国建筑工业出版社，2015.

[8] 周兴茂，肖英.论土家族文化的基本特征[J].湖北民族学院学报：哲社版，2013(5).

[9] 陈钊.山地文化特性及其对山地区域经济发展的影响[J].山地学报，1995，17(2).

[10] 陈旭麓.近代中国社会的新陈代谢[J].上海：上海人民出版社，1992.

[11] 丁俊清，杨新平.浙江民居[M].北京:中国建筑工业出版社，2009.

[12] 石亚洲.土家族军事史研究[M].北京:民族出版社，2003.

[13] 张廷玉，等.明史[M].北京:中华书局，1974.

[14] 宋仕平.土家族传统制度文化研究[D].兰州:兰州大学，2006.

[15] 郭璞.地理正宗[M].周文铮，等，译.南宁:广西民族出版社，1993.

[16] 李庆.重庆历史文化[M].上海:上海人民出版社，2014.

[17] 冯维波.山地传统民居保护与发展——基于景观信息链视觉[M].北京：科学出版社，2016.

[18] 冯维波.渝东南山地传统民居文化的地域性[M].北京：科学出版社，2016.

[19] 《重庆市地图集》编纂委员会.重庆市地图集[M].西安：西安地图出版社，2007.

[20] 蓝勇.重庆古旧地图研究[M].重庆：西南师范大学出版社，2013.

[21] 重庆市规划局，重庆大学建筑城规学院.重庆近现代建筑[M].重庆：重庆大学出版社，2007.

源起与发展历史

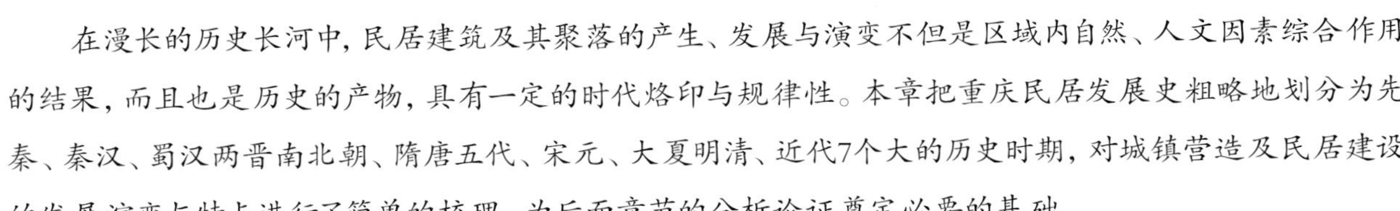
在漫长的历史长河中，民居建筑及其聚落的产生、发展与演变不但是区域内自然、人文因素综合作用的结果，而且也是历史的产物，具有一定的时代烙印与规律性。本章把重庆民居发展史粗略地划分为先秦、秦汉、蜀汉两晋南北朝、隋唐五代、宋元、大夏明清、近代7个大的历史时期，对城镇营造及民居建设的发展演变与特点进行了简单的梳理，为后面章节的分析论证奠定必要的基础。

2.1 先秦时期

2.1.1 历史背景

三峡地区“巫山人”的发现，被认为是我国最早的人类，并将我国人类起源时间提早到200万年前，说明巴渝地区也是原始人类起源地之一。早在6 000多年前，大溪文化时期的先民便以捕鱼为生，以鱼为姓氏，读曰“巴”。巴是一个历史悠久的文明古国，早在商代甲骨文中，就有关于巴活动的记载。巴族主要有两支：一支为龙蛇巴人，另一支为白虎巴人。殷代末年，成为最早受周王室分封的姬姓诸侯之一。巴在周代一直称子，故其国称“巴子国”。春秋时期，在楚国强大的攻势下，巴国被迫放弃汉水中游一带故土，举族西迁，重新开辟疆土，先迁到枳（今涪陵），之后再从枳向西溯江而上，到达江州（今渝中区）。战国初期，巴人不断扩展领土，北边控制了川北以及汉中地区；南边占据了今黔北一带，从此巴人进入了鼎盛时期。其疆域“东至鱼复（今奉节），西至僰道（今宜宾），北接汉中（今陕西南部），南接黔涪（今彭水、黔江一带至贵州东北和湘西北等地）”，控制了以嘉陵江、长江、汉水、乌江等流域为腹心，包括今重庆、川北、川南、陕南、鄂西、湘西北和黔北等地的广大区域，雄踞一方。公元前316年，秦灭巴，两年后置巴郡，为三十六郡之一。

2.1.2 民居源起与营建

“巫山人”的发现，不仅证明了重庆地区是

（a）巫山县龙骨坡遗址

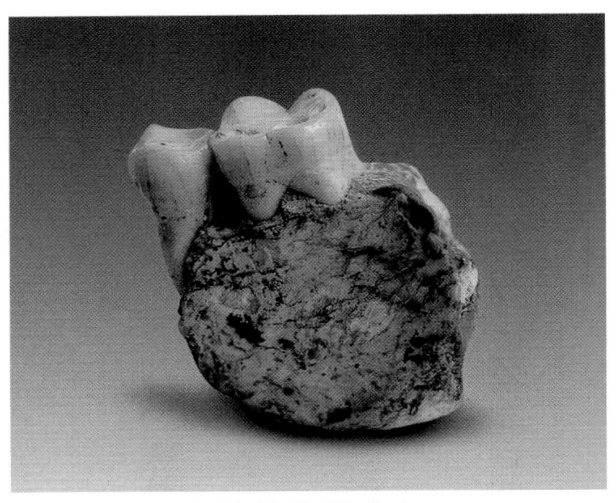

（b）“巫山人”左侧下额骨牙齿化石

图 2.1 “巫山人”遗址
图片来源：国家文物局，2010

我国最早的人类栖息地之一，而且也为人类起源于亚洲提供了新的证据。根据巫山县庙宇镇龙坪村龙骨坡早期人类化石的考古现场，可以推断这一时期先民的聚居方式以天然洞穴为主（图2.1）。从旧石器早期到晚期，除了少量山地先民仍然保持穴居的居住形态（重庆奉节兴隆洞遗址，距今15万~12万年）外，更多的先民已开始离开高山和丛林，迁徙到沿河两岸的缓坡或平坝地带生活，先是在树上搭盖简易的居所——巢居，随后因人口的增加以及抵御毒蛇猛兽和自然灾害能力的增强，开始出现了在地面上搭建一些较简陋的窝棚以供居住（杨华，2001）。

以铜梁文化为代表的旧石器文化和以大溪文化、哨棚嘴文化为代表的新石器文化不仅证明今天的重庆地区是我国人类发源地之一，而且也说明了中国原始文化的广泛性和连续性。生活在江河沿线的土著居民共同创造了具有浓郁特色的先巴文明，出现了原始氏族公社，居住则从流徙散居过渡到聚居。其中最具代表性的是距今6 000年前的巫山大溪文化遗址（图2.2）。该遗址位于巫山县大溪乡大溪村，地处长江南岸大溪河入江口西岸斜坡上的二、三级阶地，其墓葬形制特点反映出当时的居住呈现规则的南北向布局。虽然尚处于母系社会向父系社会的过渡时期，地面房屋布局结构、空间形态等细节还不及差不多同时的西安半坡村遗址清楚，但仍可以说，大溪文化至少是重庆远古居住建筑的起源时期（李先奎，2009）。这一时期，除山洞穴居继续存在外，地面建筑已逐渐成为主流。如巫山错开峡西南大平村大脚洞大溪古人类遗址，遗址中发现了更多的是地面台式建筑、干栏式建筑以及半地穴式建筑并存杂处的信息，出现了按功能分区进行聚落营建的理念。

据杨华先生研究，长方形或方形的干栏及半干栏式建筑遗迹主要分布在临江边斜坡地段的基岩上。建房时先民多是在基岩上凿出成排的柱洞，然后将木柱插入洞中，房屋的一半建在人工开凿出的较平整的岩石表面上，而另一半则是由里向外延伸

（a）遗址所在环境

（b）屈肢葬

图 2.2　巫山县大溪文化遗址
图片来源：国家文物局，2010

出去，由矗立于岩石表面洞中的数根柱子支撑。在开凿出的岩石表面上还能够发现干栏式建筑底部的横木木槽痕迹，可以判断，通过这些横木能把整个屋架连接在一起，并使之与基础进一步牢固。这样不仅使房屋框架更加稳定，同时也增强了安全感（杨华，2001）。至大溪文化晚期，这种干栏式建筑

在长江三峡地区已经十分普遍。究其原因，峡江地区山高坡陡，耕地稀少，而江河众多，水系发达，从而使得渔猎采集成为主要的生产方式和生活来源，人们为了生产生活的便利不得不选择临水而居，导致适应峡江山地环境的干栏式建筑流行开来。

到目前为止，虽然重庆地区还没有发现这一时期干栏式建筑的实物遗存，也无法明确木榫卯工艺技术的水平，但是可以推断，在本地采集和加工较为方便的竹材已被大量使用。究其原因，一是在考古发掘中，发现了大量从建筑墙面上脱落下来的红烧土痕迹，并在其中聚积了许多当地生长的竹竿和植物茎干的遗迹，表明这一时期先民们已经认识到，竹材对支撑和稳固建筑具有重要作用，并能够适当应用。二是发现了利用藤条和皮绳的捆绑结构及技术。这一点在“哨棚嘴-玉溪坪文化”系列遗址中有所体现。例如万州苏荷坪遗址里发现的两座新石器时代的地面房屋建造遗存，其中一座单间式地面建筑，平面呈椭圆形，有红烧土居住面、柱洞、门道和墙体残迹。柱洞直径较小，据考古学者据此推断，只有用竹材作为房屋的支撑柱，才能把柱子放入这样小的柱洞中。从各处建筑遗迹分布所展示的状况来看，这一时期重庆地区已经开始有小型家庭结构，多处房屋毗邻而建。生产方式以渔猎为主，但已有原始的锄耕农业和以制陶业为主的手工业。

相当于中原夏文化时期的巫山魏家梁子遗址，在发掘过程中发现，残存的房屋居住面不但夯实，而且十分平整，便于人们活动；周围的3个柱洞皆立于硬土居住面上，柱洞直径为0.16～0.20 m，其中一柱洞内置有一扁圆形砾石作为柱础石；室内留存3个灶坑，形状为椭圆形，底部铺满小石块；房屋墙壁坍塌下来的遗迹表明，当时房屋墙体延续了新石器时代的做法，即采用了拌泥抹墙壁，然后再用火烘烤形成红烧土墙壁，这些土块中还有残留的树木枝干混合物（吴耀利、刘国祥，1996）。

西周中期至春秋时期，以巫山双堰塘遗址、忠县瓦渣地遗址为代表的文化层，反映出了瞿塘峡以东和以西地区不同的文化特征。其中渝东地区更多受到逐渐强盛的楚文化的影响，渝西地区仍然保持丰都石地坝文化脉络。巫山双堰塘出土的西周时期房屋遗迹不仅有住所，而且还有陶窑、墓葬等。云阳李家坝发掘的商周遗址表明，沿河居住建筑的平面已经发展出方形和圆角正方形两种形式；在接地方式上已出现平地式和干栏式两种形式。万州麻柳沱遗址中的东周房屋遗址，其室内居住面的做法更加细致：先铺垫一层浅黄色沙土，经夯实后再铺一层较为纯净的黄褐色土，夯实并用火燎，最后再铺涂白灰面（潘碧华，2007）。据推算，大溪文化阶段，在重庆三峡地区房屋墙基及墙体下半部可能均采用石块砌筑的做法（因在该时段长江中下游地区普遍采用此种做法）。虽然目前还未被证实，但这种就地取材，适合山地潮湿环境的墙体做法在当今重庆地区却十分普遍。西周以前，屋顶做法还处于“茅茨土阶”阶段，因在遗址中除了发现经夯打的红烧土居住面和当时营建房屋的柱洞之外，未发现任何瓦的遗物。这种情况一直到东周-春秋时期的文化遗存中才开始改变，陆续发现有板瓦、筒瓦等遗物，证明直到春秋时期，重庆地区的房屋才开始使用板瓦和筒瓦。与中原地区建筑使用板瓦、筒瓦覆盖屋顶始于西周时期相比，稍显滞后。

与此同时，在乌江流域酉阳清泉也发现了规模惊人、遗迹丰厚的新石器时代晚期到商周时期的人类早期聚落遗址。与峡江地区新石器偏晚阶段文化有着很强的相似性，属于同一文化体系，即“哨棚嘴-玉溪坪文化”体系。

综合考古成果，可推测这一时期地面式民居建造水平有了进一步发展，其布局形式更加多样，营造技术有了明显的提高和改进。其建造程序和方法大致为：第一，修整房基和地面，修整好后铺垫一层红烧土，有的甚至铺设几层，以提高房基的硬度，并使室内平整耐踏；第二，在拟建房屋四周凿墙基沟槽和柱洞，木柱置入洞中，并大多在柱洞底部垫扁圆形砾石作为柱础石，并用泥料掺和一些红烧土块将墙基沟槽填实；第三，在墙基上建造竹编夹泥墙，建好后用火进行烘烤，使得墙体坚硬、牢固、防水、防潮；第四，在室内拟建灶炕的位置铺垫一些扁圆形砾石作为基石；第五，在架好的房梁上覆盖屋顶即成（陈蔚，2015）。

除上述这类较普遍的民居建筑形式以外，还有干栏式建筑与生土（夯土墙）建筑两种房屋建筑形式。

干栏式建筑：在一些断岩和陡（斜）坡处发现有一些柱洞，有的甚至是成排布置，在一些靠近江边的居住址的基岩上，柱洞明显可见。柱洞直径多在0.18～0.26 m，深多在0.10～0.30 m。柱洞所在的层位多为周代文化堆积层，柱洞附近一般不见有红烧土（有的零星可见），凡属于这类民居建筑遗迹一般应是“干栏式建筑”。

到巴国时期干栏式建筑也十分流行，其形象在重庆博物馆曾珍藏的一件巴人青铜錞于上清晰可见。这件已经被认定为战国时期的铜錞于上铸有三组铭文图像（即象形文字），在其中的一组象形文字的中央，有两木之间夹一悬空房屋的形象。徐中舒先生对这一象形文字进行研究后指出：“象依树构屋以居之形”，释为“干栏”的象形字。巴人所居干栏为竹木结构，分上下两层，下层为底架，人居住在上面，故称重屋。另外，在2006年发掘的涪陵区白涛镇陈家嘴村小田溪巴国贵族墓群守陵人居住地遗址中，也反映出这个时期的巴人已经采用木、竹搭建自己的干栏住宅，对于喜爱临水而居的巴人，贵族的房屋应该比平民所住区域更靠近江边。其中有一件奇特的铜制器物，通体形似水鸟，鸭蹼，身体肥大，短平尾，体现了巴人喜欢水中生物的嗜好（图2.3）。

与此同时，先秦时期本地区的经济和生产力水平还处于十分不发达的阶段，原始穴居仍然十分普遍，先民们多在临水的山中挖出洞穴居住。这种巴人洞穴居在已经发掘的涪陵御泉和风堡寨、漕沟洞战国人穴居遗址中可以看到，前者可见洞穴空间被划分出卧室、客厅、厨房等功能区，后者出土的罐、斧、鍪等陶器遗物反映出了巴文化与楚文化相互融合以及三峡地区山地居民与滨江居民的文化交流现象。

图 2.3　战国青铜鸟形尊（涪陵区小田溪墓）

生土（夯土墙）建筑：墙体的下端包括墙基系用石砌筑而成，墙宽约0.5 m，高0.4～0.6 m不等。石块墙体（基）上再垒筑并经夯打的黄泥黏土，从而形成用石块和黄泥土垒筑的整个墙体。当然，这种形式的建筑墙体在当今重庆地区仍然常见，只是现在墙体下端石块砌筑还要高一些，多在1 m以上，还有的全部都是用石块砌筑而成的。估计当时这种形式的房屋一般不会太高，墙体砌好后再在墙体上横放数根圆木树杆，然后覆盖房顶。三峡地区这种形式的建筑早在商代就已经有所发现（杨华，2000）。其实，这就是生土建筑，也就是当地所讲的夯土（墙）建筑。

2.1.3　聚落雏形与发展

据考古资料，长江三峡地区及其支流沿岸（除几段峡谷以外）区域，相当于西周、东周（即春秋、战国）时期的古聚落遗址，几乎到处都有分布。除这些区域的部分台地、缓坡地区有较密集的人类居住以外，其周边的山岗上也有一定的分布。三峡地区考古发现的最密集的房屋建筑遗迹是1997年12月—1998年12月，四川省文物考古研究所在忠县中坝遗址东周地层中清理出的一批房屋建筑遗迹。这批房屋建筑遗迹不仅分布十分密集，而且数量也很多，其基本情况如下：

这批房屋建筑共有48座，皆分别叠压在8个不同的东周地层下，均为地面式建筑，平面形状有长方形和方形，以长方形者居多。长方形房屋面阔三间，在明间与次间之间有隔墙间隔，隔墙留有门道，使明、次间相通。房屋大多沿东北-西南向排列而建，门朝东南。房屋地面多经过加工处理，有的层面是用硬度较高的土铺垫；也有的无硬面，但层面紧密、板结，硬度较低。墙体应是经夯实过的泥墙。泥墙宽0.2~0.3 m，在有的房屋墙体内发现有排列规整的小柱洞，这种建筑遗迹应为木骨夹泥墙。另外，在房屋与房屋之间还发现有用碎陶片加工处理过的室外活动面（杨华，2000）。通过对该遗址的发掘，可以明确三峡地区早在东周时期就已经出现了房屋相距很近的组团形式，这种互为支持、互为协助的空间形式的出现，反映了重庆三峡地区早在东周时就已经形成了一定规模的聚落（管维良，2009 ）。

由于巴国建城，与巴族西迁以及巴楚、巴蜀之间战争局势的变化都有密切的关联，致使这一时期重庆地区主要城邑及聚落的发展与分布呈现出明显的沿峡江线性排列、溯水而上演进的现象。它们主要集中在沿江的一些平坝、岛、山前台地、缓坡地带，建立了一些作为行政中心和军事据点的城邑，形成了一批大小不等的居民点，出现了集市，有了商品交换。在平坝或河谷堆积地，开始普遍植桑养蚕，种植水稻和各种经济作物，部分丘陵地带也陆续开垦，播种黍稷，但广大山区内地，依然是莽莽原野，荆棘满眼，点点畲田，寥若晨星（周勇，2002）。据百余年间巴国五易其都的情况分析，这些城镇的规模和建设不可能十分完备，五都应均无土筑城垣，只是利用天然沟壑和城周一定范围内的树篱作为防御。正如《史记·张仪列传》索隐曰："芭黎，即织木葺以为苇篱也，今江南亦谓苇篱也。"芭篱即樊篱，今四川、重庆人呼之为"篱笆"。软木葺为篱，这就是说当时巴国在建城时，其四周多用植物树干来代替"城垣"作防御设施。《华阳国志·巴志》记载张仪取巴后，"仪城江州"。巴国都城（包括城邑）不筑城垣，而是以木栅为城市界标，确实为当时其他列国较少见。因此，考古学家在三峡地区一些遗址中很难发现有"城垣"遗迹，当不足为怪了。采用樊篱、荆棘（木栅）等植物来建造防御设施，不仅简单，而且又可节省劳力，非常适用于频繁的军事行动。因此，正是由于这一特殊的城邑营造方式，从而为巴人在西南特别是重庆地区政治、经济、军事上的崛起和发展起到一定作用，也反映出了重庆地区古代劳动人民在城市营造方面的技术成就（杨华，2000）。

由于巴国地区盛产井盐、丹砂，不但促进了巴国经济的发展，而且也在这些资源富集的区域形成了颇具规模的资源型聚落，从而集聚了大量的人口及民居建筑。如忠县中坝遗址发现的敞口深腹花边口尖底缸盐业遗存，就证明早在新石器时代，三峡富盐区的制盐活动就已经开始。春秋战国时期，巴人已经拥有"盐水神女"的盐阳、巫溪宝泉山盐泉和彭水郁山伏牛山盐泉，后来又先后在云阳朐忍、忠县及鱼复东岩碛坝发现盐泉。虽然这一时期井盐生产总体处于初级阶段，但是也促进了这些地区早期资源型聚落的形成。目前，在这些古盐泉地发现了大量盐业、冶金、窑业作坊遗址，证明了最迟在东周到战国时期，这些地区已经形成了颇具规模的资源型聚落。

巴人"逐水而居，以船为家"，这可从巴人盛行的船棺葬俗中可窥一斑。随着巴人的西迁和巴国的建立，重庆沿长江两岸的居住建筑形式也受到了巴族"临水而居"这种生活生产方式，以及长江中游地区荆楚建筑文化与形态的深刻影响，"重屋累居和结舫而居"是巴人建筑的生动写照。其中"重屋累居"主要是指沿江河陡峭之地发展而来的以干栏式建筑为主，建筑密度很大的一种聚居空间形态；"结舫水居"即在船上居住，形成水上居住邑落，有学者认为是土著蜑人的生活方式。这种居住习俗和建造方式在后来多部史料中被描述，证明重庆地区在很长时间内保存了旧俗。比如《华阳国志·巴志》就记述了东汉永兴二年（145年）巴郡太守但望上书所见江州城的建筑面貌："郡治江州，地势侧险，皆重屋累居，数有火害，又不相容，结舫水居，五百余家，承二江之会，夏水涨盛，坏散颠溺，死者无数"[（晋）常璩著，刘琳校注，1984]。

总之，此时的聚落主要呈现"大分散，小集聚"的空间格局。这是由于重庆沟壑交错、山岭纵横这种特殊的地形地貌造成的，即形成了若干彼此隔离的、可供人类居住的有限空间——若干相对独立的居住点。这些聚居点有些演进为城镇，有的则发展为乡村，还有的逐渐消失。"大分散，小集聚"这种山地聚落空间格局由此初步形成。巴子五都，实质上是在大型聚居点上兴建而成的。由于它们位于长江、嘉陵江沿岸，具有地理位置上的优势，而为巴王族所控制，首先形成城镇雏形，继而演化为城市。

2.2　秦汉时期

2.2.1　历史背景

秦汉是我国历史上第一个大一统时期，也是我国统一多民族国家的形成时期。自秦开始，历代王朝致力于中央集权制度的建立与巩固，从政治、经济、文化、军事以及交通等各个层面采取措施。虽然秦在全国的统治仅15年（公元前221—前206年），但在巴地的统治却长达110年（公元前316—前206年），为秦统一六国起到了重要作用。公元前316年，秦灭巴国，重庆地区大部分纳入中央王朝的统治之下，从政治制度上秦对于当时仍然具备较强地方军事实力的巴人，实行了以"优宠"为基本倾向的民族政策，推行郡县制。两年后即公元前314年，张仪筑城江州，并设置巴郡，标志着重庆地区从此开始进入与整个中华民族文化同步的发展轨迹。在此期间发生了重庆历史上的第一次移民，即"移秦民万家实之"，并推行了一系列封建化的改革措施：推行郡县制与羁縻制相结合的统治政策；废除奴隶制、土地制度，推行封建土地制度和赋税制度。

在秦汉统治时期，巴地社会经济得到了较快的发展。以传统渔猎为主的山地经济逐渐向渔猎、农耕并重型经济转变；盐业的发展与铁器的应用促进了城镇的繁荣。随着中央政府对地区管理控制的加强，它所推行的城市管理政策以及移民带来的中原文化开始深刻影响本地区的城镇与民居发展，并与本地土著文化相结合，逐渐形成了独具特色的地区民居文化雏形。

2.2.2　城邑营造

秦汉时期推行的郡县制，使"国都-郡治-县治"三级城镇体系在全国逐步建立，汉高祖六年冬十月，"令天下县邑城"，继西周分封筑城后又一次掀起全国性的建城高潮。"一县一城"成为汉代城镇的主体。这一时期也是重庆地区城镇发展的第一次高峰。郡县治所在地的城邑建设逐步展开，模式主要是沿用战国时期城市旧址进行改造与扩建。

秦代重庆地区最重要的城邑建设当推张仪"筑江州城"，这是重庆历史上第一次大规模筑城，当时江州为巴郡之治所，史称"仪城江州"。当时的江州仍是一座较为繁荣的城邑，据现有的考古资料推测，除嘉陵江北岸的江州城外，在今江北区刘家台、香国寺，渝中区两江半岛，南岸区涂山脚下一带已有街市、村庄。另外，今渝中区、沙坪坝区沿江的化龙桥、土湾，九龙坡区、巴南区的长江两岸也有一些居民点（图2.4）。江州城居民较多，人口稠密，地势侧险，皆重屋累居。

除江州城外，秦时巴郡下属9个县，到汉时增加到11个县，县治所在地都已经发展成为规模颇大的城邑，功能齐备，选址规划布局充分结合了地形环境。以云阳朐忍古城为例，选址在长江北岸临江的一个狭长高地上，长江从遗址西南至东北环流而去。古城布局，顺应山势呈不规则形状，城镇结构比较松散，衙署区、冶铸区、制陶区、埋葬区及生活区相对独立，缺乏整齐的街路。但古城外环绕沟谷，且在西面台地和北侧坡上也有分布，当时的常

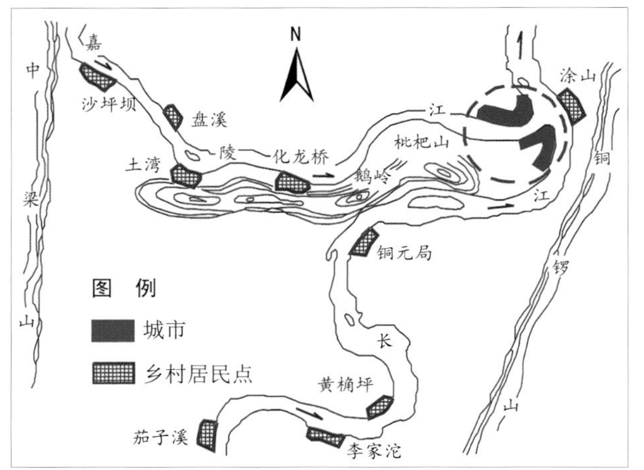

（a）秦汉时期重庆主城区城市形态

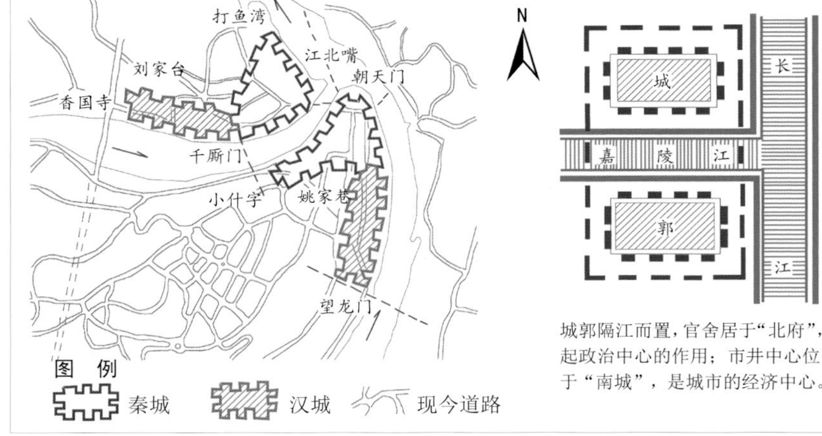

（b）秦汉时期的江州城

图 2.4　秦汉时期重庆主城区城市形态与江州城
图片来源：据徐煜辉（1999）绘制

住人口除官员、工匠外，可能也有少量军队。通过考古发掘，只在北边发现了一段残存的城墙，长约40 m，宽6~7 m，高已不足1 m，用夹杂有汉瓦残片的黄土夯筑而成，应是筑于汉代，而在其他地方没有发现城墙。因此可以推断，该城墙的修筑充分考虑了地形因素，即主要凭借天堑，只在地势低处筑墙，人为修筑与自然地势浑然一体。遗址整体分布约1 km^2，年代跨度为西周末至六朝，约800年。其间，朐忍城址不断扩大，但得以留存的完整遗迹很少，可能是可资利用的空间有限，只得劈旧建新。从遗址的六朝地层位普遍堆积有厚达2~3 m的纯净红土的情况看，在朐忍县治迁出后不久，这里曾前后发生了两次大范围、大规模的山体滑坡，最终导致汉晋朐忍城湮没世间，沉睡在农田之下（杨增，2006）。由此可见，朐忍古城与中原城邑那种方城深池、四面吊桥、十字街路的常见模式相异，与同时期张仪筑城成都，令其“仪筑成都，以象咸阳”，并“与咸阳同制”的做法也颇为不同，充分体现了《管子·乘马篇》所提倡的“因天材就地利，故城郭不必中规矩，道路不必中准绳”的规划思想。

较之秦代，两汉时期全国城市数量增加迅速，各地经贸发展带来的城镇繁荣与建设是重要因素之一，东汉王符《潜夫论·浮侈》中的“天下百郡千县，市邑万数”，即描绘了这样的景象。两汉时期，重庆三峡地区也出现了一批因盐而兴的资源型和商贸型城镇，比如巫溪宁厂镇、北井镇，万州长滩镇、羊渠镇，忠县甘井镇、涂井镇，开县温泉镇，彭水郁山镇等。除了政治经济发展带来的开发建设，军事上的战略价值也促进了一些城镇的发展，比如三峡地区以其在军事上扼关转枢的地位，历来为兵家据险而守的必争之地。西汉以后，中原地区持续的战争和地方割据势力的发展，使三峡地区的战略地位再次被重视，占据天险位置，陆续修建寨堡、关隘，其中位于长江三峡西首的白帝城就为这一时期的代表。白帝城为西汉末年公孙述的成汉割据政权所建，在于满足其东依三峡，北靠巴山，据险自守的军事部署，后来成为历代政府在战时扼守的重要军事重镇。

《华阳国志·巴志》记载，“巴旧立市于江上，今新市里是也”。说明古都江州在很长时间内没有固定集市，来往贸易于舟楫之中，战国后期始建“新市里”（在今铜罐驿，长江猫儿峡下的小南海）。秦汉时期，江州城外集市贸易日益活跃，赶集活动趋于定期定点。

总之，由于秦汉时期结束了分裂的局面，统一了国家，经济实力的增强及区域交通网络的发展，形成了郡县制基础上的城镇体系新格局。巴蜀地区形成了“以成都为中心，多郡县为一体的城镇空间网络结构”，重庆地区形成了以江州为中心的网络体系。从巴国五都发展为巴郡下属先9县后11县，初步形成了区域城镇网络。这些城镇大多选址在长江、嘉陵江沿岸，而远离河流的内陆地区还基本上处于荒芜状态，基本上没有得到开发。这种沿江率先发展，梯级向内陆渗透的城镇空间格局体系一直保持到现在，构成了重庆城镇体系历史演变与选址的核心特征之一。

2.2.3　民居建设

随着中央政权统治地位的全面确立，再加上北方移民的迁入，中原的建筑文化和技术在巴蜀地区的影响力逐步增强。刘志平先生在《四川住宅建筑》中就曾谈到：“张仪经营西蜀，于是城郭宫室渐多中原制度。”近年来，大量本地出土的汉代建筑明器、陶房、画像砖石、墓阙等实物形象也进一步证明，本地主流建筑制度与中原已无大差异，并且类型与形态日趋丰富，技术与工艺水平得到迅速发展。从中可以对民居建筑的源流窥见一斑。

1）建筑类型不断丰富

重庆地区的巫山双堰塘东汉墓群、忠县涂井汉墓群、丰都赤溪墓群及丰都槽房沟汉墓群、丰都冉家路口墓群等地出土的多处建筑明器、陶房明确显示，最迟到汉代中后期，重庆地区的建筑类型已经十分丰富多样，出现了“官署、民居、庄园、高台楼阁、阙、井亭、祠堂、戏楼、说书场、牢房乃至乡土生活气息浓郁的碓房、禽栏等多种建筑类型”（季富政，2010）。充分说明这一时期本地区已经有了比较发达的经济和社会生活（图2.5、图2.6）。

相对完整的中原合院建筑形态开始出现在重庆地区。2002年云阳朐忍古城发掘出的一处汉代台基建筑遗址中，面阔三间的主体建筑东西两侧有完整的厢房，为规模较大的夯土台基式三合院地面建筑。主体建筑总长13.5 m，宽7 m，并有前外廊，东西两侧厢房均面阔三间，进深7.5～9 m。其围合院落空间百余平方米，是目前已知的一处规模较大、布局完

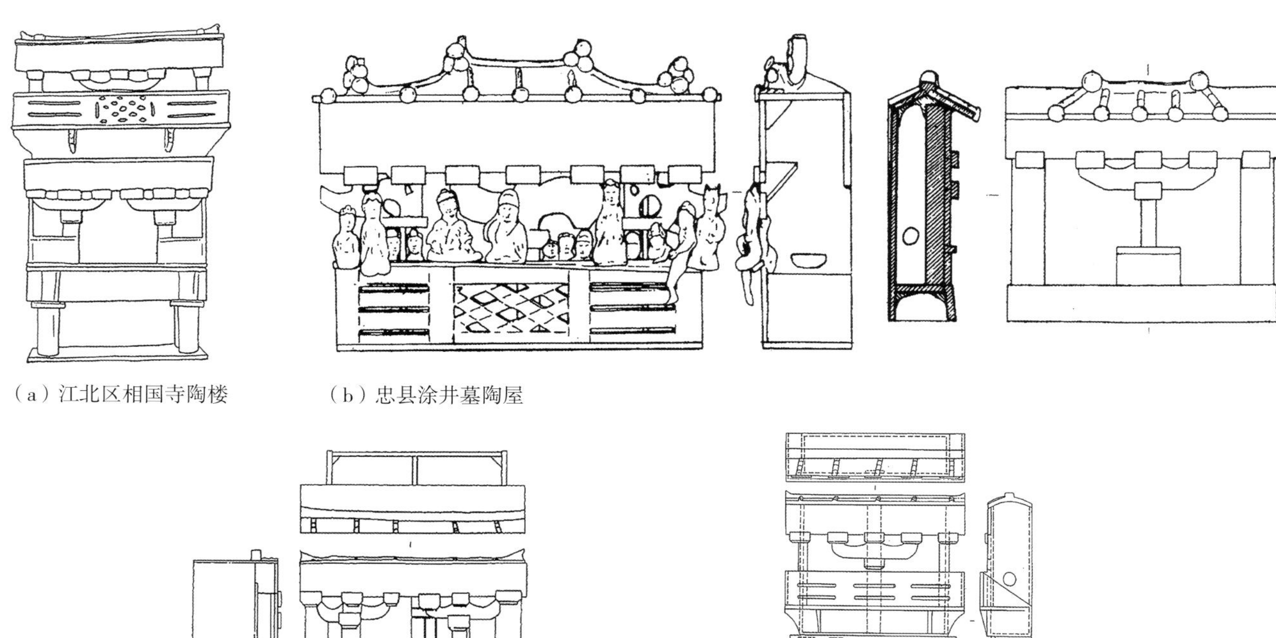

（a）江北区相国寺陶楼　（b）忠县涂井墓陶屋　（c）丰都县冉家路口陶屋　（d）忠县土地岩陶楼

图 2.5　重庆地区出土的汉代陶屋与陶楼
图片来源：武玮，2010

（a）万州区大坪墓群出土的东汉陶屋
图片来源：重庆市文物局，2003

（b）涪陵区北岩墓群出土的东汉陶楼
图片来源：重庆市文物考古所、重庆文化遗产保护中心，2010

（c）巫山县麦沱墓地出土的东汉陶楼
图片来源：重庆市文物局，2003

（d）巫山县双堰塘遗址出土的西周陶楼
图片来源：重庆市文物局、重庆市移民局，2003

图 2.6 重庆地区出土的陶屋、陶楼模型

整的汉代峡江地区院落式建筑遗存（图2.7）。

随着秦统一全国，政府颁布了统一的祭祀级别和祭礼，本地区的庙祀迅速普及。当时主要的祭祀对象包括自然神祇、远古帝王圣人、官员及孝子节妇等。早期见诸于文献，至今遗迹尚存的有江州城南涂山纪念大禹治水的“禹王祠”“涂后祠”等。秦代居住在长寿的丹砂巨贾巴寡妇清及其家族曾闻名全国，秦始皇专为她筑纪念性的高台，史载曰“怀清台”。在现存遗迹中，重庆各地发现的6处汉代石阙价值尤其突出，包括忠县丁房阙、忠县无铭阙（图2.8）、忠县乌杨阙、盘溪无铭阙、万州武陵阙和忠县邓家沱石阙。据此可推测，至汉代，本地立阙之风已盛行，尤以墓阙数量多。墓葬中神道、墓阙形制完整，而且墓主人的身份并未达到“官阶至二千石以上者，墓前方可立阙”的要求，可见边地豪族对礼法的漠视。

从万州槽房沟墓群发现的长江流域最早的汉代纪年佛像以及巴蜀地区的画像砖、摇钱树佛像等，都说明最迟在东汉晚期，佛像在巴蜀各地已经普及。佛教在巴蜀地区的传播路径应该是“自乐山、彭山、浦江、成都、绵阳、茂汶等西蜀一线传入蜀中”，这一点已被川西地区考古发现所证实。重庆地处四川盆地东部，佛教在蜀中发展后东渐入巴。由于受到中原文化的影响，汉代墓葬形式和制度发展很快，在木椁墓的基础上，以雕刻精美的画像砖装饰的砖（石）室墓在汉代中后期逐渐在巴蜀地区盛行。此外，一种中原葬俗与土著文化相结合的墓葬形式——“崖墓葬”成为汉代本地区颇具地方特色的墓葬形式之一。这种墓葬形式是本地巴人、濮人的悬棺、船棺墓葬习俗与中原土坑、砖石等墓葬形式相结合，演变而成的一种岩椁墓葬形式。铁制工具的广泛应用，使得竹索编制的“笮桥”逐渐被木板桥、石桥所取代，并促进了峡江地区栈道的修建，大大改善了重庆区域的交通条件。

2）单体建筑形制和营建技术的发展

移民带来的中原先进技术，尤其是铁器的普及和砖瓦技术的应用促进了地区建筑技术水平的提高。先秦时期稍显落后于中原地区的状况得到了很大改善。城镇木构建筑结构体系出现了抬梁式与穿斗式两种。大厅建筑有大的厅堂，厅堂外普遍附加宽敞的前廊。从画像砖上反映出的建筑形象看，这一时期开始采用在外围柱子中部加一条横坊，使得全部外围柱子连接为一个框架整体，这极大地加强了整栋建筑的稳定性。房屋开间数为奇偶数混用，从出土的明器实物比例来看，早期偶数开间较多，后期逐渐增加了奇数开间。普通民居一般为一开间，也有三柱二间和四柱三间的做法，建筑平面基本为横长方形。

地面建筑的三段式形制基本普及，出土明器都有夯土基座，台阶做法常见以不规则石块

（a）建筑遗址

（b）建筑构件

（c）古井

图2.7　云阳县朐忍古城遗址
图片来源：重庆市文物局，2003

（a）丁房阙

（b）无名阙

图 2.8 忠县丁房阙与无名阙

对夯土台基垒砌包边，台基高矮不等，屋前有斜坡踏道，汉阙下部亦有阶基承托。从崖墓等资料中可见柱的形式有方形、八角形，均肥短而收杀急，柱之高者，其高仅及柱下径之3.36倍，短者仅1.4倍。柱下有长方形柱础，柱身有收杀做法。

屋顶形式出现了单檐四阿顶、重檐四阿顶、四角攒尖顶及悬山顶。少量屋顶中央开天窗，应该是为适应湿热气候的地方做法。屋顶两坡相交之缝，均用脊覆盖，基本为平脊、正脊和戗脊，端部多有不同程度的翘起，脊端以瓦当相叠为饰，或翘起或伸出，正式鸱尾则未见。屋顶稍成凹曲状，由于未见屋架，还无法证明屋架已有举折做法。重要建筑的屋面普遍使用陶制筒瓦或板瓦，建筑开始摆脱“茅茨土阶”的状况。筒瓦屋顶檐口已经有瓦当，面上刻有文字及卷云、鸟禽、动物等图案，尚无滴水做法。这也说明屋架结构得到了进一步完善与牢固，能够承托屋顶更大的荷载。另外，从出土的石阙中可以看到，屋面有角梁及椽承托，椽之排列与瓦垄，有翼角展开者，椽之前端已有卷杀，如后世所常见（陈蔚，2015）。

汉代楼阁建筑逐渐盛行，重庆地区出土陶屋中也有不少陶楼，基本为2~3层，上下尺寸稍有缩减，每层之间有平坐。平坐之上均有栏杆围绕，平座之下或用斗拱承托，或直接与腰檐承接，可见，后世楼阁所通用之平坐制度，在汉代确已形成。另有巫山麦沱汉墓出土陶谯楼一座，底层为城门，上层为谯楼，楼上有栏杆窗棂及三个瞭望亭（图2.6）。与此同时，另一些适应本地潮湿气候环境的技术也开始趋于丰富。民居建筑多出檐深，有的还是腰檐，屋前和两侧筑墙，上有雨搭，都是为防雨和遮阳而采取的措施。本地画像砖未见擎檐柱做法，不知实物中有无。从明器、石阙等资料中可见，本地区出土的汉代陶房普遍采用斗拱承檐下横梁做法。斗拱形态有一斗三升，一斗两升，无斗三升和单跳华栱。例如忠县宣公墓群出土的东汉模型明器——陶房，为带双望楼式楼房，面阔两间，于台基上立柱，中柱上设一斗三升斗拱，角柱上各设一斗，屋顶置平台，左右各设一带栏式望楼，瓦顶为悬山式，栏上一人凭栏观望（图2.9）。

汉代窗之形状多见于明器，形式以长方形为多，间亦有三角形、圆形或其他形状。窗棂以斜方格最为普遍。忠县涂井崖墓陶屋中所见栏板由寻杖，蜀柱、直棂、卧棂和方格组成，形式多样，说明他们已经定型并流行开来。发掘的城墙和地面建筑遗迹表明，这一时期建筑墙体主要还是采用木、竹及夯筑技术。东汉时期一些重要城邑也开始采用泥土夯筑、砖砌外层的城墙建造方法。从春秋时期开始，重要建筑盛行以“泥涂垩壁”进行装饰，木构实行雕梁画栋，还饰以各种与等级相应的图案。

3）干栏式建筑形态与技术的发展

在中原秦陇民居形态和技术的影响下，本地区传统的干栏式建筑也有发展和变化。总体来说，随着社会汉化程度的加强，使用干栏式居住建筑逐渐减少。对于中原移民，他们的建筑以地面台基式为主，干栏式主要用于储存粮食的仓库。九龙坡区发掘的汉代画像砖“祈求”中清晰地阴刻出庑殿式粮仓一座，仓底用柱支撑；丰都槽房沟墓群等地出土的明器仓房也属于典型干栏式做法。而一般建筑带干栏式做法的已经较少。比较同一时期广东等南方地区出土明器建筑仍然以干栏式为主的情况，这种差别尤其显著。此外，干栏式与其他建筑类型和形态有所结合。江北相国寺陶屋下有四根圆柱支撑底层，为干栏式，二、三层则为中原地区流行的阁楼式建筑风格（图2.5）。忠县涂井崖墓陶屋虽然仍旧需要底部通风防潮，但是建筑立面已经不显露立柱和架空层，只在山墙底部有长方形、半圆形大孔，应是通风和供人出入的架空层。对于汉化程度

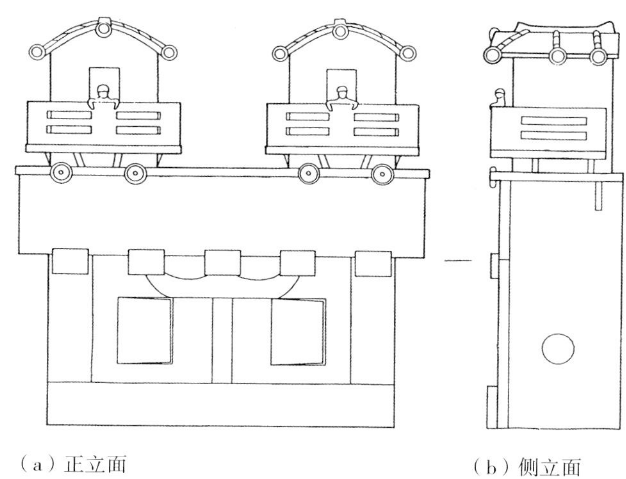

图 2.9　忠县宣公墓群陶房
图片来源：重庆市文物局、重庆市移民局，2000

较低的偏远地区和巴人、濮人等族群聚居区，干栏式建筑仍然是其主要建筑形式，但是已经开始呈现不同形态。结构比较复杂的干栏式建筑，上层的前部有宽廊及晒台，后面是堂屋与卧室，堂屋内设火塘或祭神台。有的大屋宽可达五间，高三层，楼梯可置于室外也可以置于室内。在山地和沿江河的城邑，干栏式建筑为争取土地，开始向吊脚楼（半干栏式建筑）发展，并形成了聚落中干栏式民居与地面式民居混杂并存的状况。

2.3　蜀汉两晋南北朝时期

2.3.1　历史背景

东汉以后重庆地区经历了蜀汉、西晋、成汉、前秦、东晋、南北朝等7个政权的统治，近400年战火纷飞的割据状态，直至隋朝统一全国。由于政权更替频繁，长期战乱，致使人口锐减，社会经济衰退，生产力水平下降。至公元六世纪中叶，区域发展综合水平仍未超过两汉时期。同时这一时期也是西南历史上南北方人口大迁徙和融合的又一个重要时期，如西晋“陇西六郡流民入蜀”、成汉“巴蜀大姓流徙荆湘”、东晋“十万僚人入蜀”等，被称为重庆历史上的第二次大移民，进一步加剧了各种文化在本地区的交流和融合。

2.3.2 城镇营造

这一时期，由于政权更替频繁，长期战乱与割据，致使城镇的发展和区域的开发受到的影响较大。我国古代，县作为行政区划的基本单位，从秦至清，历代设县的标准差别并不大，对人口和赋税有着基本的要求。设县的开始就表明该地区已经具有了一定的人口规模和经济水平。县治是区域内的政治经济聚合点，是区域内的重要城镇，县治的分布直接影响了城镇的分布。秦汉时期，重庆地区县治城镇主要分布在沿长江、嘉陵江干道上，至东汉后期已有江州、垫江、枳、临江、平都、朐忍、鱼复、巫山等城，乌江腹地只有涪陵一城。蜀汉到北周时期，今重庆地区先后设郡县，多时30余个，少时10余个，较东汉时期有明显分化和增多的趋势（周勇，2002）。从地理环境上看，这些城镇分布在长江干流沿线上的比较多，另外，一些较大的支流如乌江、嘉陵江一带也有分布，主要选址在沿江河的低矮缓坡地带。

由于盐业等特色经济发展迅速，以及当时统治者管理策略的影响，致使县级城镇增长较快，新增的郡县主要集中在渝东北地区。东汉末年渝东三郡的形成，就有本地区地方大姓采盐而富、权力分化等因素的影响。东汉建安十五年刘备主荆州之际，即将盐泉之地——巫溪从巫县分出，设置北井县；建安二十一年，刘备又分朐忍新置羊渠县、汉丰县。连续分设新县是由于战争的需要和外来移民增多，三峡地区井盐生产得到了进一步开发，从而促进了区域城镇的发展。当时的统治者为了加强对富裕地区的控制，避免地方豪族割据自重，实现对盐业生产与运销的强化管理，就采取了缩小县级单位行政区划范围的策略。这些因盐而兴的城镇在动荡时期呈现出了逆势上扬的发展态势。据考古推测为西晋泰始五年（269年）设置的泰昌县古城遗址中，可见大量铜器、陶器、铁器及琉璃随葬品，并有规模较大的10余座家族砖（石）室墓群，可见当时城镇状况。朐忍县治也由跨其山坡、南邻大江的朐忍古城（云阳旧县坪）搬迁至涌泉之地的云安镇，而在郦道元所著《水经注·江水》篇，两晋时期，它已是“翼带盐井一百所，巴川资以自给”之地。总之，因渝东北地区丰富的井盐资源，逐渐形成了一批产业资源型和交通型聚落，最终形成了以夔州为中心的万、开、巫地区性城镇群，在一定程度上奠定了今日渝东北行政区划和城镇的基本格局。

由于本地区战略地位十分重要，致使军事壁垒性质的城镇也得到了较大的发展，其中最著名的当属三国时期“刘备托孤”的白帝城。它与鱼复县治永安镇相距4 km。与永安镇地势平旷、便于日常生活不同的是，白帝城附近地势雄伟，扼夔门之险，因此，这“一险一益，使夔州治所曾数次在永安镇台地和白帝城之间迁徙”。《水经注》卷三十三记载，“巴东郡，治白帝山。城周回二百八十步，北缘马岭，接赤甲山。其间平处南北相去八十五丈，东西七十丈。”最近的考古发掘中，这一古城遗存堆积层自公孙述时期始绵延不绝，城内主要功能为战事需要而设。另外，在渝东南及滇、黔少数民族地区，历代王朝出于征伐平叛，固守边防等需要，实行了“郡军”制度。这种做法在先秦时期已有，到魏晋时显示出了初步成效，促进了屯军屯田移民聚落的逐渐形成，他们分布于郡县治地及交通沿线附近，虽然数量还不多，但已经成为中原王朝在边境实施统治的核心和基础力量。

蜀汉时期，重庆最重要的筑城事件当推都护李严“筑江州大城”之举，这是重庆历史上第二次大规模筑城。在李严的经营下，“城周回十六里”，已形成完整的渝中区下半城格局（图2.10）。城镇形态上，在相对和平的年代和相对安定的区域中，商品经济有了一定的发展。魏晋南北朝时期，县级城镇中出现了定期集会的集市形式。在广大乡村逐渐出现以耕作土地、农居为中心的小型聚落，这些村落一般都远离县城，有的位于长江干流或支流的两岸，各个居民点相对集中，有的仅仅由一两个居民点构成，具有明显分散的特点。

2.3.3　民居建设

由于长期的战乱，蜀汉至南北朝时期，重庆地区的建筑不及两汉期间有那样多生动的创造和革新，但是总体还是呈现发展演变的趋势，不仅类型多样，而且中国古代单体建筑的诸多基本特征已经充分地体现在建筑中（图2.11）。东汉以后，本地高台建筑逐渐没落，东晋南朝以后，坐式家具增多，防潮问题解决，地面建筑中的高台基也渐变为低台基。汉晋时期应该还是奇偶数开间过渡时期，奇偶数开间建筑并存，并开始出现后者代替前者的趋势。直至唐以后，面阔以奇数开间为主。

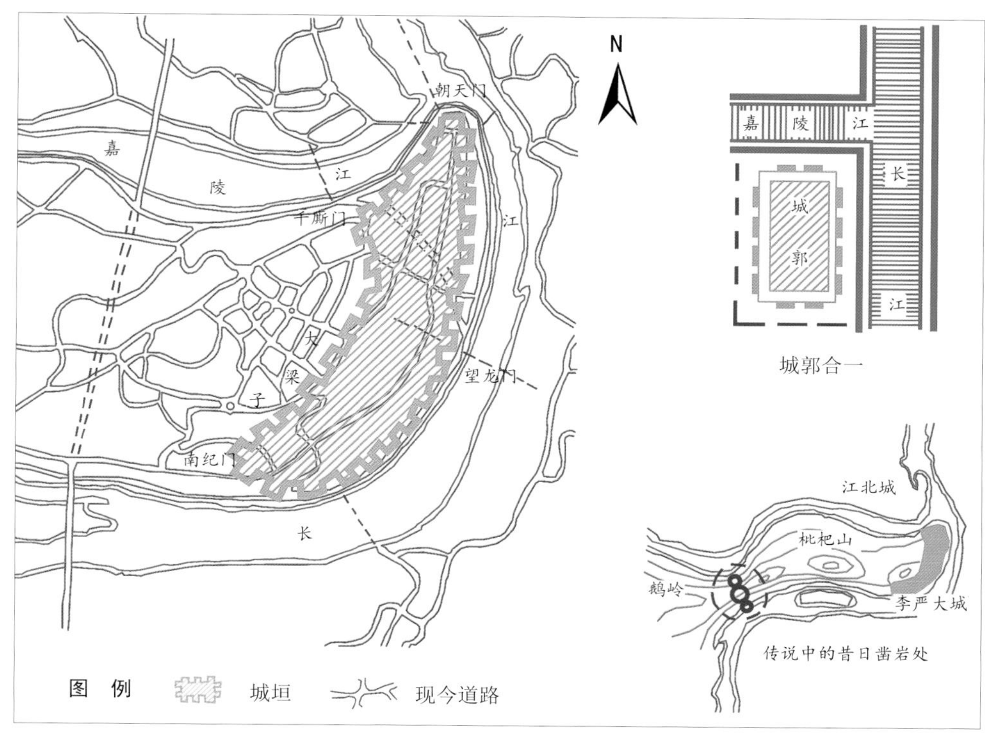

图 2.10　蜀汉时期李严“筑江州大城”示意图
图片来源：据徐煜辉（1999）绘制

两晋南北朝时期，影响重庆居住建筑发展的另一个重要因素是大批僚人迁入原来已经汉化的地区，包括今天的荣昌、永川、大足、綦江、南川、巴南、江北、江津、璧山等地。僚人的居住习俗——干栏再次加深了对本地区民居建筑风貌的影响。这一时期，人们对干栏建筑的认知与僚人的存在建立了直接的联系。《魏书·僚传》记载：“僚者，盖南蛮之别种……散居山谷，依树积木，以居其上，名曰干栏。干栏大小，随其家口之数。”

2.4　隋唐五代时期

2.4.1　历史背景

隋唐300余年，西南地区社会相对稳定，尤其是唐中叶“安史之乱”后，北方大部分地区陷入战乱，而巴蜀地区偏安一隅，社会经济文化继承盛唐成就继续发展。长江、嘉陵江的山区腹地逐渐被开垦，梯田在唐代已经出现，粮食作物的品种较之前丰富了许多。原来作为渝东地区重要经济支柱的井盐生产继续发展，与蜀地井盐生产一起，成为唐代全国井盐最重要的产区。据《新唐书》卷五十四《食货志四》记载：“唐代全国有盐井六百四十，十之八九即在巴蜀地区。”物资的贩运带动了东西往来商贸的发展，人们竞相经商谋利，长江之上舟楫往来不绝，水运已成为转运川米、蜀布、蜀麻、吴盐等物质的重要运输方式。杜甫在唐大历六年夏所作《夔州歌十绝句》之七中，就描述了此时盛景：“蜀麻吴盐自古通，万斛之舟行若风。长年三老长歌里，白昼摊钱高浪中。”

中唐以后，因战乱入蜀的中原移民再次增多，被称为重庆历史上第三次大移民。尤其是唐玄宗李隆基、唐僖宗李儇两位皇帝先后入川避难，使得大量官宦世族、文人骚客往来寓居于此，带来了中原较先进的管理经营思想、经济发展模式、文化理念和建造技艺，使唐代成为巴蜀地区社会经济发展的重要时期，尤其是以成都为核心的川西平原，

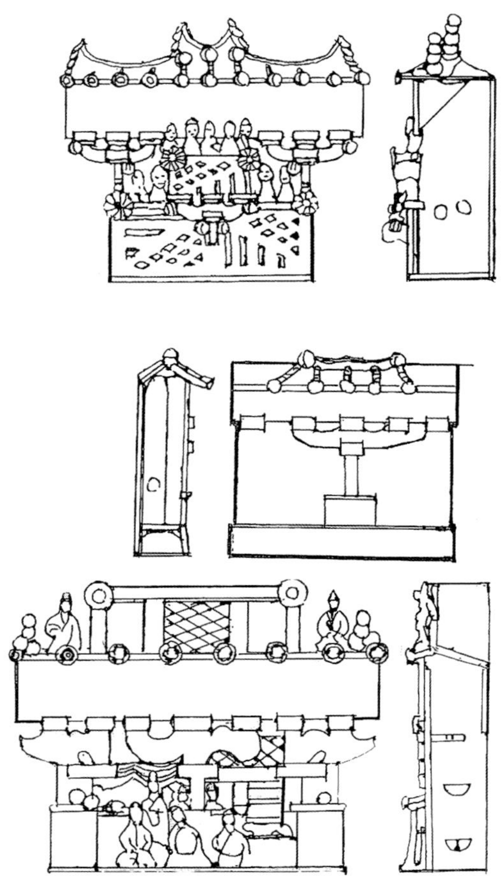
（a）作为“说书场”的民居陶屋（一）

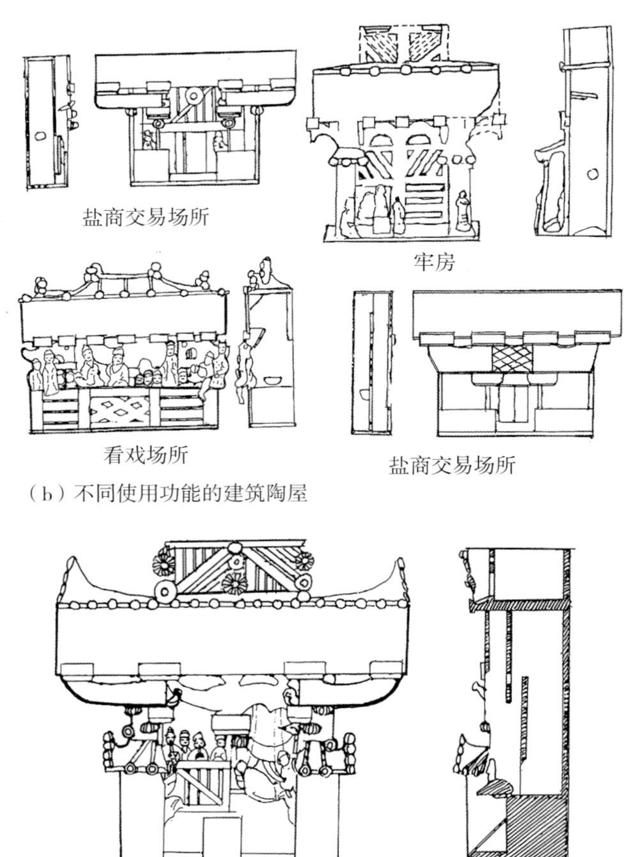

（b）不同使用功能的建筑陶屋

（c）作为“说书场”的民居陶屋（二）

图 2.11　忠县出土的三国蜀汉陶屋
图片来源：季富政，2010

为唐代重要的经济和文化中心，有“扬一益二”之称。相比四川，隋唐时期的渝州政治地位较低，文化发展相对滞后。

2.4.2　城镇营造

随着社会稳定及交通状况的改善，区域开发进入了新阶段，最重要的体现就是县的广泛设置和集镇的发展。与前朝相比，由于自然资源和各种条件更为优越，渝西丘陵地区的开发受到唐代统治者的大力扶持。农业崛起，人口猛增，带来了这一地区县的增置，常设31个县，遍及渝涪各地，深入丘陵地带，基本已经不存在未开发之地。31县的设置已经占到历代所置35县的近九成，也打破了秦汉以来主要郡县沿长江干线线状分布的特点，深入三江干支流及广大腹地。

唐代以前，巴蜀地区广大乡村中的商品交换主要通过草市来进行。唐中宗景龙元年（707年）11月敕还明确：“诸非州县之所，不得置市。”但是唐中期以后因战乱等原因，官府对社会的控制日益减弱，与此同时，随着商业贸易的发展，各种形式的商品交换市场开始形成，到唐晚期至五代只许州县设市的规定有了调整，“旧来交易繁者，也可以设市”。全国各地逐步出现了都市商业勃兴和乡村市场兴起。集镇这种沟通城市和广大农村的更为成熟的市场形式得到发展，并为宋代重庆地区集镇数目的大幅增加奠定了基础。官府甚至在集镇设置征税或监管机构。

集镇的分布主要受到自然和社会因素的影响，渝西丘陵地区成为生产型集镇和资源型集镇密集分布区。据史料研究统计，唐后期（820年后），渝西地区已有独立于州治、县治所在地之外的处于县与乡之间的独立商业集镇5处。在唐宋时期，随着中国经济重心的东移南迁，三峡地区的经济地位得以上升，“廊道效应”开始凸显，以东西贸易为基础的三峡城镇群遂发展起来，渐成峡江地区集镇沿江河两岸和在交通要道密集分布之格局。近年来，三峡考古取得重大突破，在云阳发现了多处颇具规模的唐代集镇与聚落遗址，主要包括云阳明月坝唐宋集镇、明堂坝、李家坝、云阳丝粟包遗址、云阳乔家院子遗址、云阳晒经遗址和云安场镇遗址等（李映福，2006）。它能表现出大集中、小分散的特点，大遗址的数量比较多，居民多集中在大遗址中或周围，初步形成了峡江近代城镇分布雏形。

与平原地区城镇形态相比较，由于受到地理条件的限制，峡江地区的城镇不少是据险自守，不设城垣。有城垣的城镇，墙体充分利用自然地理形势，在遗址边缘地形不规整、坡度较缓的地方夯筑墙体，而在一些陡峭处则利用陡坎和夯筑的墙体连成一体，共同形成城址的保护圈，独具山地城镇特色。长期的安定甚至使一些新兴城镇放弃了城垣的防卫，成为无城垣之城。

以目前最完整的唐宋集镇遗址——云阳明月坝为例，由其清晰可查的道路网、较明确的功能分区以及80余处唐宋建筑遗存可以看出，这一因盐而兴之商贸集镇，选址于三面环水之台地，最大程度地发挥水上交通的便捷性（图2.12、图2.13）。总面积达26 000 m^{2}的集镇总体布局顺澎溪河流向呈线形发展，在临江台地上依次建有寺庙、衙署、民居。其中公共建筑占据着台地最佳位置和朝向，居高临下，易于监控河道上的往来运输。最终构成“Ⅲ”形集镇街巷空间格局，证明它已经发展成为区域性经济文化和交通集散中心。

云阳明月坝唐宋集镇遗址可分为A、B、C三区（李映福，2006）。

A区：分布有东西向道路，位于一级阶地，长约200 m，宽1~2 m。道路东端路面可分上、下层。下层直接铺砌在生土层上，始于唐初，延续使用至唐代中、晚期。道路以南建筑密集，位于二级阶地、台地中央、临冲沟三个带状建筑区域。建筑形制多种多样，有单体石砌台基式建筑，有规模较大、保存完整的四合院建筑，也有简易的木骨泥墙式建筑和“吊脚楼”式木结构建筑。其中，唐代石砌台基式建筑2座、四合院建筑1座、店肆建筑基址1座、木骨泥墙建筑3座。道路以北分布有石砌台基式建筑5座和难以判明建筑格局的磉墩遗迹。该东西向道路西段分布1座唐代寺庙建筑基址、石砌台基建筑2座和宋代建筑残址1座。

图2.12　云阳县明月坝唐宋集镇遗址鸟瞰
图片来源：重庆市文物局，2003

另外，分布有南北向道路，长约50 m，宽1~2 m，并与东西向道路交汇于遗址中段。南北向道路以南，台地居中地段分布2座四合院建筑和4座单体建筑。台地中心地势平坦开阔，除分布有大量房屋建筑基址以外，在衙署建筑基址南端还分布有东西长约100 m、南北宽约40 m、总面积约4 000 m^{2}的广场遗迹。广场叠压于唐代建筑之上，年代应在宋明之际。

遗址中段和西段，是唐代建筑分布最密集的区域，分布有木骨泥墙、石砌台基等形制的唐代建筑40余座。中、西段建筑区之间分布有南北向4条道路，东西向3条道路。东西向道路间距40~55 m，使之构成一个东西、南北相连的十分清晰的道路网。

B区：属于台地拐角地带，是墓葬分布区。清理出唐、宋、明等时期土坑墓30多座、砖或石室墓3座、瓮棺葬16座。瓮棺葬除分布于该区域以外，在

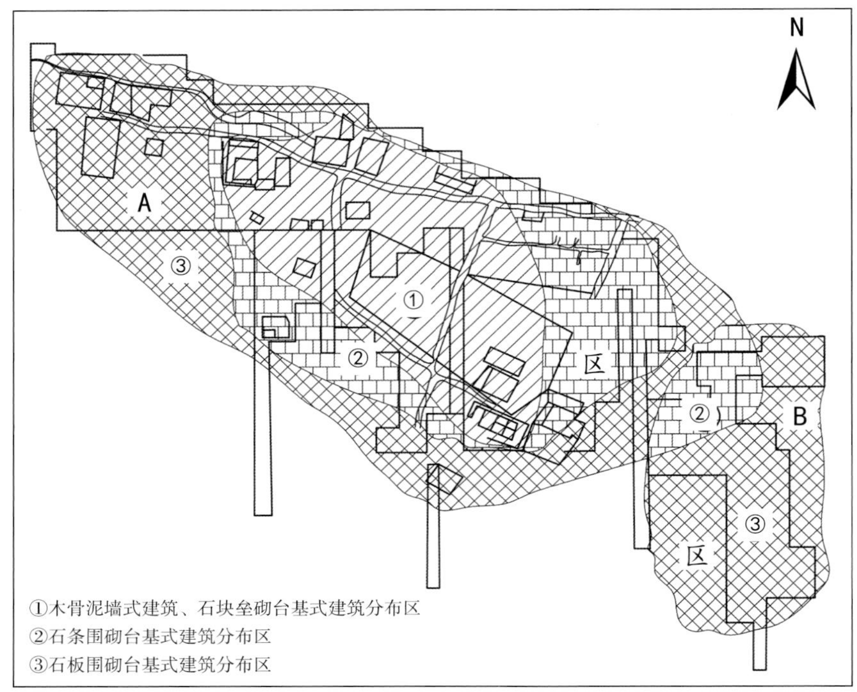

（a）A 区与 B 区

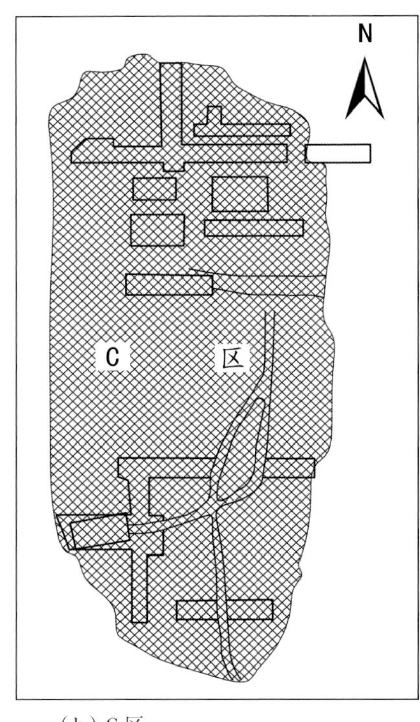

（b）C 区

图 2.13　云阳县明月坝唐宋集镇遗址总平面
图片来源：据李映福（2006）改绘

遗址西段的道路旁、建筑台基外也常有发现。

C区：三面环水，地势平坦开阔，分布有鹅卵石铺砌的东西向、南北向的唐代道路各一条和零星的简易建筑。唐代遗迹之上分布有比较密集的明清时期的建筑。重点发掘清理了两座明代建筑，其余则采取钻探和探沟发掘相结合的办法，找到了明、清时期排列规整的道路、房屋建筑基址等，表明宋以后明月坝集镇的中心区域已经大部转移到该区域。

唐代的巴蜀地区还地处“西抗吐蕃，南抚僚蛮”的前沿，为了加强对西南地区少数民族政权的军事防御和进攻，在巴蜀地区设立军镇，以代替过去的屯兵镇戍制度。由于重庆所处川东一带，开发和汉化的时间比较早，少数民族地方势力不足以对唐朝的统治构成威胁，因此真正设置的比较少，只在夔州永安郡设夔州防御使，领奉节、云安、巫山、大昌四县。另外，境内黔中黔安郡设黔州都督府，领彭水、黔江等六县。昌州昌化郡设“静南军使，以镇蛮僚”，领大足、昌元（今荣昌西北九龙镇昌州村）、静南（今大足县东南龙水镇）三县。军镇的广泛设置巩固了边防，但同时加剧了地方割据。唐中期以前军镇筑城不多，唐代后期各地纷纷开始大规模筑城。到唐末混战时期，重庆各地土豪纷纷组织乡兵，“凭高立寨，得以自专”的做法使城镇发展受到战事和割据政权的影响，出现了一批依托山形地势，防御性强，生产、生活可以自给自足的军府“镇寨”。比如唐昭宗景福元年（892年），韦君靖在昌州治静南县旁边的大足县西北龙冈山建永昌寨，“筑城堡二十间，建敌楼二十余所”，后取代静南县城为州治所在地。这些土豪武装的大量出现，到唐末表现为州县的镇寨化已经十分明显，据“韦君靖碑”记载，题名的昌普渝合四州镇寨就达20多个（周勇，2002）。据史料记载，这些镇寨中的一部分到宋代转化成为草市集镇，一部分在抗蒙战争中继续发挥作用。

虽然如此，自唐初始，中央王朝对川渝地区州县治所城市兴筑并不重视，多沿用旧城。直至“安史之乱”爆发后，尤其是“因有东西川分治和小规模叛乱，故而从肃宗开始，川渝地区州县城池有逐渐新修的趋势。到中唐以后，大量州城已修筑了外围的罗城。至唐末五代十国时期，更多城池形成子、罗城的双城形态。”（马剑，2010）

总之，隋唐五代时期是巴蜀地区城镇发展的一个重要时期，城镇体系等级结构日趋复杂、完善，城镇数量快速增加（李映涛，2009）。随着交通状况的改善，区域开发进入了新阶段。最重要的体现就是县的广泛设置和集镇的发展。较之前朝，由于自然资源和各种条件更为优越，渝西丘陵地区的开发受到唐代统治者的大力扶持，打破了秦汉以来主要郡县沿长江干线线状分布的特点，逐渐向支流及广大腹地推进。不过，此时的川西和川北地区在经济文化发达程度和郡县城镇的密集程度上仍远胜于川东地区，例如，夔州面积15 452 km^2，下辖城镇仅4处，而成都为2 795 km^2，有城镇10处。

2.4.3　民居建设

在已经探明的云阳明月坝唐代集镇民居遗存中，合院建筑数量约占一半，这从一个侧面说明，到唐代中后期，合院型民居已经成为重庆地区城镇居住建筑最主要的形式之一。此外，随着集镇的发展，集镇店宅型民居形式出现，其平面与现存古场镇沿街店宅基本无异。干栏式民居分布虽然很广，但从文化的角度，它逐渐被边缘化，再次被看作重庆周边偏远山区蛮族及僚人的主要居住习俗。这由唐宋时期大量历史文献对它颇带贬义的记载可窥见一斑，比如，唐樊绰著《蛮书·南诏裸形蛮》：“其男女，遍满山野，亦无君长，作葛栏舍屋。”《新唐书·南平僚》记载：“南平蛮，北与涪州接，人并楼居，登梯而上，号为干栏。”后来还有初宋乐史撰《太平寰宇记》记渝州风俗条：“大凡蜀人风俗一同，然边蛮界，乡村有僚户，即异也。俗构屋高树，谓知阁栏……今渝之山谷中有狼俇，乡俗构屋高树，谓之阁楼……昌州（今大足区）风俗，无夏风，有僚风，悉住丛菁，悬虚构屋，号阁栏。”

重庆地区唐代房屋建造技术已经十分成熟，设计讲究，结构布局呈现出十分明显的规划性，不仅体现了唐代建筑技术的时代特点，而且也出现了一些地方性变通做法。从年代上看，唐代初年所建普通民居在技术上延续了北魏时期的特征，比如由万州初唐驸马刺史冉仁才墓中出土的一件唐代明器青瓷房屋可见，普通民居为悬山两水屋顶，单开间，平面近似方形，低矮台基，地栿、门上横梁、门框刻画明显。墙体为木骨泥墙式红烧土，立柱的柱洞内填炭屑、红烧土颗粒、瓦片、卵石，柱外侧，以卵石铺成散水，宽0.55～1.2 m。到唐中后期，有高矮不等台基的四合院建筑和多进合院建筑明显增多，建筑台基普遍采用加工规整、规格相近的石条、石板围砌，房间内填黄褐色黏土。普通房屋为3～5开间不等，大中型公共建筑，如衙署、佛寺的主要殿阁有面阔7间，并且建筑面积和开间尺寸都有所扩大，平面柱网布置规整，还频繁出现“金厢斗底槽、减柱造、移柱造”做法。柱础石以正方形为主，后期出现唐代典型的莲花覆盆状柱础石，直径达1 m。墙体有木骨泥墙和木板墙两种。台基踏道位置设计讲究，主要单体建筑大多设主次两个踏道（由踏跺石、象眼石构成，踏跺石下用鹅卵石铺垫）。地面部分无实物留存，不过从摩崖石刻建筑形象可见，单体殿阁里面有层层内收，估计已经有比较成熟的多层木楼阁建造技术。单体建筑立面有明显侧脚及角柱升起，砖石墙壁收分也非常明显，表明这一时期已经善于解决建筑稳定性问题了。

唐代，斗拱在重庆地区出现了正规传统做法和地方简化革新做法并存的状况，表现出因人力物力所限产生的变通。另外，在各处唐代考古遗址现场发现大量石条、石板、砖、板瓦、筒瓦、瓦当、脊兽、鸱尾等建筑材料和构件，还首次出现“滴水”，表明唐代建筑材料和建造技术都更加丰富。图案装饰方面，有人面纹砖、兽面纹砖和刻字砖。鸱尾残片显示为典型唐代鸱尾造型，吻内侧弧形，外脊有凸棱。瓦当图案有宝相莲花纹、普通莲花纹、佛像莲花纹、乳钉莲花纹、兽面莲花纹、兽面纹6种形制。屋顶出际上端已使用悬鱼，其形状为如意头或者如意头加舌尖，状如燕尾。唐代集镇排水系统已经比较完善，唐代白帝山、永川朱沱镇汉东城遗址（位于朱沱镇汉东村6社）的陶管、排水沟印证了这一点。白帝山出土的唐代建筑排水管道为圆柱形红陶罐，直径超过60 cm，一头大一头小，壁厚4 cm左右，大小头相套接而成一个整体。永川朱沱镇汉东城出土的排水陶管从屋内延伸到江边，说明唐宋时当地人已经学会使用陶制排水管，遗址内其他房屋基址也有用石头砌成的排水沟，横纵延伸，贯穿房基（图2.14）（陈蔚，2015）。

2.5 宋元时期

2.5.1 历史背景

两宋时期是我国封建社会经济高度发展的重要时期。随着全国政治经济重心的南移，以长江流域为中心的南方经济取得长足进步，重庆地区经济实力逐渐增强。北宋“靖康之乱”后发生了第四次大移民，也带来了中原先进的生产技术，致使本地区农业经济发展迅速，其重要标志之一便是梯田的大量修造和农作物种类的增多，早稻、中稻、小麦和大麦等，均已普遍种植。由于农业的发展，重庆地区的人口增加迅速，到1162年的南宋时期，已有人口110余万。在农业发展的基础上，手工业也有了进一步发展，逐渐成为四川的制造中心，当时最重要的工业，如纺织、瓷器和造船业都已占据重要地位。

宋代的渝州是瓷器的重要产地，坐落在今南岸区黄桷桠一带的涂山窑，前后绵延近5 km，是当时黑釉瓷的最重要产区（图2.15）。一路从龙门浩和海棠晓月码头装船出发，顺江而下，运往涪陵、丰都、忠县、万州、奉节、巫山及至湖北等长江中下游地区，甚至漂洋过海，到了国外。另一路是用马匹驮着涂山窑瓷，沿黄桷古道，经南温泉，过綦江，直达云贵。但到南宋末期时走向了衰亡，其原因主要是：由于时代的发展，新兴的白瓷、青花瓷深受人们喜爱，简便粗糙的黑釉逐渐失去市场。加之元明以后，饮茶之风大变，黑釉在与白瓷茶具的竞争中遭到淘

图 2.14 永川区朱沱镇汉东城遗址及其排水系统
图片来源：新华社，2000

（a）发掘现场

（b）酱窑窑址

图 2.15 南岸区黄桷桠涂山窑遗址
图片来源：重庆市文物考古所，2006

汰。另一社会原因则是南宋晚期蒙古军攻入四川，经过长期战乱的摧残，四川经济破坏，人口锐减。综上所述原因，导致了重庆黑釉瓷逐渐走向消亡。

合州是造船中心，南宋时四川打造的运送马匹的马船大部分都是合州制造的。北宋以后重庆地区已经有夔州奉节县、涪州涪陵县、涪州武隆县、万州南浦县、开州清水县、中洲临江县、黔州彭水县等10余处井盐产地。其中仅昌州盐井就有130余口，年产盐已达130余万斤。随着农业、手工业产品的增多，商品交换迅速发展繁荣起来。当时渝州城外长江、嘉陵江上商船舟楫往来交错，“商贾之往来，货船之流行，沿溯而上下者，又不知几”。东西交通的需要，使重庆城的战略地位进一步显现出来，重庆城发展成为川东地区重要的交通枢纽和商贸中心。

另一重大变化是，这一时期重庆地区的文化和理学获得了迅速的发展。涪陵是宋代理学研究的中心，形成了对朱熹等中国后世理学家有重要影响的涪陵学派。为适应都市经济的兴起和市民阶层的需求，各地游赏之风盛行，瓦肆、勾栏开始兴起。宋代三峡地区仍然是文人骚客热衷的自然文化景观，这一时期有李商隐、欧阳修、王安石、苏轼、黄庭坚、陆游等来往三峡，留下诗作2 300余首。其中李商隐诗“君问归期未有期，巴山夜雨涨秋池。何当共剪西窗烛，却话巴山夜雨时”为千古名句。在已知最早由北宋画家李公麟所作的反映三峡地区的地图《蜀川胜概图》中，描绘了从岷山到巫山山脉川江沿岸的自然人文景观，重庆境内三峡地区成为描绘重点。三峡夔门、白帝城等一览无余。

南宋后期，蒙古与南宋的战争从利州路打响，延续了近半个世纪，巴蜀地区遭到疯狂掠夺，“蜀人受祸惨甚，死伤殆尽，千百不存一”，重庆独撑宋朝西线抗蒙战争逾半个世纪之久，“钓鱼城之战”不仅延续了南宋的统治，并且改写了世界历史的进程（图2.16、图2.17）。重庆在南宋后期因其战略防御中“可以上接利、阆，下应归峡”的潜在价值，再加上渝州因宋光宗先封恭王，后即帝位，自诩“双重喜庆”，升恭州为重庆府，重庆渐成川东最重要的政治和军事中心。巴蜀文化在战争期间遭到空前毁灭，却在江南各地广泛传播，出川的文人把中原正统文化的精髓，带到东南地区“元兵略蜀，蜀士南迁于浙，浙人得此则成文献之府库，江南文风大盛，蜀反如鄙人矣”（刘复生、表宋风，2003）。

1271年，元世祖忽必烈建立元朝。元朝实行省、路、府、县四级制，在全国设10中枢行省，四川为其一。四川中书行省领9路，重庆路为其一，治巴县。同时，重庆又作为四川南道宣

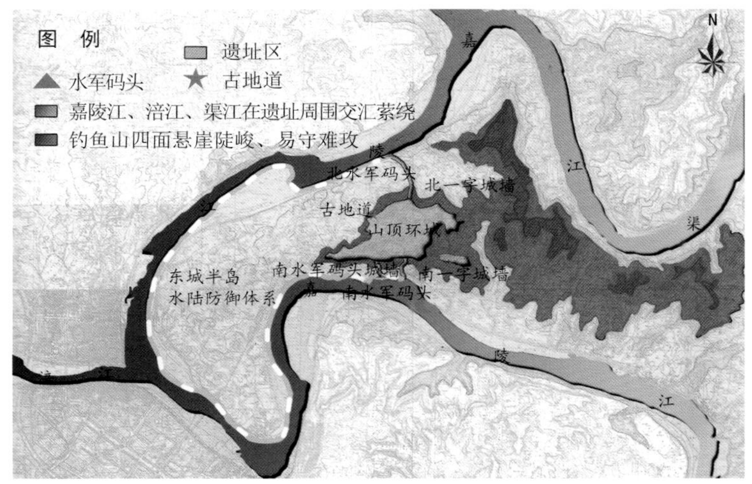

（a）钓鱼城防御体系示意图

（b）钓鱼城南水军码头遗址航拍图

图 2.16　合川区钓鱼城遗址
图片来源：重庆市文物考古所，2010

图 2.17　合川区钓鱼城护国门

镇达188处，其中位于渝涪地区的有147个，夔州地区仅31个。城镇分布出现了明显的北多南少，西密东疏，场镇的多寡与区域的海拔高度成反比的特点。据统计，所有这些场镇中以市、店或场命名的达30个，占全部场镇的1/6，说明有相当部分场镇是直接从贸易集市和路边店发展起来的，还有一些场镇名中带有川、溪、津、江等字，说明水运与场镇的关系；另一些则是随着不断开发逐渐发展起来的，它们都已拥有不同的人口规模、场地面积和产业特点。

慰司的驻地，宣慰司管辖重庆路、夔州路、绍庆路和怀德府，即三路一府。据《元史·地理志》记载，元朝重庆路已是上路，这充分说明，元朝时期重庆已成为四川的重要区域军政中心和第二大城市。虽然如此，由于元朝长江的经济往来不畅，在元朝统治的不到百年间，重庆地区社会经济一直未能得到明显恢复，城市与建筑的发展出现了一定的停滞甚至倒退，这也使得一些在我国其他地区被逐渐放弃的建筑技术和做法得以保留。一些带有北方游牧民族色彩的装饰和建筑样式也影响到本地区。

2.5.2　城镇营造

两宋时期是重庆地区城镇结构体系、地域分布、城镇性质及城镇空间形态均发生重大变化的时期。

1）城镇形态日趋开放，里坊制度逐渐被打破

第一，草市大量场镇化。随着集市贸易的发展，农村传统的几日一会，定期“赶场”的草市逐渐成为定点的场镇。多数场镇只是一条主要的街道，两侧商业店铺有商贾进驻，基本上每天营业，成为城市和乡村之间更趋稳定的商品交易中介。据《元丰九域志》等史籍的不完全记载，宋代巴渝地区场镇达188处……

第二，军镇职能转变。城镇化趋势也影响到了宋代军镇的职能，当时重庆地区内的南平军、梁山军和云安军都出现了经济意义日渐增加的状况。比如夔州路的梁山军在北宋元丰年间尚无一市，但至南宋已有“永安军市、桂溪市、峡石市和扬市四个市镇”。宋代对夔州路周边少数民族地区的民族政策，也由“羁縻远人”，调整为积极与少数民族地区开展互市贸易。《宋史》卷四百九十三《西南溪洞诸蛮》记载：“咸平五年批准与苗族聚居地实行‘以盐易粟’，熙宁六年在黔州设市场，称为‘博易场’，熙宁十年，彭水县城、盐井镇、郁山镇和信宁镇已经设立固定收税点。”整个宋代，黔州地区已有11个市镇。这些场镇自宋延续至明清，虽后来经历战乱损毁严重，但是其中仍然有不少在明清时期再次兴盛。

第三，原来的政治、军事城邑进一步向地区性经济中心发展，转变为多功能的综合城市。随着宋以后中国政治经济中心的“南移东渐”，重庆地区

城镇规模和密度都比以往有了更快的增加。在唐代还比较落后的渝州城，一因“藩封之喜”得名重庆，获得了发展契机；二因两江交汇的地理优势促进了商贸，宋时已是“二江之商贩，舟楫旁午”，城区再次被扩大。筑城策略除了考虑军事防御上的需要，城区外扩也将原来城外自然发展的新街市纳入城墙以内，进行管理。

宋时，三峡地区聚落由早期的沿江点状分布，逐步发展成为网状分布。这种网状结构由于受地理条件的限制，由多个相对分散的沿长江及其支流沿岸分布的聚落群聚集而成，呈现出依水靠山型城镇形态发展的特点。郭印《夔州》中就写道：“夔子巴峡冲，风物异蜀境。城居版作屋，江汲地无井，四郊乏平原，冢墓缘山岭。”

这一时期的城镇，更多地实现了街和市的有机结合。城内大道两旁成为百业汇聚之区。在城外的官道两旁开始有居民居住并开设店铺。宋朝廷也明文鼓励这种做法：“……凡居民去官道而远者，说令徒家驿旁，具膳饮以利行者，且自利官司。”宋元至明是重庆交通和驿站发展重要时期，并自宋代起便在峡江正式设置了水驿，从重庆朝天门到宜昌峡江所经过的各州县均设置水驿站，其中陆站48个，水站84处。

2）“寨堡”军事聚落的建设与分布十分普遍

两宋期间，为了应对复杂的民族、经济、政治、军事环境，“无论是战略防御还是战略进攻阶段，政府都采用了沿边修城筑寨的措施。大凡险隘关口、道路通行、蕃族聚居处都筑有城寨，其修筑城寨数量之多，远超于其他各朝。”不仅北方地区如此，这种存在于基层的军事聚落“寨堡”在宋代夔州路也有广泛的分布。“除开、达两州暂不确定有无砦堡外，其余府州军监均有记载，数量共计122处。从统计数据来看，宋代夔州路寨堡数量在川陕四路中最多，且较为集中在某些直接控扼西南夷的州军辖区。”（裴洞毫，2009）当时寨堡的规制比较简单，一般平面方正，四周城墙围绕。比如《蜀纪》卷二十三又引《纪胜》关于梁山军所建赤牛堡的记载：“周三百六十步，敌楼百四十三座……四隅有门，戍守处。”这一时期长江三峡地区因其重要的战略地位，寨堡分布也比较多。再如云阳县晒经遗址位于云阳县莲花乡晒经村，其选址四周是天然的屏障，中部地肥水沃，可谓是人类生息的优良场所，易守难攻的兵家理想之地。据考古学者推断，晒经遗址在宋朝时期是十分繁荣的具有一定规模的场镇型寨堡聚落，道路宽阔，约3 m，由石板铺就；另还有关卡性质的门道（图2.18）。

3）形成了以重庆为中心的山城军事防御城镇体系

北宋初至南宋中期，除徽宗时较重视西南边陲城池的修筑外，其余时间均对城墙的修补采取消极态度，直到理宗以后才有所改观。为了抵御蒙古军队的进攻，南宋淳祐二年（1242年）宋理宗任命余玠为四川安抚制置使兼知重庆府，入蜀措置

（a）道路

（b）门道

图2.18　云阳县晒经遗址

图片来源：重庆市文物局、重庆市移民局，2008

防务，在潼川府路和夔州路兴修大量山城，开始构建山城城镇的攻防体系。前后共加固、增筑与新建20余座山城，主要分布在川东、川东北及川南山丘地带。川东9城为：重庆城、钓鱼城、多功城、白帝城、瞿塘城、赤牛城、大良及小良城、三台城、天生城。川东北7城为：大获城、苦竹隘、运山城、小宁城、青居城、得汉城、平梁城。川南4城为：登高城、神臂城、紫云城、嘉定城。川西1城：云顶城。隆州井研人邓若水在县境“筑山砦，以兵捍卫乡井”，举家居住其上。

为了抗蒙，一是有不少的府州治所被搬迁到新城，如1236年遂宁府迁治所于蓬溪山寨，隆庆府徙治于小剑山苦竹隘，1242年夔州移治于白帝城等。通过考古发掘，白帝城有较完整的南宋城墙和建筑遗址（图2.19）。二是加固增筑旧城，如1237年泸州安抚使黎伯登重建府军司治所，1240年四川安抚制置副使彭大雅兴筑重庆城，这是重庆第三次大规模筑城，不仅扩大了城域，而且开始石构城墙（图2.20）。这些筑城活动为川渝山城防御体系的最终形成奠定了坚实的基础。因战争需要而修筑的城镇，在选址、形态和功能上都基本具备以下几个重要特点：城寨均坐落在地势险峻的山顶上，易守

（a）城墙与建筑基址鸟瞰

（b）城墙剖面

（c）建筑基址

图 2.19　奉节县白帝城南宋遗址

图片来源：重庆市文物考古所、重庆文化遗产保护中心，2010

难攻；城寨所在山顶宽阔平坦，有田地可耕，林木可用，山泉可饮，有利屯兵积粮，可长期居住；城寨大多距大江大河较近，以发挥宋军舟楫之利；各城寨附近设有子城寨，相互成掎角之势。

总之，宋代的一段时间三峡夔州的重要性甚至有压过渝州之势，比如夔州路曾设县增至42处。宋代，商业的繁荣不仅改变了城镇的形态，而且也直接推动了城市经济向农村渗透，草市集镇开始发展，比如夔州路就有96处草市集镇。南宋中期以后，长期的抗蒙战争使巴蜀地区城镇和经济受损严重，以山城重庆为枢纽的防御城镇体系的建设为巴蜀地区古代城镇体系空间格局的形成画上了浓墨重彩的一笔。它们与重庆作为历代政府西南门户的重要军事战略地位所建设的大批要塞城镇以及民间抵抗盗匪、战祸而自发建设的防御性寨堡聚落一起，构成了重庆古代城镇形态和地理空间分布的又一区域性特征。战争过后，这些城镇要么衰落，要么转型，因此，它们往往成为区域性城镇体系发展中的一种隐性基因，虽不显眼，但其重要性却不容忽视。

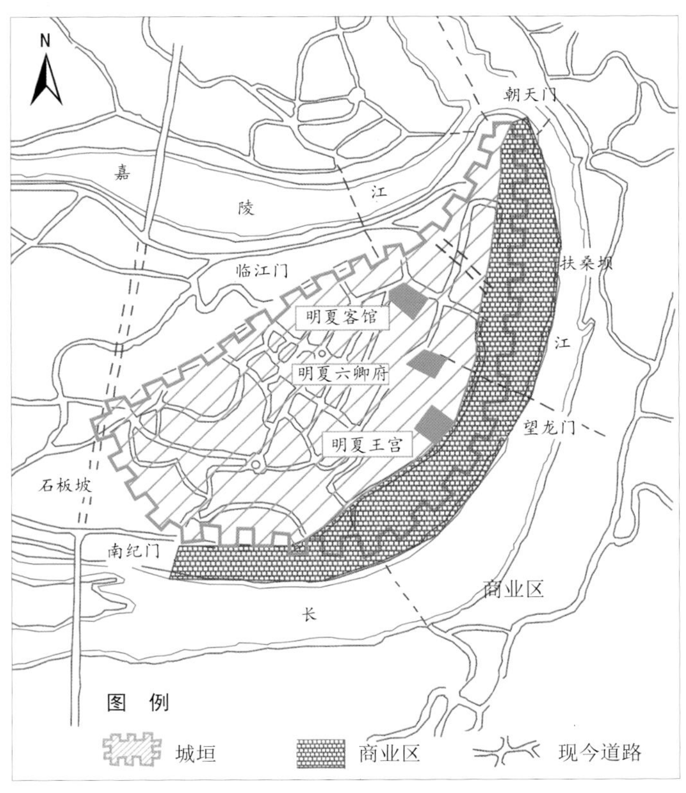

图 2.20　南宋时期彭大雅“筑重庆城”示意图
图片来源：据徐煜辉（1999）绘制

2.5.3　民居建设

宋代经济贸易的发展带来了南北文化和民族融合，使重庆民居的形式更加丰富。南宋范成大《夔州竹枝歌九首》中“百衲畬山青间红，粟茎成穗豆成丛……新城果园连滚西，枇杷压枝杏子肥”的诗句反映出了宋代夔州地区畬田的成就以及林盘聚落良好的居住环境。商贸活动的放开，城镇出现了沿街联排的“前店后宅”“下店上宅”等建筑形式，是在传统合院民居的基础上，为了适应沿街商业发展的需求而出现的。在彭大雅筑城之时，通远门一带已经有大量这样的住宅。城镇里的合院式民居平面因受到地方气候和地形条件的影响，开始向合院与天井相结合的形态发展，不仅有不对称的布局形态，而且建筑朝向也比较自由。

南宋后期军事防御的需要不仅使防御性城寨得到修建与扩建，具备防卫功能的居住形式也有所发展。它们有些依据山险，利用天然崖壁洞穴作为战时临时居所，有些地区则修建寨堡防御战乱和匪患。近年，考古学家在宋白帝城西门外宝塔坪附近发现一处寨堡遗址，其形态虽不完整，但是高大砖石墙的防御性非常明确。在建筑形态上，此类建筑既继承了汉代庄园式民居的形态，如配置碉楼、高大围墙以及封闭合院等，又充分利用山地特点进行了适应性的调整与改造。明清以后，此类寨堡式民居成为宗族聚居、抵抗战乱和匪患的重要场所。

元代，由于中原统治者实行“汉不入峒，蛮不出境”的政策，居住在渝东南地区的土家族、苗族等各民族相对稳定下来，民族的形成与分化基本完成。原来由僚人占据的南平军驻地南川、綦江一带，已基本汉化。在这些地区逐渐形成了院落与干栏式建筑相结合的民居建筑特色。

建筑技术方面，宋代是建筑造型风格及技

（a）

（b）

（c）

图 2.21　潼南区上和镇元代建筑独柏寺正殿

艺全面转变与发展的一个时期，其建筑工艺精细而考究，艺术风格秀丽而富于变化。元代建筑营造法基本保留了宋代特征，后期主要受到北方工匠的影响，建筑结构趋于大胆粗放，风格庄重朴实。目前重庆仅存元代木构建筑一处，为潼南区上和镇独柏寺正殿（图2.21）。宋元时期，除了大木作技术非常精湛之外，小木作技术也日益精巧。宋代开始，重庆地区在砖石的生产加工技术以及应用领域方面获得了迅速发展。宋代砖的产量和质量均有较大幅度的提高，因而当时的不少城镇开始使用砖砌城墙代替夯土墙，城镇主要道路也开始用砖铺砌。

2.6　大夏明清时期

2.6.1　历史背景

元末，农民起义领袖明玉珍于1363年在重庆建都称帝，国号大夏。1373年，大夏国被明朝灭亡，重庆遂归明朝统治。期间进行了第一次“湖广填四川”的移民活动。明清时期，重庆经济得到进一步发展，逐渐成为四川最重要的粮食产区之一，重庆府粮食产量约占全省总量的1/3，耕地和人口也分别占到1/3左右，为区域经济的发展奠定了重要基础。随着川江的进一步修通，长江上游得到进一步发展，重庆成为区域性经济中心。纺织、陶瓷、河运、贸易等工商业得到了快速发展，其中合州一带的丝绸、巴县磁器口的瓷器、綦江的铁与煤等在当时都十分有名气。水上交通尤为繁忙，“九门舟集如蚁”便是其真实写照。明末清初“张献忠剿四川”致使四川人口锐减，从而导致了清政府有组织地长达近100年的第二次“湖广填四川”移民活动，以及明清时期在渝东南等地区实行的“土司制度”和“改土归流”政策，使得重庆社会经济得到了较大的提高。

2.6.2 城镇营造

有人曾形容“元代巴蜀残破，明夏休养生息，重庆城未见土木之兴。”直到明代随着全国性建城活动的开展，重庆地区城镇建设陆续进行。不过与当时四川其他地区相比，本地区受重视的程度明显不足。在清《嘉庆一统志》中所记载的，明代洪武年间，四川新修和在旧址新筑的17座城镇中，重庆地区只有重庆府城和黔江城两座。直至明后期，随着经济的发展和区域地位的提升，重庆城镇建设进入快速发展期。城镇规模扩大，内部功能逐步完善，进一步发展了宋代以来临街设店，按行成街的布局模式，不少州县治城开始将原来的土城墙改为砖筑或石砌，为清代的发展打下了坚实的基础，例如巫山县大昌古城明代城墙遗址及石砌排水沟（图2.22）。明洪武六年（1373年）戴鼎在宋代旧城基础上进一步修筑石城，这是重庆历史上第四次大规模筑城，其城垣范围已成今日重庆老城的格局，形成了城门“九开八闭”的完整体系（图2.23），以“九宫八卦”之象寓“金城汤池”之意。通远门位于正西面，是重庆城唯一一座陆路城门，是重庆通往外地的陆路起点，故名“通远”。与此同时，随着经济的恢复，出现了许多新兴手工业与商业场镇。

明末，“张献忠剿四川”引发的持续战争和社会动荡，不仅带来了人口的骤减和经济的萧条，而且也对城镇造成了极大的破坏。清代初期，巴蜀各地普遍“城荒人散，萧瑟若丘墟”，随着统治者对四川省行政区域的划分和统治结构的建立，各级道、府（厅、州）、县治作为重要的一批城镇均开始修城垣，盖住宅、建店铺、造家庙、兴会馆，各条街道和文化名胜逐渐得以全面恢复和重建。与前朝相比，清中期以后，重庆地区城镇发展速度整体高于原来比较发达的川西、川北地区。这些城镇兴起、发展与湖广移民的迁入聚合和长江黄金水道的进一步开通，长江上游与中下游地区愈来愈频繁的经贸往来都有着密切的关系，那种完全出于政治和军事目的的城镇日益减少。如位于四川盆地东端的夔州府，随着中国经济重心的东移南迁，川江水路的日益重要，清嘉庆夔关征收的银两占了全川80%以上；再如巴县在清乾隆年间便有了“三江总汇，水陆冲衢，商贾云集，百货萃聚”之美誉。不仅原有城镇得到了恢复，而且城镇发展还呈现出新的结构性变化。诸如中心城市逐渐复兴，以经济与商贸区域划分为基础的“城镇集群”初步形成，地方市镇（场镇）迅速发育以及乡村社会逐步衰落等变化。

在主要贸易路线沿途逐渐兴起了比较重要的城镇，如江津、涪州、綦江、万州等，其中位于水陆交通枢纽位置的城镇发展尤其迅速，比如涪州境内有长江、乌江航运，乌江中下游的桐油、猪鬃、肠衣、牛羊皮、生漆等物质大都在涪州城汇集外运。

（a）明代城墙遗址
图片来源：重庆市文物局、重庆市移民局，2000

（b）石砌排水沟
图片来源：重庆市文物局，2003

图 2.22　巫山县大昌古城遗址

（a）石砌城墙（一）

（b）石砌城墙（二）

（c）通远门及城墙

（d）太平门筑城历史

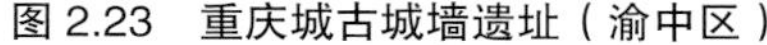

图 2.23　重庆城古城墙遗址（渝中区）

清光绪年间，涪州已有“小重庆”之称。因资源开发及特色产业而兴的重庆城镇，最具代表性的莫过于井盐产地所形成的城镇，如郁山镇、云安镇、宁厂镇等。这些城镇格局与盐卤资源的分布和开采有直接关系。

规模较小的基层场镇在清代的发展也达到了极盛。场镇数量之多，分布之广，商品交换之活跃，都是前所未有的。据研究统计，到清代末期，四川场镇总数达到近3 000个（高玉凌，1984）。另外，由于白莲教起义等局部内乱以及匪患一直不绝，各地沿袭唐宋历史上凭借山险广筑寨堡的做法，由政府组织或宗族自发修造的避乱抗匪的寨堡式聚落数量众多，形色各异，分布极广。据同治《万县志》记载，万县境内有名称的寨堡就达278个，“交错盘踞，远近相望，不可胜计”。在渝东南地区，大部分少数民族村寨分布在高山和荒僻边远地带，村寨分布呈现出“同迁共居，邻合成寨，发展后散居各异”的特点。

总之，在明清时期重庆地区的城镇进入了快速发展阶段，城镇数量与规模激增，城镇体系、类型逐步完备，地区性特点凸显。重庆因其长江上游水陆交通枢纽和区域政治中心的地位，再加上“湖广填四川”移民的迁入聚合和川黔盐运的发展，城市人口和发展水平逐渐接近和超越了成都，形成了以重庆为中心的沿长江城镇集群。这一时期，城镇产生的原因更多，既有由民族聚落、农产品集散中心的草市发展起来而设置的城市，还有出于军事防御、政治原因而兴起的，或者兼而有之。1890年重庆开埠，各国在重庆纷纷设立领事馆，开辟租界；兴建洋行、教堂、学校、医院等，建立“国中之国”。在城镇等级结构上，清中期以后大量兴起的中小型城镇成为重庆地区城镇和乡村之间的重要纽带，使地区城镇结构得到进一步丰富和完善，重庆逐渐形成了“区域性中心城市—地区性中心城市—地区性小城镇—地方性经济集镇—乡村”的多级城镇体系。

2.6.3　民居建设

伴随着外来移民的迁入，文化的多元化和经济的发展，使得建筑类型普遍增多，丰富多彩。除了大量的酒肆、茶馆、店铺及各行业手工作坊外，还有会馆建筑的兴建，成为一大特色。各地移民所建用于联络乡谊的同乡会馆，如陕西会馆、湖广会馆、广东会馆、江西会馆、福建会馆等，其数量之多，类别之繁，规模之大，可以说是全国之冠。寨子、寨堡建筑也兴建不少，乡间山区更为常见。特别是清中叶白莲教起义，清政府为推行筑堡结寨政策镇压起义军，大兴建寨之风。现存寨堡建筑大多修建于此时。这些类型的建筑也常常与民居建筑交织在一起，如会馆建筑也有一定的居住功能，寨堡建筑战时防卫避难，平时居家屯田。

经过长期的适应和交流，重庆民居的地方特色、独创性与融合性不断增强，既具有其他各省影响的个性，又更多地具有巴渝文化特征的共性，形成有山地特色的巴渝民居体系。由于元末明初和明末清初两次“湖广填四川”的大规模移民，使重庆民居文化渗入了其他各省的文化成分，特别是清代民居受陕西、湖南、湖北、广东、江西、福建的影响最大。一方面，不同移民住居“俗尚各从其乡”，呈现出各自相异的差别；另一方面，通过多年相处，取其所长，在同样的生活环境和自然条件的影响和作用下，兼收并蓄，融合发展，渐至大同小异，熔于一炉，自然而然共同体现出了“巴味”十足的山地民居风格，进而形成新一代的巴渝民居文化。

这一时期民居发展的主要特征是类型趋于多样化，功能趋于复杂化，规模趋于宏大化，尤其四合院宅制日趋成熟，其大小介于南北之间，并多随形就势，自由发展成符合山地条件的多天井、重台重院的各自组合形态。反映了清中期以后社会相对稳定，经济恢复，财力增强的社会面貌，也体现了人丁兴旺后宗族家庭发展的生活状况。

城镇乡场沿街联排式民宅，以及店宅合一、作坊住房合一等多种形制逐渐定型化，在各种变通中风格上渐趋协调统一。同时，青砖的应用开始普及，空斗墙、马头墙、风火墙、砖房，以至城墙包砖等成了普遍的建筑现象。

重庆民居为了适应所处的环境，因地制宜，因材施用，在建筑技术上，木作、瓦作、石作等各作制度，已形成一整套流行的地方做法。在利用山地地形，适应炎热潮湿多雨气候等方面积累了丰富的经验，各种处理手法更加纯熟多样，并有不少赋予地域特色的创造。斗拱多采用斜拱，尺度渐缩，后期普遍使用装饰性强的如意斗拱。更多的建筑檐下不施斗拱，常用撑弓，并施以精美雕刻。由移民带来的不同建筑文化也为本地区建筑技术的发展注入了新鲜的血液。清代以后，风火山墙在城镇建筑中得到普遍应用，“嵌瓷”等南方技艺被引入，“抱厅”做法与本地合院建筑形态相结合，创造出了多变的样式与空间。

渝东南少数民族地区的建筑进一步受到汉地建筑的影响，特别是“改土归流”后，原来受到等级规定制约的土家族、苗族地区的建筑规制开始放宽，部分民居建筑开始建木结构楼瓦房，并结合山高坡陡的地形，形成了以南方的干栏式、吊脚楼建筑形制为主流的具有鲜明地域、民族特色的民居建筑体系。

2.7　近代时期

2.7.1　历史背景

1840年鸦片战争以后，中国逐渐沦为半封建半殖民地，外来文化日渐侵入。辛亥革命满清王朝被推翻，民国建立，而军阀混战又连年不断，地方割据严重，西方文化更是乘虚而入。1891年3月1日，重庆海关正式设立，标志着重庆正式开埠，从此近代资本主义经济开始进入重庆，几千年来的封建社会小农经济被打破。1929年重庆正式建市，民族资产阶级迅速发展壮大。抗日战争爆发后，重庆被定为战时首都（陪都），随后升格为中央直辖市。抗日战争导致了重庆历史上第七次大移民，这次大移民使重庆成为抗战时期中国大后方的政治、经济、文化、科技、教育中心。对城镇发展与空间布局以及民居建筑也产生了一定的影响。中华人民共和国成立后，重庆作为西南军政委员会驻地，为西南大区代管的中央直辖市，对完善城市公共设施与基础设施，恢复城市功能起到了积极的促进作用。

2.7.2 城镇营造

自开埠到1937年抗日战争全面爆发前的40多年时间里，重庆近代工业已经突破了传统手工业的格局，钢铁、电力、水泥等新兴基础工业的出现，使得重庆开始摆脱传统城市的发展轨迹，走上了近代化的道路。1927年重庆初步设市（1929年正式设市），颁布了《重庆市政计划大纲》等一系列市政法规，加快了重庆城市近代化的步伐，推进了市政和基础设施建设的发展。建马路、筑码头、修机场（1933年冬天，珊瑚坝机场完工），使重庆一度成为西南地区近代化最早、近代化程度最高的城市。在这段时间内，渝中半岛在外围空间的拓展上仍然局限于旧城墙内，主要的城市功能集中于渝中半岛的下半城，建设缓慢，道路市政设施相当落后。虽城市范围并未有太大突破，但在古城垣的内部也出现了一些新的城市形态类型，如租界区、近代工商业区等带有中西结合风格的城市形态。

自1927年重庆初步设市后，重庆商埠督办公署在城市空间拓展的发展策略上，确定了以江北新区建设为主，旧城（市中区）改造为辅，拓展新市区，发展城郭市政交通的思路。民国17年（1928年），渝中半岛开始拆除古城城墙，修筑马路，扩建码头，开辟新市区，范围只限于旧城区周边地区，即渝中半岛地带。城市的平面形态呈宽约1.5 km，长约4 km的沿长江布局的带形形态，城市的用地规模达到6 km^2。民国18年（1929年），原来的城市辖域扩大到12 km^2，较明清旧城区扩大一倍左右。民国21年（1932年），经内政会议决议又再次划界。通过这三次大规模的城市拓展运动，重庆市主城范围已经由江北嘴、南岸及渝中半岛前端等三部分组成（图2.24）。陪都时期随着抗战大后方的建立，渝中半岛的城市化进程也进入了超常规发展。为减少日本轰炸，在半岛主城区修建了大量防空洞与避难设施。在“五三、五四”大轰炸后，政府机关及市区人口疏散至歌乐山、青木关及北碚之间，遂定此为“迁建区”。陪都时期重庆城市公路交通得到了很大发展，使上下半城连通，形成了一个完整的整体。经济种类日趋完善，体量不断增大，成为名副其实的中国大后方经济中心。相关资料记载，城市用地规模已从民国初年的5 km^2扩至12 km^2，城市人口约有34万人。到后来陪都正式确立以后，在短时间内，渝中半岛的旧城区和新市区的旧有空地迅速被各种简易房屋、厂房、工棚占满。到抗战结束前，城市建成区面积已达到30 km^2，城市人口达50万人，加上流动人口共60余万人（图2.25）。

战时首都时期的城市大发展，在一定程度上促进了城市形态的平面拓展。在形态结构上依然保持建市时期主城区三足鼎立的布局模式，但在城市向周边蔓延的同时也完善了三足鼎立的形态布局。抗战时期，重庆城市“大分散”的城市空间形态初现眉目，并为以后“大分散、小集中、梅花点状”城市形态格局奠定了客观基础，同时也奠定了现代城市形态的基本骨架。

2.7.3 民居建设

开埠前的重庆居住建筑，有达官贵人居住的大型民居与普通百姓居住的一般住宅。建造大型民居的屋主一般财力比较雄厚，用材和施工都有一定讲究，多采用南方典型的穿斗木梁架结构，也使用抬梁结构。建筑整体结构坚固美观，建筑细部更是十分丰富。一般大型民居建筑的重要细部，如驼峰、斜撑等既是结构构件又是装饰构件，屋主人常常让匠人在这些构件上通体雕花，以显示屋主的财力与身份。相对而言，普通民居建筑处理就活泼很多。

一般民居以木穿斗结构为主，兼有部分版筑土房，而吊脚楼是山城重庆住宅建筑的一大特色。

开埠后，由于受到在重庆兴建的洋行和领事馆建筑及沿海先开埠城市建设的影响，不甘落后的重庆人也开始建筑新型住宅，并逐步从城区扩展到农村，掀起了一个修建新型住宅的热潮。这时修建的新型住宅以简明风格为主，并融入了很多重庆本地的建筑元素。

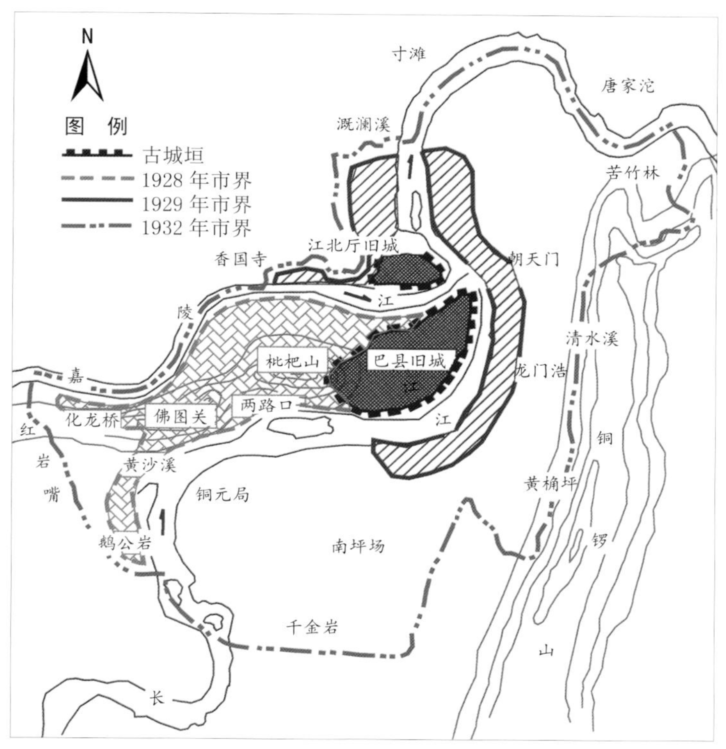

图 2.24　1891—1936 年重庆城区三次扩展范围示意图
图片来源：据徐煜辉（1999）绘制

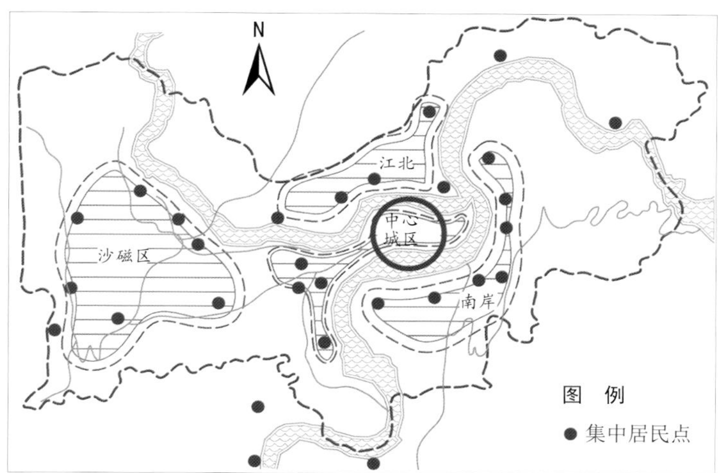

图 2.25　战时首都时期重庆城形态结构示意图
图片来源：据徐煜辉（1999）绘制

建市后到抗日战争全面爆发前，是近代建筑飞速发展的时期，出现了许多高质量的、精美的近代建筑作品。相对应的，也是重庆砖木混合结构居住建筑大量发展，并向平民化发展的时期。此时，砖木混合结构住宅已经形成了一定程度上的普及，普通市民对于这种形式的建筑基本认可，并十分乐于接受。此时也出现了极少量的钢筋混凝土建筑，虽然还未形成规模，但开启了近代居住建筑发展的新方向。

抗日战争全面爆发后，大量增长的城市人口首先要求解决的就是居住问题，因此重庆市居住建筑的数量在抗战期间增加得非常迅速，但建筑质量普遍较差，大多数都达不到战前的施工水平。战时在重庆建造的居住建筑，分为官僚及名人公馆和普通市民住宅两种。

官僚公馆包括国民党军政要员的公馆别墅，而名人住宅则是社会知名人士的住所。重庆抗战时的此类公馆有一部分是在抗战时期选址修建的，也有一部分是购买了原来住户的住宅改建而成的。这些公馆建筑在重庆的分布主要集中在一些特定的地点，如黄山、南温泉、歌乐山以及四新路、红岩村一带。其中黄山和歌乐山是国民党军政要员别墅公馆的主要集中地，南山为财界名流的宅第，四新路是抗战前的别墅区，鹅岭北路的嘉陵新村和两路口健康路的国际村，是抗战初期修建的别墅区。远离市中心的官僚别墅区环境优美，有山林掩映，建筑位置隐蔽，不容易被敌机发现。这些建筑的选址都特别注意环境和安全方面的考虑，其中一部分建筑的质量也相对较好，有不少在当时属于比较豪华的建筑。今天，它们因为与社会历史名人或重要历史事件联系在一起，很多都被列入文物保护单位。有的还经过修整，成为重要的历史教育基地，向社会开放，保留状况较好，充分反映了重庆在抗战时期居住建筑发展的最高水平（图2.26）。但也有一些建筑价值较高的此类型住宅，在城市建设中被拆除，如四新路别墅区。

与前类公馆的优越环境相比，普通住宅的情况就恶劣得多。市中心建筑密度大、居住人口多，居住环境恶劣是这一时期普通市民居住建筑的真实写照。人口密集、建筑密度大，居住建筑的材料又以易燃的竹木材料为主，造成市区火灾隐患严重。重庆抗战时发生了几次大规模火灾，烧毁民房数千，使大量灾民流离失所，生活困难。目前，重庆市保留了部分战时普通居住建筑，其余大部分都在后来的城市建设中被新建建筑代替，只是在市中心旁边的老街巷中，还可以看到一些当年居住建筑的情况。

（a）林园（沙坪坝区歌乐山镇）

（b）刘湘公馆（渝中区李子坝）

（c）戴笠公馆（渝中区中山四路）

（d）桂园（渝中区中山四路）

图 2.26　重庆市部分名人公馆

本章参考文献

[1] 杨华.三峡地区古人类房屋建筑遗址的考古发现与研究[J].中华文化论坛，2001(2).

[2] 国家文物局.中国文物地图集 重庆分册(上)[M].北京：文物出版社，2010.

[3] 吴耀利，刘国祥.四川巫山县魏家梁子遗址的发掘[J].考古，1996(8).

[4] 潘碧华.三峡早期人居环境研究——以重庆库区忠县到巫山一段为例[D].上海：复旦大学，2007.

[5] 陈蔚，胡斌.重庆古建筑[M].北京：中国建筑工业出版社，2015.

[6] 杨华.长江三峡地区夏、商、周时期房屋建筑的考古发现与研究(下)[J].四川三峡学院学报，2000，16(4).

[7] 管维良.三峡巴文化考古[M].北京：中国言实出版社，2009.

[8] 周勇.重庆通史(第一卷 古代史)[M].重庆：重庆出版社，2002.

[9] (晋)常璩.华阳国志·巴志[M].刘琳校注.成都：巴蜀书社，1984.

[10] 重庆市文物局，重庆市移民局.重庆库区考古报告集 2000卷·下[M].北京：科学出版社，2000.

[11] 重庆市文物局.三峡文物珍存[M].北京：北京燕山出版社，2003.

[12] 杨增.朐忍古城是如何消失的?[J].中国三峡建设，2006(3).

[13] 季富政.忠县陶房与丰都县建筑明器[J].重庆建筑，2010(12).

[14] 武玮.峡江地区汉晋墓葬出土陶屋模型探析[J].四川文物，2010(6).

[15] 重庆市文物局，重庆市移民局.重庆库区考古报告集 1998卷[M].北京：科学出版社，2003.

[16] 重庆市文物局，重庆市移民局.云阳晒经 1998卷[M].北京：科学出版社，2008.

[17] 李映福.明月坝唐宋集镇研究[D].成都：四川大学，2006.

[18] 马剑.何以为城：唐宋时期川渝地区筑城活动与城墙形态考察[J].西南大学学报：社科版，2010，36(6).

[19] 李映涛.唐代巴蜀地区城市等级结构与空间分布特征研究[J].社会科学研究，2009(3).

[20] 重庆市文物考古所.重庆涂山窑[M].北京：科学出版社，2006.

[21] 刘复生，表宋风.兴蜀学——刘咸炘重修《宋史》简论[J].四川大学学报：哲社版，2003(5).

[22] 裴洞毫.宋代夔州路砦堡地理考[D].重庆：西南大学，2009.

[23] 高玉凌.清史研究第3辑[M].成都：四川人民出版社，1984.

[24] 徐煜辉.历史·现状·未来——重庆中心城市演变发展与规划研究[D].重庆：重庆大学，1999.

[25] 唐崭.近现代重庆市渝中半岛城市形态演进研究[D].重庆：重庆大学，2012.

[26]重庆市文物考古所，重庆文化遗产保护中心.重庆文物考古十年[M].重庆：重庆出版社，2010.

第3章

选址与空间形态

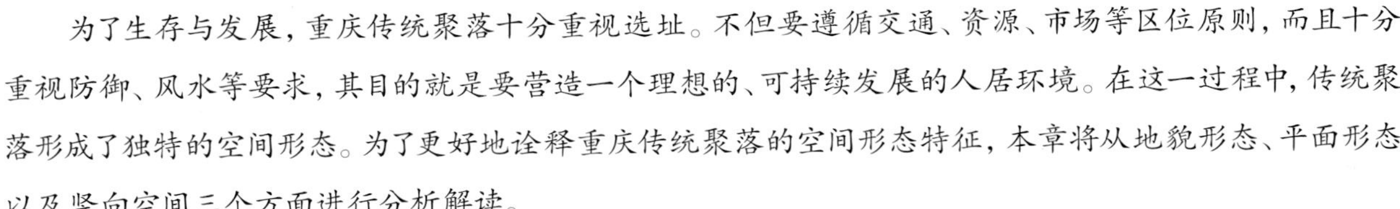

为了生存与发展，重庆传统聚落十分重视选址。不但要遵循交通、资源、市场等区位原则，而且十分重视防御、风水等要求，其目的就是要营造一个理想的、可持续发展的人居环境。在这一过程中，传统聚落形成了独特的空间形态。为了更好地诠释重庆传统聚落的空间形态特征，本章将从地貌形态、平面形态以及竖向空间三个方面进行分析解读。

3.1 传统聚落选址原则

3.1.1 区位原则

“区位”包含了两层意思：一方面指该事物的位置，另一方面指该事物与其他事物之间的空间联系。因此，传统聚落在选址过程中首先就要考虑区位条件，即交通区位、资源区位、地形区位、市场区位等。有时可能考虑交通区位要多些，有时可能考虑资源区位、地形区位或市场区位多些，更多的情况是要综合考虑，即基于经济商贸及流通便利原则。

1）交通区位

为了生产生活所需，物资交易与运输是离不开的，这是一切聚落存在与发展的基础。无论是地处富庶之区，还是偏远之地，聚落都必须要有一定的对外交通联系。大大小小的聚落均是交通运输网络上的一个个节点，起到物资用品联运及进出交换的功能，也就是根据以交通运输、集市贸易与物资集散的便利通畅为原则来确定聚落营建的地理位置。主要包括以下几个方面。

（1）选址水路交通便利的区位

在古代，水路是一条重要的交通线路，与艰险的旱路相比，水路则显优越，而且江河流经之处因水利而宜于农业，自然很适合人类居住。特别是在重庆地域范围内，河流众多，纵横交错，流域面积大于50 km^2的河流就有374条，大于3 000 km^2的有18条，特别是横贯东西、连接出海口的黄金水道——长江，以及一级支流的嘉陵江、乌江、綦江、小江、大宁河、御临河、龙溪河、磨刀溪等把重庆众多的城镇、村落连接起来，形成了一张水路交通网，并且长江上可通天府之国四川，下可达长江中下游平原直至南京、上海等长江三角洲地区。因此，许多城镇及村落均选址在河流两岸，基本上都是建在江河二、三级阶地上，特别是在二水、三水交汇的地方，往往形成较大的城镇，如重庆就选址在长江与嘉陵江交汇处，涪陵选址在长江与乌江交汇处，合川选址在嘉陵江、涪江、渠江三江交汇处，铜梁安居古镇选址在涪江与琼江的交汇处，酉阳后溪古镇选址在酉水河畔（图3.1）。并且重庆、涪陵、合川这三座城市在历史上都曾作为巴国的首都，安居作为安居县治所在地达181年之久。特别是重庆（城）在历史上三次建都、三次直辖，现已成为国家中心城市，长江上游的经济中心和交通枢纽。这些城镇之所以能形成并发展壮大，其主要原因之一便是依靠长江及其支流的河道航运。在当时，河道航运是区域间交通及经济联系的首选方式。清代末期，重庆地区木船业发展迅速，首先表现为以重庆（城）为中心的船帮组织的扩大（表3.1）。民国以后，重庆轮船运输业兴起并迅速壮大，江河运输业的蓬勃发展逐渐使重庆形成了以长江为主轴的市场网络体系。在这个体系中，沿江传统聚落，特别是古镇曾承担着物资集散中心这一重要角色而繁荣一时。

（a）

（b）

图 3.1 依山傍水的酉阳县后溪古镇

表 3.1 1878 年以重庆（城）为中心的船帮一览表

先秦下河帮	大红旗帮、长涪帮、忠石帮、万县帮、云开奉巫帮、长旗帮、短旗帮、庙宜帮
上河帮	富盐帮、金堂帮、嘉阳帮、徐渝帮、合江纳泸帮、津渝帮、綦江帮
小河帮	保合帮、遂河帮、渠河帮
揽载帮	长寿帮、涪州帮、忠石帮、万县帮

资料来源：重庆市交通局交通史志编纂委员会，1991

（2）选址陆路交通便利的区位

除了选址水路区位之外，部分城镇与村落往往选址在陆路交通方便的区位，特别是古驿道、古栈道、古盐道及茶马古道等古商道沿线分布较多。因为根据四川盆地的地形特点，历代开辟的按地形条件及河川走向所决定的这些交通道路为万山丛中的最佳选择，是川渝的生命线，既是与外界沟通的主要通道，又是盆地内联系的重要线路。历史上若干次大移民全靠这些道路网络辗转迁徙。因此川渝的这些交通线在历史上很少变迁，而是不断扩展，传统聚落则随这种扩展相应地得以形成和发展。渝西城镇乡场沿成渝官道，即沿成都与重庆古巴蜀最早的两大中心之间的驿道分布最为密集，如白市驿、走马镇、来凤镇、邮亭镇等。成渝驿道从重庆城的通远门出发，沿佛图关、石桥铺、车歇铺（上桥）、二郎关、龙洞关、白市驿、走马，再经过璧山、永川、大足、荣昌、隆昌、内江、资阳、简阳、龙泉驿等地，最后到成都。秦汉时期就有古成渝驿道，但现存的应该是明清古驿道，岁月将青石打磨得光滑圆润，青石上的马蹄印至今清晰可辨（图3.2）。“三街五驿四镇七十二堂口”这句俗语记录了成渝古驿道沿途的繁华。其中“五驿”是指九龙坡区白市驿、璧山区来凤驿（今为来凤镇）、简阳阳安驿、成都龙泉驿、成都锦宫驿。一个“堂口”为15华里（1华里=500 m），成渝之间约1 080华里，一般人要走半个月。不过，官方快递消息最快只要8个小时，每跑15华里路就换一匹马。另外还有从重庆经璧山到合川，北上南充经剑门关出川的驿道（图3.3），重庆城区的一到五塘，现存璧山境内的六、七、八塘（镇）和合川区境内的九、十塘（镇），实际就是这种驿道的驿站设置方式；有一条古盐道是从重庆、綦江、东溪镇到贵州，沿途也形成了不少的传统聚落。总之，“五里一店，十里一场，三十里一镇”便是古驿道、古盐道沿途传统场镇布局特征的真实写照。

（3）选址水陆交通便利的区位

选址这种区位的传统聚落，一头连接水路，另一头连通陆路，二者均很便利。这大多是由选址水路交通方便的聚落发展演变而来的，因为这

（a）

（b）

图 3.2　成渝古驿道（九龙坡区走马古镇三道碑遗址及古驿道）

样的聚落需要通过陆路把物资商品转运到更广阔的腹地，或者把广阔腹地的物资商品通过陆路收集到该聚落，再通过水路转运出去。例如磁器口、西沱、东溪等古镇。东溪古镇就选址于渝黔古盐道之一的綦岸盐道，并位于该盐道水路与陆路的交汇点。綦岸盐道包括水路与陆路。水路：从四川自贡经重庆江津江口、真武、广兴等镇，再沿綦江而上，经北渡、东溪到达贵州松坎，进入贵州镜内；陆路：南岸海棠溪，经黄桷垭、老厂，进入巴南鹿角、界石，再沿綦江东溪、赶水到贵州松坎、桐梓、遵义，最后到达贵阳。由此可见，东溪古镇位于水路与陆路的交汇点上。西沱古镇也是巴盐古道上的一个水陆转运的重要节点，即通过长江把巫溪宁厂、云阳云安等盐场的盐用船运输到西沱，再用人背马托的方式通过陆路运输到湖北、湖南等省份（图3.4）。

2）资源区位

资源是聚落形成与发展的重要条件之一，主要包括矿产资源和耕地资源。历史上往往在这些资源富集的地区，集聚大量的人口，形成相应的产业集聚，从而促使城镇或村落的形成与发展。

（1）选址矿产资源富集的区位

在重庆有不少的城镇是依靠盐业发展起来的。由于四川盆地特殊的地质构造、古地理环境与地质演化历史，富集了十分丰富的盐矿资源。研究表明，在漫长的地质历史发展过程中，四川盆地地壳震荡频繁，海水时进时退，气候干湿交替，多次形成含盐建造，成盐时代及层位相当广泛，自震旦纪至中生代均有厚大岩盐矿形成，成盐条件好，品位高，储藏量十分丰富，为四川盆地的社会经济发

（a）

（b）

（c）

图 3.3　四川剑门关隘口（四川省剑阁县）

图 3.4　巴盐古道之一的石柱县西沱古镇

展作出了重要贡献。

在重庆地区，盐矿资源在渝东北、渝东南及渝西等地区均有分布，并且大多以盐泉的形式自然流出地表，开采十分方便。盐矿的开采与制盐业的发展不但促进了古代重庆地区社会经济的发展，而且也在这些资源富集的区域形成了颇具规模的生产性聚落，从而集聚了大量的人口，形成了以盐业为主，冶金、制陶、交通运输等配套产业。如忠县中坝遗址发现的敞口深腹花边口尖底缸盐业遗存，就证明早在新石器时代，三峡富盐区的制盐活动就已经开始。春秋战国时期，巴人已经拥有“盐水女神”的盐阳、巫溪宝泉山盐泉和彭水郁山伏牛山盐泉，后来又先后在云阳朐忍、忠县及鱼复东岩磧坝发现盐泉。虽然这一时期井盐生产总体处于初级阶段，但是也促进了这些地区早期生产性聚落的形成。如巫溪宝泉山盐泉就促成了宁厂镇的形成，彭水郁山伏牛山盐泉促成了郁山镇的形成，等等。

当然，这些城镇聚落的形成与发展，除了丰富易采的盐矿资源之外，其他条件也应满足。例如，位于大宁河支流后溪河上的宁厂镇，不但自然盐泉开采容易，而且周围煮盐的薪柴充足，又有直通长江的交通优势。在明洪武时，宁厂镇的“产量就居四川产盐的20%之多”“各省流民一两万在彼砍柴以供大宁盐井之用”。因此，宁厂镇因盐而发，《蜀中广记》描述宁厂“五方杂处，华屋相比，繁华万分”。宁厂盐业的繁荣一方面需要周边地区提供大量的劳动力，另一方面又刺激了邻近场镇相关产业的发展，从而形成了以宁厂为龙头的区域经济产业集群（图3.5）。

（2）选址耕地资源丰富的区位

重庆地区山地丘陵广布，耕地资源十分宝贵，山间小盆地、谷地往往是耕地资源富集之地。这些山间小盆地和谷地常常形成地势较平坦的坝子或丘陵谷地，有较多的城镇乡场选址其中。例如平行岭谷地区，从西向东分布着东北西南走向的山脉——巴岳山、云雾山、缙云山、中梁山、铜锣山、明月山、铁峰山、精华山、方斗山等20余条背斜和其间向斜组成的盆东褶皱带，背斜多成条状低山，向斜多发育为丘陵谷地；背斜山地与丘陵谷地相间有序排列，构成了著名的“平行岭谷”地貌空间形态。这些丘陵谷地不但地势相对平坦，而且也是耕地资源富集之地，农业富庶之区，分布着众多的城镇乡场，如璧山城区、梁平城区、垫江县城，以及白市驿镇、走马镇、偏岩古镇等（图3.6）。另外，背斜山体因受岩性差别的影响，多呈“一山三岭两槽”或“一山二岭一槽”的形态，这些槽谷也是耕地资源比较丰富，往往也是城镇乡场选址之地。如沙坪坝区的歌乐山镇、山洞街道就选址在中梁山脉的槽谷之中，丰都县的包鸾镇、安宁乡就选址在方斗山脉的槽谷之中。

3）地形区位

传统聚落，特别是用地规模较大的城镇或乡场，对地形条件都有一定的要求，尤其是对用地面

（a）盐泉

（b）造盐作坊遗址

（c）民居建筑

图 3.5　选址于盐泉资源富集的巫溪县宁厂古镇

积、坡度、洪水位、地质灾害等都有较高的要求。否则，这样的聚落不可能发展壮大起来，形成城镇或乡场。

4）市场区位

作为区域经济发展的必要条件之一，每一个城镇乡场都必须要有一定范围的经济腹地—— 一定的物资商品供应和人口数量，才能促使城镇乡场的形成与可持续发展。在巴渝地区，由于地形起伏较大，村民基本的运输方式只能是步行肩挑，因此，只有那些分布距离与之相适应的场镇才可能在区域市场中得以发展。调查发现，重庆农村地区场镇的分布距离通常控制在5～15 km范围以内，即每个场镇的服务半径在2.5～7.5 km。这种分布距离，按村民的负重步行速度衡量，相邻两个场镇之间的步行时间最多也只需要3～4 h。村民往往在清晨6点钟左右出发，夏季更早，到达场镇则在早上7～8点，完成交易后中午可赶回家。因此，场镇集市多上午热闹，下午散场后则冷清。这种分布距离对于赶场的乡民与活动于各场之间的商贩来说都是比较方便的。地形条件复杂、交通条件较差的地区，场镇分布的距离会更远，但多数也在15 km左右。从史料记载和今天所存大多数场镇沿水系分布情况中可以知晓，沿江分布距离还要受到舟船上水航行所需时间的影响，并且这些作为区域性农贸经济中心的古场镇，在一定历史时期是沿巴渝江河水系所形成的线型经济主线的重要支撑点。如沿长江沿线的松溉、朱沱、白沙、西沱、高家等古镇，沿大宁河的大昌、宁厂等古镇，沿乌江的江口、龚滩等古镇，它们与当时人口更集聚和规模更完整的城镇组成区域性的城镇网络体系（赵万民，2011）。

总之，传统聚落的选址不管是基于交通区位，还是基于资源区位、市场区位或地形区位，甚至四大区位条件都要考虑，其发展的雏形或原型，特别是古场镇的雏形或原型基本上都是由幺店或草市

图 3.6 选址于槽谷之中的北碚区偏岩古镇

发展而来的。

幺店：巴渝地区陆路多崎岖不平，山高路远，虽然依靠江河航运能够实现大宗货物的远距离运输，但终归需要经过陆路的转运才能到达最终的目的地。于是，在航运的岸边，或在已有但相距较远的场镇之间，凡行人往来频繁的道路上，相隔三五里便出现了服务于经济往来的两三家屋舍，其形式多是前店后宅，这便是“幺店”。有的幺店之所以能够最后发展成为场镇，是因为幺店的选址通常都位于较好的区位，经济效益的驱动自发地产生出集聚现象，而“生产生活的必需必然导致集市，导致有场期的集镇出现”（季富政，2000）。例如，走马古镇就是由最初的成渝驿道上的几间幺店逐渐发展起来的。有的幺店可能是因为地形条件的限制，或者交通区位不是最佳，或者其他的历史原因，而最终没有形成规模较大的场镇，如歌乐山的高店子、成渝驿道三道碑附近的茶店子（图3.7）。

草市：是我国旧时乡场定期集市的统称。各地又有俗称：两广、福建等地称“墟”，川黔称“场”，江西、湖南等地称“圩”，北方称“集”。草市大都位于水陆交通要道或津渡及驿站所在地，或说因市场房舍用草盖成，或说因初系买卖草料的集市，故名“草市”。其发生存废，既非官设，也无市官。有的草市后来发展成新的城镇，例如永川五间铺，建场之初“系茅店数间，先后增修遂成巨镇，名称因之”。该镇从小小的几间茅草店（也可以说是幺店的雏形），经过草市商贸的发展而渐成规模，反映出活跃的农村商品经济给场镇发展带来的巨大影响（赵万民，2011）。

图 3.7　成渝古驿道三道碑旁的茶店子（九龙坡区走马古镇）

3.1.2　防御原则

巴渝地区地形复杂多变、山高路陡，江河曲折多峡、险滩连连；加之历史上事件频繁，战乱不断。在往来的交通要道上常有一些要地、要塞、要冲、要津，成为控制一方具有战略意义的据点。既是历代兵家必争之地，又是各级行政管理官衙治所之处，自然汇集绅粮大户、黎民百姓诸多人等而成为大小聚落，历经更替兴衰，屡毁屡建，不断有所复兴。例如，重庆城就选址在“堑岩为垒，环江为池”的渝中半岛，即三面环江，只有一条陆路与外界相连，并且此处为著名的佛图关（隘），整个重庆城踞咽喉重地，历为兵家必争之地。“片叶沉浮巴子国，两江襟带佛图关”就是古人对重庆城基于防御原则选址的生动写照。再如瞿塘峡上峡口有白帝城，拥有“夔门天下雄”的惊绝，下峡口有巫山大溪镇，具备扼占大江门户的险要。此二处都是重兵驻守的天然关口。

由于重庆历史上战乱不断，匪患较多，因此修建了许多山寨，其目的就是为了积极防御。这些山寨大多选址在山势险阻、易守难攻的地方。例如在梁平民间有句谚语：“滑滑溜溜滑石寨”，就生动地描述了滑石寨独特的防御特点。滑石寨就选址在四面为悬崖峭壁的山顶之上，其西面为坡度约75°的一块大石壁，石壁上凿有一条宽不盈尺的“之”字形石阶，这是通达山寨的一条主要路径。石壁上长满青苔，如果遇上下雨天，湿滑的路面成为寨堡防御的一个重要屏障。再加之，光滑的石壁上没有任何遮掩之处，这让进攻者无处遁形，从而取得良好的防御效果（图3.8）。

3.1.3　风水原则

风水选址的目的就是趋吉避凶，寻求理想的人居环境。根据风水理论，聚落选址要察看

（a）大石壁与石梯

（b）仰视滑石寨碉楼

（c）从滑石寨俯瞰梁平坝子

图 3.8 基于防御原则的梁平区滑石寨

“龙”“穴”“砂”和“水”的空间组合。两晋时期郭璞所著的《地理正宗》（郭璞著，周文铮等译，1993）给出了具体的标准：“一看祖山秀拔，二看龙神变化，三看成形住结，四看落头分明，五看脉归何处，六看穴内平窝，七看砂水会合，八看朝对有情，九看生死顺逆，十看阴阳缓急。”清代姚廷銮所著的《阳宅集成》认为理想的风水模式为：“阳宅须教择地形，背山面水称人心，山有来龙昂秀发，水须围抱作环形，明堂宽大斯为福，水口收藏积万金，关煞二方无障碍，光明正大旺门庭”（图3.9、图3.10）。

风水学可分为形势派和理气派两大流派。形势派注重山形水势，即觅龙、察砂、观水、点穴、取向等地理五要素用于辨方正位；理气派注重阴阳、五行、干支、九宫八卦等相生相克理论。实际上，在中国风水术里，没有离开形势的理气，也没有不需要理气的形势，二者是相辅相成的。在传统聚落与民居建筑选址应用中往往以形势派为主，理气派为辅，其基本要求是“龙要真，砂要秀，水要抱，穴要的，向要吉”。实际上就是传统聚落与民居建筑在选址中所追寻的理想人居环境模式，也是在人们头脑中形成的一种传统聚落或民居建筑的环境景观意象。

1）觅龙

“龙”即山脉，包括山脉的起伏与变化。土是龙的肉，石是龙的骨，草木是龙的毛。理想的龙脉从主山→少祖山→祖山，可一直延伸到昆仑山，延绵数千里。“觅龙”即在蜿蜒起伏的群山中寻找最佳的地理位置，即“龙要真”，要景观丰满圆润，温柔敦厚。觅龙时，就是要对山脉进行观察和选择，

图 3.9　基于风水理念的有河流聚落选址意象图

图 3.10　基于风水理念的无河流聚落选址意象图

有山就有气，要找“迎气、生气”的地域，要对龙的姿势、状态、走向进行分析，确定阴阳向背，按凶吉选择具体地点。

郭璞所著的《葬书》认为，大地中的“生气”沿着山脉的走向流动，在流动过程中随着地形的高低而变化，遇到丘陵和山冈则高起，遇到洼地则下降。“穴位”（吉地，也是“龙头”）则是“生气”出露于地表并被藏蓄起来的地方。“生气”可以促发万物的生成，有生气的地方是使万物获得蓬勃生机的一种自然环境（韦宝畏，2005），这也是“生气”的意义所在。寻找来势凶猛的“龙脉”，聚落建在这样的“龙头”处被称为“坐龙嘴”，这是聚落选址的最佳位置，其关键意义在于通过良好的自然环境，获得优良的居住条件以及进一步发展的空间。许多传统聚落都希望能坐落于这种有“来龙”的位置。

酉阳县可大乡七分村是根据风水选址的传统聚落（图3.11）。该聚落“龙脉”——主山-坐山明显，是典型的“山有来龙昂秀发”。村落背后的坐山是鞍状的两个山丘，这种双峰在风水上称为马鞍山、天马山，是很好的坐山。背后所靠坐山、主山是一大“来龙”，连绵出峦于此。此聚落朝向好，为坐北朝南，且聚落左有来水弯曲环抱，前有明堂宽大的田野，一派安居乐业的景象，在此形成怀抱之势，并且对面有案山、朝山。

秀山县隘口镇凉桥村（图3.12）选址于山丘河谷之上，其背靠群山“来龙”，前有溪流淌过，河对面同样有案山与朝山。聚落前面有一排高大直立的树木，可挡峡谷冬季吹来的寒风，背后远处连绵的“龙脉”，为聚落提供了“安全感”。该传统聚落的民居建筑沿山脚等高线分层布置，层层叠叠、错落有致，宛若一片世外桃源。该聚落坐落于前有水域稻田与其背后靠山山脚的交汇处，吸前面水田平坝之“阴柔”，享背后山峦之“阳刚”。在坐山后面，是龙脉延伸过来的主山。其左右有山丘围合成青龙白虎砂，前有水域怀抱。按风水学选址理论，凉桥村是一块理想的“风水宝地”。

图 3.11　酉阳县可大乡七分村

图 3.12　秀山县隘口镇凉桥村

通常“龙脉”为山脊线，“穴”为山前平洼地带。从现代地理学分析，山脊线即是分水岭，分水岭前面的迎风坡具有抬升气流、成云致雨的作用；山前平洼地带是山区地下水潜藏、出露之地方，非常容易获取。因此，在水源充足的情况下，植被茂盛，利于居民的生产生活。同时，聚落的靠山利于阻挡北方较为猛烈的寒风。因此，坐落在这样的位置，不可不说是聚落极佳的营建场所。

2）察砂

“砂”即是主山四周的低山丘陵，其目的是护卫吉祥地——“穴位”不受侵害。按方位而论，以四方星宿定名为青龙、白虎、朱雀、玄武等四个“砂”。青龙位于左边，故称作左青龙，又可称作左肩、左臂、左辅、左翼；白虎位于右边，故称作右白虎，又可称作右肩、右臂、右辅、右弼；朱雀位于前边，故称作前朱雀，又可称作宾山、前山，包括案山、朝山；玄武位于后边，故称作后玄武，又可称作后山、后展、背山，包括主山、坐山（图1.34）。以其护卫区穴，阻挡风吹，环抱有情，不逼不压，如云“青龙蜿蜒”“白虎驯”“玄武低头”“朱雀翔舞”。《青囊海角经》中认为“龙为君道，砂为臣道；君必位乎上，臣必位乎下；垂头俯伏，行行无乖戾之心；布秀呈奇，列列有呈祥之象；远则为城为郭，近则为案为几；八风以之而卫，水口以之而关。”这充分表达了龙与砂的关系及砂的环境景观意象。

“察砂”主要是考察聚落周围环护的低山丘陵对聚落形成的空间围合关系，要求左右“护砂”与“上砂”，即青龙、白虎、玄武三砂的山形要高、大、长，这样才能收气挡风；“下砂”即朱雀砂则要相对矮小、秀美，小巧玲珑，这样才能迎风纳气。三面环山、明堂中开，且前方仍有小山与远山的地形，以达到聚落“乘生气”的目的（图3.13）。水口，又名水口砂，为水流去处的两岸之山。水来处为“天门”，水去处为“地户”，水口喻为气口，既须险要，又须至美、壮观（图3.14）。

风水学讲求各种因素相互作用的平衡，“聚气”的同时，也必须注意“气”的疏散，这样才能够达到循环往复、万物运行的规律。“上砂”高大和“下砂”低矮的空间配合则充分体现了风水的内涵。从现代地理学角度看：在气候方面，“上砂”高大有利于阻挡冬季北方凛冽的寒风，使得聚落气温相对温暖，特别是青龙、白虎砂的存在，不但冬季

图 3.13 秀山县海洋乡坝联村

图 3.14 酉阳县龚滩古镇“水口砂”

能挡风避寒，而且夏季能减少太阳的西晒，起到冬暖夏凉的作用；“下砂”低矮则有利于暖湿气流的深入，使得聚落利用高大“上砂”的迎风作用获得足够的降水。在地形方面，“上砂”高大险要的地形有利于防御敌人的入侵，“下砂”低矮则有利于聚落同外界的沟通联系。

3）观水

“水”指穴前水源及湖泊、河流等水系。山能迎气生气，水能载气纳气。水被视为“地之血脉，穴之外气”。《葬经》中对水的解释为：“风水之法，得水为上，藏风次之”。可见“水”在风水相地中具有十分重要的地位，故有“未看山时先看水，有山无水休寻地”之说。“观水”的本质就是对水的来源、走势和质量等三个方面进行考察分析，对水势的要求是“来要生旺，去要休囚”，即来水要汹涌而去水要缓慢，便于“留财”，故有“山管人丁水管财”之说。

水的意义在于为人类社会提供必需的生存资源。“观水”体现了风水文化的资源观，资源则是一切发展的根本因素之一。山为阴，水为阳；山是景观之筋骨，水是景观之血脉。山水和谐是聚落生态平衡的关键。有山无水，纯阴不生。有水无山，纯阳不长。山环水抱，阴阳交融，万物生长。

重庆区域山地众多，林木繁盛，沟壑纵横，分布着大大小小的众多河流。丰沛的自然降水使山泉涌动至低洼处，汇集成无数的小溪河。在溪河蜿蜒的两侧，通常是冲积形成的洪积扇、堆积阶地等地势相对平坦的坝子。在河谷地带，许多传统聚落都选址在河流弯曲的内侧。据地质学、水文学考证，此处地质构造较为稳定，足以阻挡流水的冲刷，使之转向而去，同时以堆积为主，可扩大聚落建设用地及生产用地范围，故适合建造永久性的聚落，并使聚落三面环水，不仅方便生活用水也利于交通运输。这里的水还具有滋润植被、改善聚落小气候的作用，致使聚落环境得天独厚，经济社会相对发达。酉阳县酉水河镇河湾村、黔江区濯水古镇等聚落选址均属此种类型（图3.15、图3.16）。

4）点穴

“穴”是生气、凝气的地方，是基址的中心，称之为“穴眼”“穴场”或“明堂”。“穴者，山水相交，阴阳融凝，情之钟处也”。“穴”是龙脉之聚结，大聚为都会，中聚为大郡，小聚为村镇、阳宅，要求“形来势止，前亲后倚”，即“穴眼”枕山面水，地势宽广舒畅，相对平坦。“点穴”的本质是确定最

图 3.15 酉阳县酉水河镇河湾村

图 3.16 黔江区濯水古镇

佳的风水格局，也是最后确定聚落、建筑基址的地点。“点穴”类似于现代的城乡规划学，主要考察山水等自然环境要素的空间组合配置。

“觅龙”“察砂”和“观水”是寻找穴位的先决条件，而“点穴”是最终目的，即选择上述三者配置合理的营造地点。从现代规划学、建筑学的角度来看，即实现聚落的规划与兴建。除了上述三个条件的合理配置之外，最重要的就是该基址能够提供足够且良好的资源与环境条件以满足聚落的发展。其中的关键是要有足够的聚落建设用地，同时还应该包括：a.丰富的资源，如充足的耕地和水资源等；b.优良的环境，如自然灾害少，气候宜人。

“点穴”要求很精准，找到一个很好的穴是十分困难的，故有“三年寻龙，十年点穴”之说。通过“点穴”，重庆地区的许多传统聚落多分布在山麓、水边或半山腰的中心位置，就源于此。秀山县清溪场镇大寨村背后所靠坐山、主山是一大山——“来龙”，且聚落左有来水弯曲环抱，前有十分宽广的明堂——稻田，对面有案山、朝山，左右有山丘围合成青龙白虎砂，在此形成怀抱之势（图3.17）。

5）取向

“取向”是指在聚落位置选定之后，确定朝向。取向才能看出“龙”“穴”“砂”“水”的优劣好坏，然后通过阴阳八卦来推算。历史上不管是传统聚落选址，还是建房、立坟，都要请风水先生来勘察并用罗盘测定，即取向，从而确定是不是“风水宝地”。

取向的问题，其实就是获得日照时数多少的问题。不论是南方还是北方，传统聚落的取向都是向阳的，其细微差异在于向阳时间的多与少。传统聚落的取向之所以朝南，是因为在夏季能够尽量减少太阳的直接照射，有利于降温（夏季太阳高度角较高，屋顶檐口有遮挡作用），而冬季可增加太阳的直接照射，有利于增温保暖（冬季太阳高度角较低，阳光通过屋顶檐口下方可直接照射到室内）。然而南、北方传统聚落的取向还是有一定的差异：北方聚落尽量朝南，而南方聚落的选址并不一定选择最大采光量的场所。南方的夏季炎热，通常传统聚落的取向设计是可以适当减少太阳照射的时间，同

图 3.17 秀山县清溪场镇大寨村

图 3.18 黔江区濯水古镇风雨廊桥

图 3.19 秀山县清溪场镇客寨风雨廊桥

图 3.20 酉阳县苍岭镇石泉苗寨“喝形”之法

时，冬季也没有北方寒冷，聚落也没有强烈的获取太阳热能的需求，仅仅是通过一定的照射，去除潮湿的空气。因此，从实际情况看，重庆地区的传统聚落取向各不相同，但最终还是向阳的。

6）风水的培护与补缺

风水格局是理想的，而大自然是千变万化的。当理想与现实有一定差距时，风水学则认为可以利用某些人工的方法，通过风水的培护与补缺，使有瑕疵的地方也成为“风水宝地”。

风水的培护，主要是针对风水格局的关键要素和关键景观进行修饰。不外乎是“龙脉”“朝案”“龙虎”“水口”和“穴场”周边因为具有灵气而呈现出特异景观的砂与水，主要为：“龙脉”“龙虎砂山”“朝案砂山”及景色特秀之砂的培护以及水口培护。例如，与水相依的传统聚落，风雨桥起着重要作用，不仅是村镇与外界联系的重要交通要道，而且从风水学上讲，风雨桥能“锁住水口”，将“财”留住（图3.18、图3.19）。林木、池塘、风雨桥，这些聚落景观，不但具有风水内涵的吉祥寓意，而且更重要的是能起到聚落与自然环境的平衡作用。

风水的补缺，就是风水学总结出一套修护补救之法。通过趋全避缺，增高益下，以人力之巧，来修其所废，弥其不足，从而达到扼制和延缓风水自然衰退的目的，包括：“龙脉”“主山”“龙虎砂”及“朝案砂山”的修补整形，明堂的拓展、水的改良、水口的改善等。池塘可以使聚落聚财，对于池塘的形状，不可以是方形，不能上大下小如漏斗状，也不能小塘连串如锁链状，而且池塘要距离聚落有一定心理距离，否则不吉。

从资源环境科学的角度来分析，风水的培护与补缺其实是为了获取某种先天缺乏的环境资源。以聚落当中的风雨桥为例，由于渝东北、渝东南山高谷深这一特殊的地形地貌所限制，传统聚落大多布局于山间河谷地段。传统聚落的产生与发展离不开耕地，通常河谷一侧布局聚落，而另一侧则提供了一定的耕地。风雨桥的产生，可以说是一种交通资源，是连接聚落与耕地的必要路径。同时，风雨桥也为传统聚落联系河流两岸人员、物资等提供了必要途径。

古往今来，凡是交通要道大多成为重要的商贸之地，经济发达。风雨桥作为连接外界的通道，提供了交通功能，因此，这便是留“财”的表现之一。

7）喝形之法

传统聚落的风水观念，也体现在聚落空间形态对于某些吉利物象的模仿上，这在风水上称之为“喝形”。它是对山川河流的形象进行类比，然后依状“喝形”，再依形进行风水操作。也就是说，人们在营造聚落时，聚落的组成要素根据某些事物的形状来进行模拟。从某种意义上讲，喝形追求的是意境的美感和景观的完整性，即聚落与山水的结合，“龙脉”“砂”和“水”等景观要素的完整。

石泉苗寨，又名火烧溪，位于酉阳县苍岭镇大河口村三组，坐落于阿蓬江国家湿地公园的核心区。该村落民居建筑横旦于山麓一缓坡上。苗寨后有背山，前有开阔的水田坝作为宽大明堂，占据形似“阴阳太极”图半岛的山腰，三面地势陡峭，周围有风水林围绕，具有十分典型的苗族传统聚落景观的意象与美感（图3.20）。

总之，聚落在选址时应满足“群山环绕，负山襟水，明堂宽广，设险防卫。”在营造时应坚持总体协调原则、因地制宜原则、形势并重原则、相土尝水原则、辨正方位原则、藏风聚气原则、防止冲煞原则（防止视觉污染，以求心态平衡）、绿化掩映原则等。其目的就是寻求一种经济、社会、生态相互协调发展的理想人居环境模式。

3.2 基于地貌形态的传统聚落空间形态

重庆是一个多山的区域，其地貌形态可分为中山、低山、丘陵、台地、平原（平坝）五大类型。其中，山地（包括中山、低山）面积最大，平原（平坝）面积最少，构成了以山地丘陵为主的地貌形态特征（表1.2）。由于重庆地貌空间组合复杂、形态类型多样，因此，根据地貌类型特征，可将传统聚落的空间形态分为山地型、丘陵型、河谷型以及平坝型四大类型。

3.2.1 山地型传统聚落

这里的“山地”是指狭义的山地、典型的山地，其海拔高度在500 m以上，相对高差在200 m以上的地形起伏较大、坡度较陡、沟谷较幽深的区域。根据海拔高度，重庆山地又可分为中山、低山两种类型（表3.2）。海拔高度对人类聚落选址的影

表 3.2 重庆市山地分类一览表

名称		海拔高度（m）	相对高度（m）	主要地貌特征
中山	深切割中山	1 000 ~ 3 500	≥ 1 000	山体受不同程度的侵蚀切割，山顶存古代夷平面遗迹
	中等切割中山		500 ~ 1 000	
	浅切割中山		100 ~ 500	
低山	中等切割低山	500 ~ 1 000	500 ~ 1 000	山势低缓，地形破碎
	浅切割低山		100 ~ 500	

资料来源：中国科学院《中国自然地理》编辑委员会，1984

响非常大，随着海拔的增加，聚落数量明显减少。

影响山地型传统聚落选址的因素很多，其中是否有坡度相对较缓的建设用地，附近是否有较充足的生产用地（农田、牧场等）和水资源（山泉、溪流或湖泊等），是否屡受战乱折磨、频繁迁徙等，是影响山地型传统聚落选址的关键因子。由于这些环境条件从山麓到山顶都有可能同时存在，因此，山地型传统聚落又可分为山麓型、山腰型和山顶型等三种类型。需要特别说明的是，为了与河谷型传统聚落有所区别，一般认为山地型传统聚落附近的河流多为溪流。

1）山麓型传统聚落

在山区，如果山麓附近有相对较缓和的建设用地、邻近有较充足的生产用地和水资源等环境条件，以及能满足既安全又方便的需要，聚落选址就尽量靠近山麓，形成山麓型传统聚落。例如，秀山县清溪场镇大寨村就是一个典型的山麓型传统聚落，背山面水，前有一条溪流，宛如龙蛇悠然长卧，在寨子前面有一段缓坡地段，被土家先民们开发为梯田，栽种水稻，形成了一个缓冲空间，充分体现了土家人既珍惜土地，又具有一定的防范意识。另外，武隆区浩口乡浩口村的田家寨、土地乡的犀牛古寨等传统村落均为山麓型传统聚落（图3.21）。

（a）远景

（b）近景

图 3.21　山麓型传统聚落（武隆区土地乡犀牛古寨）

2）山腰型传统聚落

在山区，如果山麓处很难满足聚落选址建设的环境条件，而半山腰能够满足，那么聚落选址就在半山腰，形成山腰型传统聚落。如酉阳县板溪镇山羊村山羊古寨，其周围是数千亩美丽如画的层层梯田，让人叹为观止（图3.22）。另外，秀山县石堤镇水坝村也属于山腰型传统聚落（图3.23）。

不管是山麓型还是山腰型聚落，如果位于山脊线，就形成了外凸型聚落；如果位于山谷线就形成了内凹型聚落；如果横跨山脊线和山谷线就形成了外凸内凹的混合型聚落。有平行于等高线的以水平方向舒展为主的聚落，有垂直于等高线的以上下方向延伸为主的聚落，形成分层筑台状或者梯田状、层叠状聚落。

图 3.22　山腰型传统聚落（一）（酉阳县板溪镇山羊古寨）

3）山顶型传统聚落

在山区，如果山麓、半山腰处很难满足聚落选址建设的环境条件，而山顶能够满足，特别是具有一定规模的开阔用地，那么聚落选址就在山顶，形成山顶型传统聚落。不过这种类型比较少，当然不是真正在山顶上，而是接近山顶的区域。为了防御，重庆在历史上修建了众多的古寨堡，其中绝大多数为山顶型传统聚落。例如，位于梁平区虎城镇集中村的猫儿寨，就建在海拔590 m的虎峰山山顶上，周围为一浅丘地带。寨子四周是悬崖峭壁，崖高几十米，是一座天然寨堡（图3.24）。再如梁平区的滑石寨与金城寨、万州区的天生城、忠县花桥镇东岩古寨等均可划为山顶型传统聚落，酉阳县泔溪镇大板村的上皮都古寨也属于山顶型传统聚落。

3.2.2 丘陵型传统聚落

丘陵是指绝对高度在500 m以内，相对高度不超过200 m的一种地形起伏较为缓和的地貌形态。一般地，丘陵地区切割较为破碎，无一定方向，没有明显的脉络，顶部浑圆，坡度较为平缓。根据聚落所处的位置，丘陵型传统聚落可分为丘顶型和丘麓型两种类型。这里需要说明一点，山地型与丘陵型传统聚落不好明确划分，其最大的差异主要在于地形的海拔高度。不过当地老百姓往往把丘陵也称为山，因此，在实际划分过程中可灵活应用。

图 3.23 山腰型传统聚落（二）（秀山县石堤镇水坝村）

1）丘顶型传统聚落

丘陵主要分布于渝西地区，它是软硬相间的紫红色砂岩和泥岩经侵蚀剥蚀后，所形成的坡陡顶平的地貌形态，多呈阶梯状，又称方山丘陵。传统聚落大多位于丘陵的下部，但也有位于丘陵顶部的。有的呈团状，有的呈条带状，也有的呈散点状，视基地面积的大小而定。如合川涞滩古镇的上涞滩就属于丘顶型传统聚落，三面悬崖，一面与平地相连，形如半岛，整个上涞滩就位于丘陵顶部（图3.25）。又因濒临河流，上涞滩又可称为丘陵河谷型传统聚落。再如梁平区聚奎镇席帽村的观音寨也属于丘顶型传统聚落。

2）丘麓型传统聚落

在丘陵地区，传统聚落大多位于丘陵间地势相对较平坦的区域，即位于丘麓地带，以团状形态为主。例如，酉阳县酉水河镇后溪村、江津区塘河古镇、铜梁区安居古镇等

（a）远眺

（b）寨门

图 3.24 山顶型传统聚落（梁平区虎城镇猫儿寨）

均属于丘麓型传统聚落，因它们又濒临河流，故又可称为丘陵（丘麓）河谷型传统聚落（图3.26）。

3.2.3 平坝型传统聚落

这里的“平坝”主要是指地形相对平坦、开阔的区域，主要分布于山间盆地、河谷沿岸和山麓地带。由于地势平坦，气候较好，土壤肥沃，灌溉便利，往往是农业兴盛、人口稠密的经济中心。根据平坝的形态和成因，大致可分为盆地平坝、河谷平坝、山麓平坝三种类型。因此，平坝型传统聚落可分为盆地平坝型、河谷平坝型、山麓平坝型三种形态。

（a）平视

（b）仰视

图 3.25 丘顶型传统聚落（合川区涞滩古镇）

1）盆地平坝型传统聚落

盆地平坝是地壳断裂下陷而形成的山间构造盆地，最初积水成湖，后淤积成平坝。例如，秀山县兰桥镇新华村就位于一个小型的山间盆地，有较丰富的耕地，传统村落呈组团式分布在靠近山麓的地方，把较平坦连片的土地留出来以供耕种，体现了先民科学合理地利用土地资源的生态理念（图3.27）。

2）河谷平坝型传统聚落

河谷平坝分布在河流沿岸，多呈狭长状。在重庆地区，河谷平坝一般较小。位于河谷平坝的传统聚落大多沿河呈条带式或团块式布局。例如，国家级历史文化名镇黔江区濯水古镇就属于河谷平坝型传统聚落，分布在阿蓬江的凸岸，呈条带式布局（图3.28）。

3）山麓平坝型传统聚落

山麓平坝多为山前古冲-洪积扇连结而成的小型缓坡平坝，传统聚落一般沿山麓多呈带状分布，把较平坦连片的土地留出来以供耕种。如秀山县民族村金珠苗寨，但随着人口的增长，该苗寨的部分村民把新建的房子布置在平坝之中，占据了部分良田，这完全违背了先民们科学合理地利用土地资源的生态理念，是十分错误的规划营造（图3.29）。

图 3.26 丘麓河谷型传统聚落（江津区塘河古镇）

3.2.4 河谷型传统聚落

河谷是由河水侵蚀（包括下蚀、侧蚀和溯源侵蚀）作用下所形成的线状延伸的凹地，由谷底与谷坡组成。谷坡是河谷两侧的斜坡，常有河流阶地发育；谷底比较平坦，由河床与河漫滩组成。谷坡与谷底的交界处称为坡麓，谷坡上缘与高地面交界处称为谷肩或谷缘。根据所处地域的地貌形态，河谷一般可分为山地河谷、丘陵河谷和平坝河谷三种类型。因此，河谷型传统聚落可分为山地河谷型、丘陵河谷型和平坝河谷型三种形态。

1）山地河谷型传统聚落

山地河谷分布于山地区域，其纵剖面的坡度较大，水流湍急，河流以下蚀为主，谷底深切成V形谷或峡谷，坡度较陡，有一定的阶地发育。分布于山地河谷的传统聚落绝大多数位于河流阶地上，由于阶地面比较狭小，因此，聚落规模一般不大，多呈台状或层叠状的条带形分布。如重庆龚滩古镇就位于乌江东岸的阶地上，为典型的山地河谷型条带式传统聚落（图3.30）。

（a）远景

（b）近景

图 3.27　盆地平坝型传统聚落（秀山县兰桥镇新华村）

图 3.28　河谷平坝型传统聚落（黔江区濯水古镇）

2）丘陵河谷型传统聚落

丘陵河谷分布于丘陵地区，其纵剖面的坡度较小，水流较平稳，河流从以下蚀为主逐渐过渡到以侧蚀为主，在凹岸进行冲刷，凸岸发生堆积，形成了连续的河湾和交错的山嘴。谷坡的坡度较平缓，河漫滩与河流阶地广泛发育。分布于丘陵河谷的传统聚落绝大多数位于河流阶地上，由于阶地面比较宽广，因此，聚落规模较大，多呈组团式或条带式分布。例如，铜梁区安居古镇就是典型的丘陵河谷型传统聚落，它呈台状分布于涪江、琼江1–3级阶地上，十分符合风水学的“枕山、环水、面屏”的所谓“腰带水”的理想传统聚落空间模式（图3.31、图3.32）。

3）平坝河谷型传统聚落

平坝河谷分布于平坝地区，其纵剖面的坡度很小，水流平稳，河流以侧蚀为主，在凹岸进行冲刷，凸岸发生堆积。由于水流前进的方向是与河岸斜交的，因此，河湾不仅向两侧扩展，而且向下游移动，终于切平交错山嘴，使谷地变宽；与此同时，谷底也发生堆积，形成河漫滩，发育了宽广的堆积阶地，其坡度非常平缓。分布于平坝河谷的传统聚落绝大多数位于河流堆积阶地上，由于阶地面十分宽广，因此，聚落发展不受限制，规模较大，多呈团状或条带状分布。例如，酉阳县龙潭古镇就属于平坝河谷型传统聚落。需要说明的是，平坝河谷型与平坝型中的河谷平坝型应为同一类型。

3.3　基于平面形态的传统聚落空间形态

聚落平面形态，可以分解为聚落建成区实体以及与其互为图底关系的道路、街巷、广场及其他空

图 3.29　山麓平坝型传统聚落（秀山县民族村金珠苗寨）

图 3.30　山地河谷型传统聚落（酉阳县龚滩古镇）

图 3.31　丘陵河谷型传统聚落（铜梁区安居古镇）

地的二维空间组合形态。聚落选址与营造，一方面反映了对区域自然环境的选择与适应；另一方面也反映了先民们在建设聚落时的营造理念。二者均会在聚落平面形态上留下深刻的烙印。因此，一个聚落的平面形态不仅是聚落营建理念的反映，而且也是对地区自然环境的反映。从形成机制来看，历史上形成的传统聚落绝大多数是自然形成、自然生长的，是没有规划师的聚落。由于受自然条件、交通条件等因素的制约，在形态上表现出了极大的灵活性与自然性。传统聚落是在独特的自然–人文环境中孕育出来的，其平面形态有着鲜明的地域特色与时代烙印。从某种意义上讲，传统聚落的平面形态是由人与人（民居与民居）、人与社会（民居与公共建筑）的关系决定的。

由于重庆是以山地丘陵为主的地貌空间形态，在这种地理环境条件下形成的传统聚落独具特色，平面形态可谓丰富多彩、花样繁多，但归纳起来不外乎有团块式、条带式、组团式、散点式4种平面形态。

3.3.1　团块式传统聚落

团块式传统聚落的平面形态近似不规则的多边形或大致成方形、圆形格局，多分布于地形较开阔、平坦的基地，在山地型、平坝型、丘陵型及河谷型等地貌形态中均有分布，只不过在平坝型地貌形态中分布较多，规模较大，而其他地貌形态中分布较少，规模较小而已。团块式传统聚落的空间结构形态呈集中紧凑的发展格局，其轮廓形态长短轴之比不大于2∶1，多属于单中心发展的内聚形态结构。

这种团块式平面形态的形成是基于宗法制度的“聚族而居”思想。例如，一个村落往往为同一个姓，他们都是一个祖宗以厅、房、支、柱形式一代一代传下来的，形成“五服”制度，即九族九房，被费孝通先生称为“差序格局”。古人就这样，以人为中心，构成一幅幅五服图，无数五幅图构成族群、社会、国家。这种“差序格局”衍化出来的民居形态，表现为一个家庭时，民居一进一进按着时间的轴线发展（当然也有分家的）；对于一个家族或宗族而言，他们虽然不能住在同一屋檐下，但都要建宗祠，在宗祠中存族谱、宗谱、挂祖宗像。这个宗祠在等级上高于家庭，所以是一族中各家各户房屋布局的核心。当然，这个核心不一定是形心。一般来说，因为土地所有关系，同一族人的宅基地多是连着的，因而房屋也多聚集在一起。对于一个大聚落来说，会出现总宗祠、分宗祠，各房各室分布在自己这一宗的宗祠周围。这种聚落，可能不止一个中心，而是多心聚落。有些地方若是建有文庙、寺庙、鼓楼或其他级别更高的建筑的话，那么这个核心地位就要让给它了，这反映了古代以国家、社会为上的观念和品质。有些地方如果有风景山、大池塘、大树、大桥桥头或驿道交叉口等重要节点或标志，它们也往往成为该聚落的中心。

这种团块式聚落的道路也大多呈方格状或环状，是一种网络结构。居民事先没有图纸，也没有文字契约规定道路的走向、大小，因为“差序格局”中已经无形地规定了民居建筑布局和道路格局。中国传统聚落的产生不是选择式的，而是生长式的。它形成的基因是田制，即方形田制。人们造房子，就像稻田里插秧，格子上写字一样，随时间的推移，一格一格地“种”上去，井然有序。聚落中的巷弄或道路，就在这种潜规则或者说集体无意识中一步步延伸出来了。但在山地区域，由于地形的影响和限制，道路大多布置灵活自由，多与等高线平行。例如，铜梁区安居古镇就是一个典型的团块式聚落（图3.33）。

安居古镇依山傍水，景色和谐优美，沿涪江、琼江的南岸及乌木溪两岸，民居簇拥，依崖吊脚，高低错落，组合有序。最初该古镇规模较小，背山面水，但随着商贸的发展以及人口及行政管理功能的增加，聚落开始向山上、山下两个方向发展，道路蜿蜒曲折，多平行于等高线。古镇的形成是由“景观信息点”→“景观信息线”→“景观信息网”，再到“景观信息面”的一系列渐进式演化的结果。其中，古镇的景观信息点主要包括：牌坊、城墙/城门、宫庙、会馆、宗祠、官署衙门、书院、抗战遗址、广场、码头、渡口、古桥、古道、名人墓

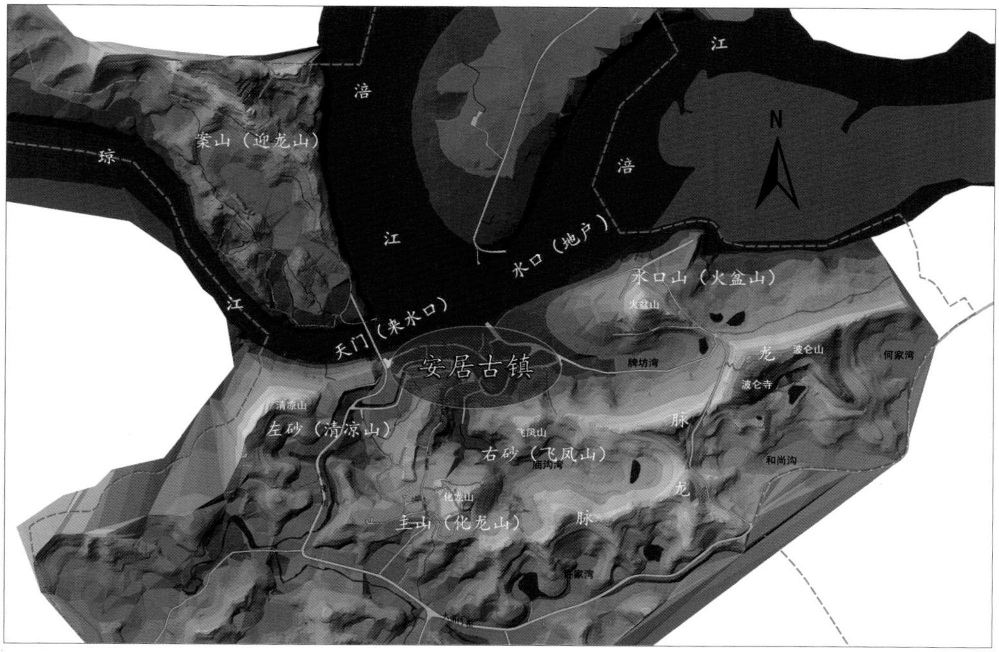

涪
江
琼
案山（迎龙山）
涪
江
江
水口（地户）
水口山（火盆山）
天门（来水口）
安居古镇
牌坊湾
龙
渡仑山
何家沟
渡仑寺
左砂（清凉山）
右砂（飞凤山）
脉
和尚沟
龙
主山（化龙山）
脉

图 3.32　铜梁区安居古镇风水至上选址示意图

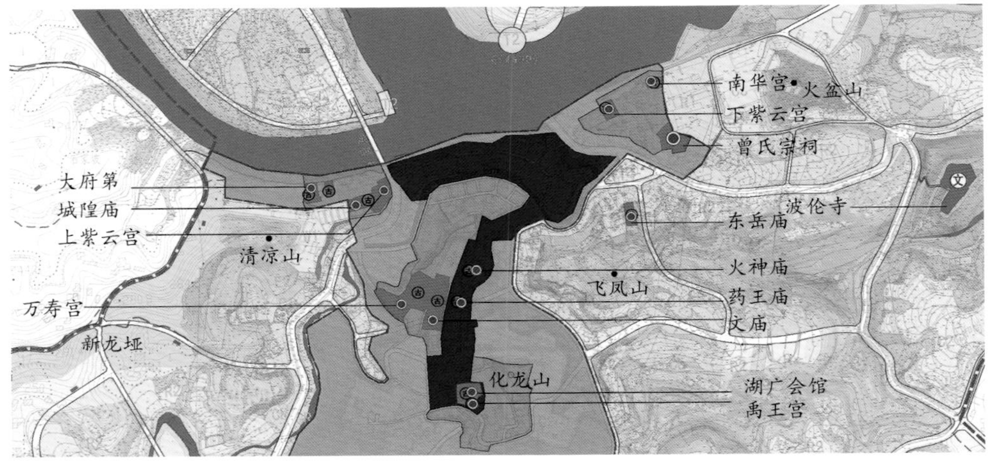

图 3.33　团块式传统聚落（铜梁区安居古镇）

葬等类型。景观信息线主要包括山脊线、河流岸线及街巷道路线等类型。

山脊线：安居古镇有两个半环形圈层的山脊线，山脊线之间为较宽阔且呈阶梯状的河谷及谷坡地带。其中，化龙山与飞凤山横亘于古镇内部，形成了内圈层山脊线，山体走势限定了会龙街、火神庙街、大南街的走向；迎龙山、清凉山与波仑山，横亘于古镇外部，形成了外圈层山脊线，与周围的村庄、农田相连。山脊线与古镇、河流、农田融为一体，山水相映，分外妖娆。

河流岸线：安居古镇位于涪江、琼江、乌木溪三江四岸地带，岸线长达数华里。涪江、琼江位于古镇北面，呈东西走向，岸线平直，江面宽阔，碧波荡漾，水天一色，颇有湖泊之感；乌木溪先由西南向东北，再由西向东，最后由南向北流入涪江，整个溪流大致呈南北走向，岸线蜿蜒曲折，小桥流水，垂柳修竹，水声潺潺。因此，琼江、涪江沿岸多为地形较平坦的河流阶地，街巷空间也较平直；而乌木溪沿岸地形较陡峭，民居建筑高低错落，街巷空间蜿蜒曲折。总的来讲，安居古镇的河流岸线大致呈“T”字形格局。

街巷道路线：在安居古镇，影响街巷空间走向的关键因子是地形地貌与河流水系。由于古镇内部的化龙山的走向（山脊线）为南北向，因此，最早形成的老街之一“会龙街—火神庙街—大南街”就沿化龙山东侧半山腰布置，也呈南北向；流经古镇的琼江与乌木溪在此的岸线呈东西向，比较平直，因此，古镇先民就沿此段岸线布置建筑，最终形成了东西走向的“太平街—西街—十字街”，也是古镇的老街之一。两条街道在顺城街交汇，形成了安居古镇最早的“T”字形主街道空间格局，并以此为基础，在主街道的两侧延伸了众多的巷道空间，但都比较短小。这种“T”字形的街巷空间格局是东西向的河流岸线与南北向的山脊线综合作用的结果，也体现了古镇“因天材就地利，城郭不必中规矩，道路不必中准绳”的设计理念。

随着经济社会的发展与人口的增加，安居古镇的城市化进程也在不断加速，用地范围也在不断向外围扩展。新增的近南北向兴隆街与东西向大南门街把“T”字形老街从外围连在一起，形成了一个以南北向为长轴的椭圆形主街道空间。兴隆街位于乌木溪西侧，也是沿乌木溪岸线的走向布置的，呈近南北向；大南门街位于化龙山、波仑山南侧，沿山麓线布置。体现了因山势就江形的“天人合一”设计理念。

景观信息网是由山脊线、河流岸线、街巷道路线等景观信息线通过链接、交叉、组合而成的，其目的是把各孤立的景观信息点有机地组合起来，形成一个网状的空间。安居古镇地形复杂，高低错落，起伏较大，主要体现在两个圈层的半环形山脊线；河流顺山势，就地形，直曲相济，大致呈“T”字形格局；街巷蜿蜒曲折，自由延伸，灵活布局，大致呈椭圆形的环形格局。把山脊线、河流岸线、街巷道路线进行叠加、组合，所形成的景观信息网大致呈环状的网络空间格局。

景观信息面就是由景观信息点、景观信息线与景观信息网有机组合所形成的聚落平面形态。它应该是景观信息点的合理搭配组合，景观信息线的有效链接，最终形成完整的网络体系，是一个景观区别于周边景观以及其他景观的综合反映。因此，根据安居古镇景观信息点的分布特点，景观信息线走向与组合，以及景观信息网的空间格局，可以判断古镇基于平面形态的景观信息图谱为团块式聚落。

这种团块式格局也是古镇由“点”到“线”到“网”，再到“面”的一系列渐进式演化的结果。主要体现在三个方面：一是沿水系的演化，即沿琼江、涪江南岸及乌木溪两岸的空间演化，形成了“太平街—西街—十字街”；二是沿山体的演化，即沿化龙山东侧半山腰的空间演化，形成了“会龙街—火神庙街—大南街”；三是沿车行道路的演化，即沿大南门街、兴隆街（这两条街比较宽，可以双向通车）的空间演化，主要为改革开放后的建筑，目前已进行了风貌改造，与古镇比较协调。这三种空间演化序列的存在，使得从“沿江岸线”“山体”到“街巷（步行街）”的各种空间形态，发生了“开敞→半开敞→半封闭→封闭”及“公共→半公共→半私密→私密”的渐变（冯维波，2016）。

3.3.2 条带式传统聚落

因山地地形的限制，部分传统聚落呈线性布局，一般沿着一条主要的街道或沿河发生较为均质的发展。这条“线”或沿山谷延伸，或沿河流展开，此种类型往往由于经济、交通的需要而自发形成，呈现出线性延展的发展状态。条带式传统聚落由于不受正统的营建思想限制，其形态都是明显地沿山谷或河流单线发展，最终形成带状的形态结构。条带式聚落的街道形态、走向决定了整个聚落的形态，因而有的聚落顺着等高线蜿蜒前进，有的垂直于等高线如登天之云梯，还有的平行于江河匍匐前行。所以说，条带式传统聚落有较强的向前运动的态势。

条带式聚落是沿轴线布置的。临河聚落的“河”就是轴线，聚落有在河的一边的，也有跨河沿河两岸发展的。河与民居建筑的关系有两种情况：一种是民居临河，街巷在内；另一种情况是河与民居用路或街巷隔开。例如，江津区中山古镇就是在一条名为笋溪河的西岸发展起来的，并且民居临河，街巷在内（图3.34）；酉阳县龚滩古镇也是在乌江的东岸发展起来的，但是民居与河流是用道路隔开的。现以龚滩古镇为例详细阐明条带式传统聚落的空间形态（图3.35）。

龚滩古镇位于酉阳县西部，与贵州省铜仁市沿河县隔江相望，坐落于乌江与阿蓬江交汇处的乌江东岸的凤凰山麓，是一座具有1700多年历史的重庆市级历史文化名镇，国家AAAA级旅游景区、乌江画廊核心景区。古镇有牌坊、寺庙、祠堂、会馆、戏楼、码头、梯道、古桥、石碑、场口、商铺、重点民居建筑等众多景观信息点。古镇主要沿乌江曲折的岸线呈带状分布，根据空间形态，古镇街巷可分为一字街、半边街、廊式街、爬山街等。

①一字街：古镇街道呈一字型沿江岸自由延伸，蜿蜒曲折，横贯南北[图3.36（a）]。

②半边街：受陡峭地形的限制，打破传统街巷临街两侧布置店宅等建筑的模式，仅在道路一侧布置建筑，另一侧是陡峭的山崖或临江水面。建筑布局有两种方式，较常见的是建筑依附山崖一侧，街巷道路临江悬崖，形成视野开阔的街巷空间特色[图3.36（b）]；或是街道依靠崖壁山体，建筑临江或临坎，凌空吊脚，形成险峻的街巷空间环境。

③廊式街：在半边街的基础上，利用街道的上空构筑廊式建筑，即过街楼[图3.36（c）]，占天不占地，形成了巴渝文化环境特有的廊式街道。一字街、半边街和廊式街基本上是沿等高线的走向自由形成的，宛若蛇形，也称为蛇形街。其实，一字街中包含了部分半边街和廊式街。

④爬山街：联系街巷与水路交通，依山而上的爬山街，垂直等高线或与等高线斜交而上，通过狭窄的街巷或建筑架空的过街楼与主要街巷取得联系，这是沿江山地街巷空间的一大特色，在龚滩古

图 3.34　条带式传统聚落（江津区中山古镇）

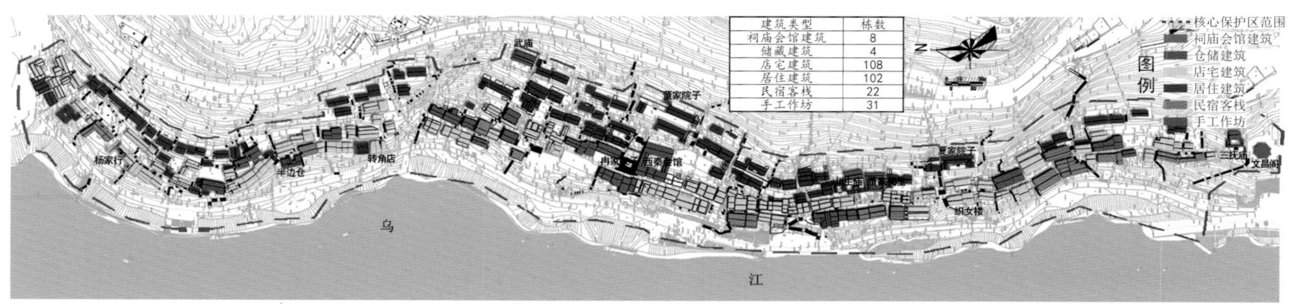

图 3.35　条带式传统聚落（酉阳县龚滩古镇总平面）
图片来源：酉阳县规划局提供

镇显得尤为典型突出[图3.36（d）]。

根据道路类型，龚滩古镇景观信息线有主线和支线之分。其中，主线为一字街，即聚落内规模最大、包含信息最多的线路，由常乐街、西秦街、未央街、知珍里街构成，总长约1.5 km；支线为爬山街，长度较短。景观信息面是由景观信息点、景观信息线有机组合所形成的水平形态。龚滩古镇位于乌江、阿蓬江交汇处的乌江东岸的狭长地带，因此形成了带状的景观信息面。沿河的条带式聚落，一般都有一条或几条作为聚落发展轴的且相互平行的道路。大多数情况下，这些道路是沿等高线延伸的，但也有个别情况是垂直于等高线的。例如，石柱县西沱古镇便是垂直于等高线呈条带式布置的聚落，其主街道长约2 km，从长江边垂直于等高线蜿蜒而上，颇为壮观。

聚族而居的聚落都有宗祠，条带式聚落的宗祠多半是占据了河畔上或道路上一个好位置，它虽然不是聚落发展形式上的中心，但仍是聚落的重心、公共活动中心。

3.3.3　组团式传统聚落

由于山地地形具有普遍的破碎化特征，相对

(a)一字街

(b)半边街

(c)过街楼

(d)爬山街

图 3.36 酉阳县龚滩古镇主要街巷类型

独立完整且具有较大规模的平整用地较少,因此聚落特别是较大型的聚落,一般都是由几个相对分离的用地组合而成的,故组团式空间形态也是山地环境较常见的一种聚落形态,如合川涞滩古镇就是由上涞滩和下涞滩两个组团组合而成的。下涞滩紧靠渠江而建,仗着舟楫之利,曾经是个著名的水码头,商贾云集,街市兴旺,十分繁华;上涞滩建于鹫峰山上,三面悬崖峭壁,一面与平地相连,并建有一道具有瓮城的城墙与外界相隔,形如半岛,是古镇的中心。上、下涞滩相距数百米,一高一低,一上一下，一刚一柔，互为照应，既可守，也可退，形成了典型的防御性寨堡式聚落（图3.37）。再如，重庆城在秦汉时期就形成了双城结构。秦将张仪屯兵江州，筑江州城为巴郡治，此时嘉陵江北岸（今江北嘴）的江州城形成了政治军事中心，而南城朝天嘴也形成了较大规模的城镇聚居地，初步形成了南城北府的双城格局，二者之间以舟船相联系。三国时，李严在江州南城位置又筑大城，城市规模“周回十六里”（约8 km），其范围南线大约在朝天门至南纪门沿江一带，北线大约在今大梁子、人民公园、较场口一线。此城建成后，巴郡治所迁此，北府城行政功能废弃。《华阳国志·巴志》记载：“汉世，郡治江州巴水北，有城。今白虎城是也。后乃还南城。”后经过抗蒙战争时期、明洪武时期、清初时期的扩建，到清时形成了两江半岛府城和江北厅城双城相倚的格局（图1.35、图2.24）。

对传统村落来讲，从聚落与聚落关系角度看，常常会出现子母型、中心型等聚落形态。子母型聚落是指一个大聚落周围分布着若干小聚落，这些大小聚落之间可能是同姓的，也可能是异姓的。同姓的子母型成因是人口繁衍，母聚落民居建设用地不够了才分出去产生一个新的聚落；异姓的子母型可能是土地买卖所致，或因其他原因从外地迁来。中心型聚落是指有一个大聚落（或规模不大，但地位高）为中心，其他民居建筑分布在四周耕地旁，与中心聚落有血缘或传统的行政、生产、文化等方面的联系。

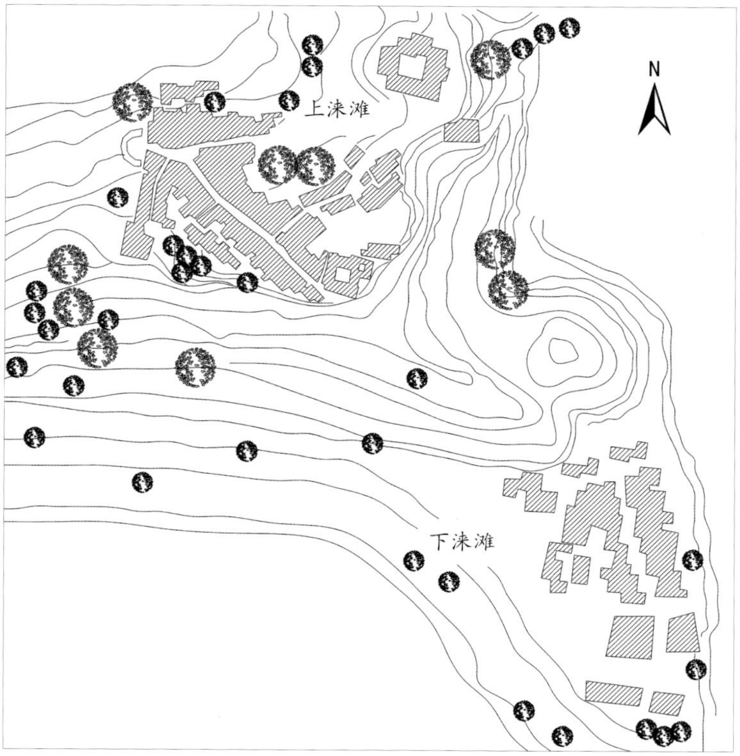

3.3.4 散点式传统聚落

散点式传统聚落主要是由于恶劣的地形因素制约，或是由于为了距自己的生产场所——耕地较近（耕地一般较小块且分散），或是由于较少的居民聚居而形成的。它是山地地形特有的农村散居模式，是数量最多的民居分布形态。在较大的范围内、不同的海拔高度上零星分布着民居建筑，形成独家独院的景观，即互相之间关系较弱的民居院落，各自与其周边所种植的树木、果园、菜园以及其外围的农田构成了居住单元。由于传统聚落内的民居建筑是散点式布局，彼此之间有一定的独立性，因此居民可根据自身所处的环境建造房屋，灵活性比较大。散点式聚落中的民居建筑虽然较为分散，但彼此之间仍有一定联系，有的是通过线形的路网系统相连，有的则围绕某个中心（水体、中心建筑等）展开。散点式聚落一般分布于地形较为复杂的坡地地形中，建筑多为单体建筑，功能较为单一，体现了一种散居文化（图3.38）。

由于重庆山地丘陵众多，赖以生存的耕地比较分散，农宅自然也随之分散，历史上延续下来，成为一种制度性习俗，从而也带来了家庭宗族关系的变化，使重庆的小家庭格外发达。所谓“父子异居，自昔即然”。巴蜀有“人大分家”的风俗习惯，常有“别居异财，幼年析居”的事情发生。而巴蜀的此种风

图 3.37　组团式传统聚落（合川区涞滩古镇总平面）

图 3.38 散点式聚落（梁平区虎城镇猫儿寨附近村落）

俗源远流长，据《隋书地理志》载，蜀人之风俗有“小人薄于情理，父子率多异居”。在大户人家大四合院中可以按小家庭分灶吃饭、分配院落，而一般农家子女成家则另寻地建宅。这似乎不太符合封建家族礼教，但就其本质原因，乃生产方式的特殊性使然。此外，导致重庆农村住宅散居的另一个原因是清代移民政策，官府鼓励移民各自寻垦，又为缓和原住民与外来移民的土客关系，在安插外来人口中也自然形成先来后到、交错夹杂的“大分散，小聚居”的空间格局。由此可见，社会的生产方式和生活方式在很大程度上决定着居住方式，这也是一个普遍的建筑、聚落发展规律（李先逵，2009）。

从整体上看，散点式传统聚落不具备风水选址的规律，并且由于各民居建筑之间距离较远，布局也无规律可言，但是该类型聚落的民居单体建筑却无不体现出聚落选址的风水理论，是聚落文化的微观体现。民居建筑在选址上遵循了“龙、砂、穴”要点，其营造也遵循了风水的培护与喝形。

3.4 基于竖向空间的传统聚落空间形态

传统聚落在形成过程中，往往会受到各种因素的影响，其中最具影响力的就是地形地貌因子。但无论地形怎样变化，聚落皆能因地制宜，随势赋形，融于环境，虽为人作，宛自天成。从地貌形态上来讲，重庆传统聚落有山地型、平坝型、丘陵型、河谷型之分。绝大多数传统聚落在体现这四种基本地貌形态的基础上，又有着丰富的变化，类型特别多样，特色也很明显。民居建筑的精髓和意蕴，大多蕴藏在这许许多多的散布于巴渝山地区域古色古香的传统聚落之中。通过实地调研，根据聚落及其民居建筑的竖向空间特征，归纳起来，传统聚落空间形态主要有以下几种类型。

3.4.1 廊坊式传统聚落

廊坊式传统聚落，因其内部的民居建筑以廊坊相连所形成的独具特色的街坊空间而得名，又可称为檐廊式传统聚落。该形式聚落具有悠久的历史，早在北宋时期就见诸文献记载，称为“房廊”，明代又称为“廊房”。北方曾经较多，后来逐渐消失，而在南方地区还保留不少。主要是因为这种建筑形式对南方地区炎热多雨的气候有着很好的适应性，也充分反映了高湿热地区建筑的地域特色。过去随着传统场镇人口的不断增多，集中式的居住模式把人口集中在一定的范围内，人口的增多带来了对住屋空间需求的增大，因而民居建筑逐渐形成了窄面宽、大进深的平面布局。由于进深过大，造成室内通风采光不足，从而有了檐廊的修造。檐廊空间的出现，不仅为居民做家务、做手工提供了安全舒适的半室外空间，沿街或道路的檐廊还是居民之间的交流平台，是住户会友探客的好地方。此外，檐廊对聚落空间产生较强的作用：a.整合交通空间。檐廊强化了主要交通空间，而作为次要交通空间的小巷或小道，在与主要交通空间交接处将连续的檐廊断开，使行人能明显借由屋顶和台阶的消失而感知小巷或小道入口。b.整合公共建筑。沿主要交通线路的檐廊使公共建筑与普通民居建筑比邻相融，但又不会抹杀掉公共建筑异于民居的造型特点。c.强调作用。公共建筑的介入，会造成沿主要交通线路的檐廊多处断缺，可见对重要公共建筑有所避让，从而强调出公共建筑的门前空间。

檐廊覆盖区域分布方式的不同，会直接影响对传统聚落格局、尺度的感知意象。檐廊分布区域与道路空间之间的平面关系，在传统聚落中有多种表现形式，各种形式灵活运用于聚落布局中，构成了聚落丰富的景观风貌。依据分布及组合关系的不同，廊坊式聚落又可分为分散型、分段型、连续型三类。分散型廊坊式聚落是指单个檐廊长度与民居开间的大小相同，也有几间民居的外檐廊连成一片

（a）分散型廊坊式聚落（荣昌区路孔古镇）

（b）连续型廊坊式聚落（大足区铁山古镇）

图 3.39　廊坊式传统聚落

的，但长度有限，在空间视角上连续性较差，如荣昌区路孔古镇；分段型廊坊式聚落是指有一定长度的檐廊覆盖道路空间，檐廊分段出现，不仅增加了聚落道路的可识别性，还使人们能准确地感知聚落意象；连续型廊坊式聚落是指整体聚落几乎全被沿主要道路的檐廊所覆盖，给人一种典型廊坊式聚落的整体印象，如大足区铁山古镇（图3.39）。

总之，廊坊式传统聚落的檐廊有的贯穿整个聚落，有的仅是某个局部，也有的仅为半边廊。尽管各处都有自己的变化与特点，但都采用这种基本的建筑形式，说明它具有广泛的适应性和优越性。

3.4.2 悬挑式传统聚落

悬挑式也叫出挑式，有人认为悬挑式民居是廊坊（檐廊）式民居中的一种类型，但笔者认为应单独列出来，其原因是二者有明显的差异：檐廊式民居有落地的檐柱，而悬挑式民居却没有，并且悬挑空间的进深一般比檐廊空间的要浅，大多在1~2 m，这主要是受到挑枋承重能力的限制。其形成原因主要是：保护墙面、遮阳避雨以及部分的休闲娱乐、商业活动与交通通行的要求，这要视悬挑空间的宽度而定。悬挑式民居呈现“南多北少”的格局，这也是与南方高温多雨的气候有关。重庆地区悬挑式民居分布很广泛，除了与气候有关之外，还与地形地貌密切相关。因重庆山地丘陵多，基地面积比较狭小，为了争取更多的使用空间而通过穿枋出挑，包括挑檐、挑廊、挑厢、挑楼和挑梯5种形式。以悬挑式民居建筑为主构成的传统聚落，可称之为悬挑式传统聚落（图3.40）。实际上，悬挑式、廊坊式两种竖向空间形态常常在同一聚落中混合

（a）

（b）

（c）

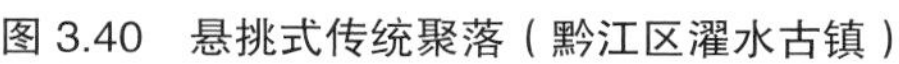
图 3.40 悬挑式传统聚落（黔江区濯水古镇）

使用，有的以悬挑式为主，有的以廊坊式为主，有的平分秋色。

3.4.3 骑楼式传统聚落

“骑楼”是一种建筑形式，即上楼下廊，这种形式常见于炎热多雨地区，楼上供人住，楼下则为店铺，廊可以用于遮雨避阳。我国最早的骑楼式建筑出现在广东一带。前述的廊坊式聚落与骑楼式聚落有着相似的理念。骑楼式聚落的形成与国外宗教的传播有着极大的关系，近代随着西方教会文化的入侵，许多地区兴建了天主教堂，逐渐地一些西洋古典建筑式样流传开来，于是出现了一大批中西合璧或是照搬原样的建筑式样。这类建筑式样最先在城市传播，后来逐渐延伸到了农村，一些乡土民居建筑深受影响，但是并不是完全仿造西洋建筑，大多都因地制宜地加入了自己的创意和特色。如沙坪坝区歌乐山镇老街（图3.41）。

3.4.4 碉楼式传统聚落

碉楼是一种特殊的民居建筑，因其形状似碉堡而得名。它的形成与发展是自然环境、社会文化环境综合作用的结果，具有很强的地域性。在我国不同的地方，人们出于战争、防守等不同目的，其建筑风格、艺术追求是不同的。其中，最具特色的碉楼有广东开平碉楼、四川羌族碉楼与丹巴碉楼。碉楼式传统聚落的一个显著特征是聚落中具有高大的碉楼，这个碉楼可能是单独存在的，也可能是与居住空间紧密结合，形成有机整体的一种民居类型——碉楼式民居。它们的共同特点是具有防御功能。

重庆地区最典型的碉楼式传统聚落当数巴南区的丰盛古镇。丰盛山高林密，位处交通要道，历来是兵家必争之地，故当地富商地主多造碉楼堡寨以保一方安全。明末清初极盛时期，10余座碉楼炮口耸立镇中。至今保存完整且尚有人居住的有清阳楼、十全堂、书院街、文峰、上垭口、兴隆湾等7座。这些碉楼筑3～6层，每层面积80～150 m^2，都设有小窗作为瞭望洞和射击孔，至今保存完好（图3.42）。

3.4.5 凉厅式传统聚落

南方炎热多雨的气候加上多山的地形，民居室内异常闷热，所以不仅要考虑遮雨避阳，还应该考虑通风排湿。因此，在重庆的民居建筑中，通常会在院落或是天井的上空加设一个高出屋檐的顶盖，从而留出一条缝隙，不但解决了通风问题，也保证了室内采光，由此而形成的竖向空间，被称为“凉厅子”或者“抱厅”。将这种建筑设计理念运用于聚落的空间组合上，也就有了凉厅式聚落的分类。凉厅子有两种表现形式：一是通过两侧建筑的大挑檐将狭窄街道的上空几乎完全遮掩，只露出形似“一线天”的空隙来进行采光、通风、散热；二是通过骑廊式风雨过街楼将原本互不相连的街道两侧建筑连为一个整体。这两种形式都使得整条街

（a）内景

（b）外观

图 3.41 骑楼式传统聚落（沙坪坝区歌乐山镇老街）

道成为一个大凉厅。凉厅式聚落的目的是通风、排湿、避雨、遮阳，与上述的廊坊式聚落比较相似，不过它们只是功能相同，但在建筑空间和建筑构造（骑廊式风雨过街楼）上却有着本质的差别。廊坊式聚落的主要街道中心是敞开的，两边檐廊如果要来往的话，则要穿过露天的街道从一侧到达另一侧，其街道布局也需占据较宽的基地面积。而凉厅式聚落的街道空间几乎是完全封闭的，又比较狭窄，特别是街道两侧房屋檐口高差所形成的“一线天”空隙常常造成别致的光影效果，十分有趣而新奇。

重庆江津区的中山古镇是凉厅式聚落的典型代表，拥有巴渝地区保存最完好的明清商业老街，全长超过1 500 m，有铺面近500间，街道以青石铺设，街面宽3～5 m，建筑为穿斗式木结构，有千余米长的凉厅式街道，街道的竖向空间特别开敞。其中，构成凉厅式街道的骑廊式风雨过街楼建筑很有特色，它巧妙利用空间，采用穿斗结构，将街道两侧建筑的屋檐或高或低连成一片，浑然一体，晴不漏光，雨不湿鞋，充分体现了古镇人“巧用自然，以人为本，天人合一”的营建理念（图3.43）。

3.4.6 层叠式传统聚落

层叠式传统聚落，又可称之为台地式、梯田式、云梯式、爬山式聚落。与廊坊式聚落的最大区别在于：在廊坊式聚落的形成中，地区气候是主导因素，而层叠式聚落主要是由于山地地形因素的限制而形成的。山地区域地形复杂，坡度较陡，完整

（a）十全堂碉楼

（b）上垭口碉楼

图 3.42 碉楼式传统聚落（巴南区丰盛古镇）

（a）一线天街道

（b）骑廊式风雨过街楼街道

图 3.43 凉厅式传统聚落（江津区中山古镇）

的平坝或是缓坡地比较少见，加之这些地方土地肥沃，地势较平坦，多是良好耕地，人们一般不会轻易用来建房。尤其是在河谷冲积地区，谷地较为平坦，但两侧多为陡峭的山坡。过去，山区人们为了生存，保护耕地，不畏艰险，视险地为坦途，平基地建房屋，逐渐发展形成今天所见的层叠式聚落。其形态特征主要表现为分层筑台，通过垂直于等高线的垂直交通道路，以及水平延伸的道路，把众多高低错落、大小不一的民居建筑连接起来，形成了极富山地特色的层叠式传统聚落（图3.44）。

需要说明的是，很多山地型、丘陵型传统聚落也是层叠式传统聚落，这是基于不同的标准来划分的，这也体现了重庆传统聚落的山地特色。

3.4.7 包山式传统聚落

所谓包山式传统聚落，即聚落空间主要围绕一个山体进行覆盖布局，主要道路从山体一侧沿山脊由下往上到达山顶，再从另一侧由上往下到达山脚，规模较大的聚落也可以有多条道路随地势布满整个山体。层叠式聚落多在山体同侧的坡面进行道路布局，而包山式聚落的道路和建筑布置在山体的两侧或完全覆盖山体，在山顶部分通常会有一段较为平坦的区域而成为聚落的核心空间。也就是说，层叠式聚落利用山体单一侧面，大多没有核心空间，而包山式聚落则利用山体的多个侧面，在山顶设置核心空间。尽管二者在某些方面有许多相似之处，但包山式聚落形成的空间形态别具特色，对山体的利用手法也大相径庭，故将包山式聚落单独列为一类。包山式聚落在空间布局和形态上都有自己的独特之处，以及许多神来之笔的景观，主要表现在以下几方面：a.聚落采用“包山沿河”的布局方式，巧借山势，灵活自由。聚落的选址十分讲究，布局以包山为主，兼具临溪沿河，建筑顺梯阶上下层叠布局。聚落内部环境丰富，有爬坡吊脚楼、平

图 3.44　层叠式传统聚落（石柱县西沱古镇）

坡小院、渡口码头等，弯曲自如，高低错落有致。b.聚落的竖向空间较为丰富，层次分明，对比强烈。山顶平地处的道路空间，是聚落的中心，从这里展望，如平地般舒展开来，每逢赶集日，人气也较旺，往下行，街道突然下折，此时街道上空的“一线天”与山顶宽敞空间形成强烈对比。c.山地建筑特征较为突出，错落有致，形象生动。层层叠叠、大小不一的山墙以及变化丰富的色彩，长短悬殊的小青瓦坡屋面，从而使整个聚落更加灵活生动。

永川区松溉古镇是典型的包山式聚落，历史上因“水码头”的物资转换而得到发展，其独特的山水和聚落的构成关系，形成“一品古镇，十里老街，百年风云，千载文脉，万里长江”的人居环境特色。松溉建镇历史悠久，镇史辉煌，律动的建筑遗存、优美的自然景观、丰富的人文遗址以及独特的码头文化奠定了古镇的历史价值和今天的旅游发展地位，给人留下了深刻的印象。松溉古镇，坡坡街、长檐廊、吊脚楼这些手法把古镇建筑的主要特征形象地展现了出来。镇包山、山托镇，山是一座镇，镇是一座山，镇与山密不可分，共同构成了高低变化、错落有致的“包山式”聚落空间（图3.45）。

3.4.8 寨堡式传统聚落

寨堡式传统聚落属于一种防御型聚落，与其他防御聚落相比，最显著的区别就是聚落有明显的防御边界，且边界的形态随着聚落历史的发展、民族文化、经济社会类型、建造技术的差异而大相径庭。传统寨堡式聚落的选址大多依据两个原则：一是扼住要塞，即对敌我必争的战事关键地带，或是敌人进攻与行军运输的交通要地进行阻控，通过建立寨堡、配置兵力，增强聚落的防御能力；二是占据险址，利用山崖、谷地、水势的天然防御作用，以山为城，以河为池，强化寨堡的防御功能，从而占据有利地形，获取充足水源，还可居高临下以获得最佳视野。

一般来说，寨堡式传统聚落可以分为三种类型：a.独立的军事寨堡式。功能相对单一，整个聚落仅有城门通道作为补给线路与阡陌相通，聚落中的住户或耕地都相对有限（有些甚至没有）。如重庆合川的钓鱼城，古城依山为垒，四周是密闭的城墙，不但在陡峭山崖上构筑有内外两道边界防线，而且还有纵向延伸的水军码头，整个寨堡聚落宛若金城汤池。b.寨堡与场镇相邻式。这种传统城镇一般作为寨堡的补给之所而存在，具有服务功能的依附性。如今，战争时代已然过去，这样的场镇与普通的商业贸易聚落并没有多大的区别，但是由于与寨堡的这种组合布局，其极为鲜见的内部结构和外部空间形态有着较高的科学价值。如渝北区贺家寨（图3.46）。c.寨堡与场镇结合式。二者合二为一，此时传统场镇充当的是寨堡的粮食供给地。过去

（a）俯瞰

（b）传统街道

图 3.45 包山式传统聚落（永川区松溉古镇）

一旦发生战事，场镇居民也是防御的兵士，他们可与军队一起守护家园，如荣昌区大荣寨，又名路孔古镇（图3.47）。

3.4.9 封火山墙式传统聚落

“封火山墙”又称“风火山墙”“防火山墙”，简称“封火墙”。起源于硬山，其目的主要是提高建筑的防火效能，并且也增强了建筑的形式美。为了丰富民居立面构图及竖向空间造型，封火山墙的墙顶可做成各种阶梯状或曲线状，主要有三角尖式、

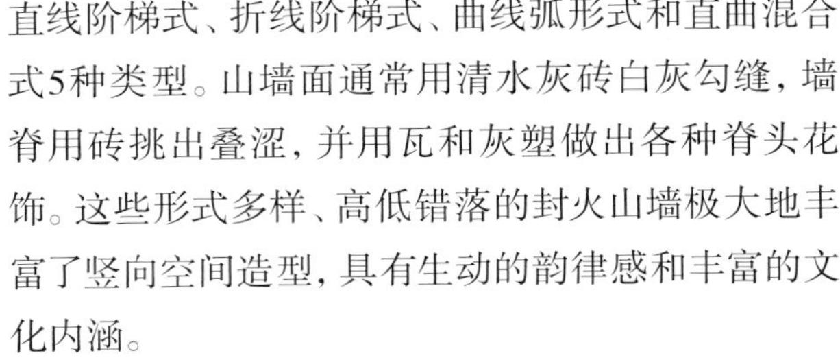

直线阶梯式、折线阶梯式、曲线弧形式和直曲混合式5种类型。山墙面通常用清水灰砖白灰勾缝，墙脊用砖挑出叠涩，并用瓦和灰塑做出各种脊头花饰。这些形式多样、高低错落的封火山墙极大地丰富了竖向空间造型，具有生动的韵律感和丰富的文化内涵。

在重庆地区，没有单纯的封火山墙式传统聚落，它往往与其他类型的民居融合在一起，仅仅起到一个点缀作用。在这里把它单独列出来，只是为了论述方便而已。

（a）西门

（b）东门

图 3.46　寨堡式传统聚落（渝北区贺家寨）

（a）日月门

（b）恒升门

图 3.47　寨堡式传统聚落（荣昌区大荣寨）

本章参考文献

[1] 赵万民.巴渝古镇聚居空间研究[M].南京：东南大学出版社，2011.

[2] 季富政.巴蜀城镇与民居[M].成都：西南交通大学出版社，2000.

[3] 郭璞.地理正宗[M].周文铮，等，译.南宁:广西民族出版社，1993.

[4] 韦宝畏.从风水的视角看传统村镇环境的选择和设计[D].兰州:西北师范大学，2005.

[5] 冯维波.山地传统民居保护与发展——基于景观信息链视角[M].北京：科学出版社，2016.

[6] 冯维波.渝东南山地传统民居文化的地域性[M].北京：科学出版社，2016.

[7] 李先逵.四川民居[M].北京：中国建筑工业出版社，2009.

[8] 重庆市交通局交通史志编纂委员会.重庆交通大事记[M].北京：科学技术文献出版社，1991.

[9] 中国科学院《中国自然地理》编辑委员会.中国自然地理[M].北京：科学出版社，1984.

第4章

古镇

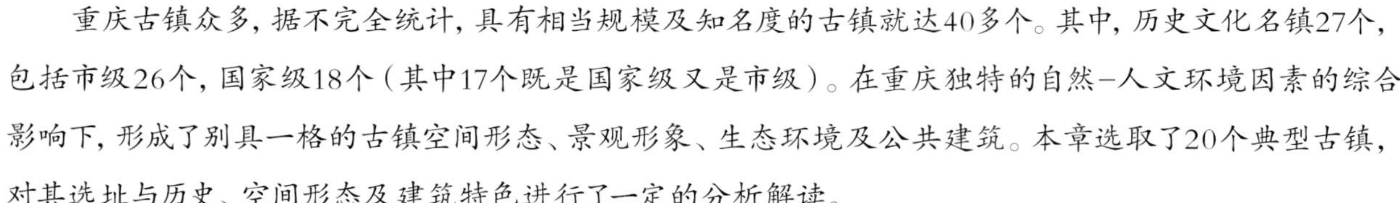
重庆古镇众多，据不完全统计，具有相当规模及知名度的古镇就达40多个。其中，历史文化名镇27个，包括市级26个，国家级18个（其中17个既是国家级又是市级）。在重庆独特的自然–人文环境因素的综合影响下，形成了别具一格的古镇空间形态、景观形象、生态环境及公共建筑。本章选取了20个典型古镇，对其选址与历史、空间形态及建筑特色进行了一定的分析解读。

4.1 古镇概况

4.1.1 等级及数量

从秦汉以来至明清两代，跨越数千年历史，在历史上经历过数次移民，多种文化在重庆地区交融，形成独具特色的古镇建筑艺术，其鲜明的个性融汇在山水环境之中，成为重庆民居与历史文化的重要内容。与此同时，重庆地区也有幸遗留保存下众多独具巴渝特色的古镇。据不完全统计，在重庆地区，具有相当规模及知名度的古镇就达40多个。其中，历史文化名镇27个，包括市级26个，国家级18个，其中17个既是国家级又是市级历史文化名镇（表4.1）。

4.1.2 地域分布

26个市级历史文化名镇中有15个分布在渝西地区，占57.7%；有6个分布在渝东北地区，占23.1%；有5个分布在渝东南地区，占19.2%。18个国家级历史文化名镇中有13个分布在渝西地区，即分布在主城区的周边地区，占72.2%；有2个分布在渝东北地区，占11.1%；有3个分布在渝东南地区，占16.7%。由此可见，在27个古镇中就有15个分布在渝西地区，占55.6%，各有6个分布在渝东北、渝东南地区，二者均占22.2%（图4.1）。由此表明：一是明清以来渝西地区社会经济发展迅速，作为区域中心的场镇得到了快速增长；二是人们的保护意识较强，政府增加了较多的投入，使这些古镇得到了较好的保存。

从是否临河（较大的河流）的角度来看，27个古镇中有19个分布在河流沿岸，占70.4%；在18个国家级历史文化名镇中有15个濒临河流，占83.3%，说明重庆大多数古镇选址在水路交通方便的区位，以舟楫之利进行贸易往来与对外联络。其余古镇选址在以古驿道为主或区域性陆路交通为主的区位，以马、骡子等畜力以及肩挑背扛等人力为主要运输方式进行贸易往来与对外联系。从区县分布来看，江津区最多，有3个国家级历史文化名镇。

4.2 古镇类型

4.2.1 基于背景条件的古镇类型

重庆古镇按照其形成的历史背景与发展条件，可分为农业经济型、商贸及交通节点型、产业资源型及军事城寨型（陈蔚、胡斌，2015）。

1）农业经济型古镇

农业经济型古镇主要是为解决分散居住的乡村农户间的商品流通问题，以定期“赶场”为特点，使农民自产物资在基层市场得以交换，以弥补一家一户散居生产、生活上的不足而发展起来的聚落，由于此类古镇发展受限于中心县城的经济辐射能力，故规模一般不大，但数量较多，大多为乡场。

表 4.1 重庆市国家级、市级历史文化名镇一览表

序号	古镇名称	区、县(自治县)	级 别	批 次	是否临河
1	涞滩古镇	合川区	国家级、市级	国家级(第一批、2003 年) 市级(第一批、2002 年)	是
2	西沱古镇	石柱土家族自治县	国家级	国家级(第一批、2003 年)	是
3	双江古镇	潼南区	国家级、市级	国家级(第一批、2003 年) 市级(第一批、2002 年)	是
4	龙兴古镇	渝北区	国家级、市级	国家级(第二批、2005 年) 市级(第二批、2012 年)	否
5	中山古镇	江津区	国家级、市级	国家级(第二批、2005 年) 市级(第一批、2002 年)	是
6	龙潭古镇	酉阳土家族苗族自治县	国家级、市级	国家级(第二批、2005 年) 市级(第一批、2002 年)	是
7	偏岩古镇	北碚区	国家级、市级	国家级(第三批、2007 年) 市级(第一批、2002 年)	是
8	塘河古镇	江津区	国家级、市级	国家级(第三批、2007 年) 市级(第一批、2002 年)	是
9	东溪古镇	綦江区	国家级、市级	国家级(第三批、2007 年) 市级(第二批、2012 年)	是
10	走马古镇	九龙坡区	国家级、市级	国家级(第四批、2008 年) 市级(第一批、2002 年)	否
11	丰盛古镇	巴南区	国家级、市级	国家级(第四批、2008 年) 市级(第一批、2002 年)	否
12	安居古镇	铜梁区	国家级、市级	国家级(第四批、2008 年) 市级(第一批、2002 年)	是
13	松溉古镇	永川区	国家级、市级	国家级(第四批、2008 年) 市级(第一批、2002 年)	是
14	路孔古镇(万灵古镇)	荣昌区	国家级、市级	国家级(第五批、2010 年) 市级(第一批、2002 年)	是
15	白沙古镇	江津区	国家级、市级	国家级(第五批、2010 年) 市级(第一批、2002 年)	是
16	宁厂古镇	巫溪县	国家级、市级	国家级(第五批、2010 年) 市级(第一批、2002 年)	是
17	濯水古镇	黔江区	国家级、市级	国家级(第六批、2014 年) 市级(第二批、2012 年)	是
18	温泉古镇	开州区	国家级、市级	国家级(第六批、2014 年) 市级(第二批、2012 年)	是
19	铁山古镇	大足区	市级	第一批(2002 年)	否
20	青羊古镇	涪陵区	市级	第二批(2012 年)	否
21	庙宇古镇	巫山县	市级	第一批(2002 年)	否
22	龙溪古镇	巫山县	市级	第二批(2012 年)	是
23	竹园古镇	奉节县	市级	第一批(2002 年)	否
24	罗田古镇	万州区	市级	第二批(2012 年)	否
25	龚滩古镇	酉阳土家族苗族自治县	市级	第一批(2002 年)	是
26	后溪古镇(西水河古镇)	酉阳土家族苗族自治县	市级	第一批(2002 年)	是
27	洪安古镇	秀山土家族苗族自治县	市级	第一批(2002 年)	是

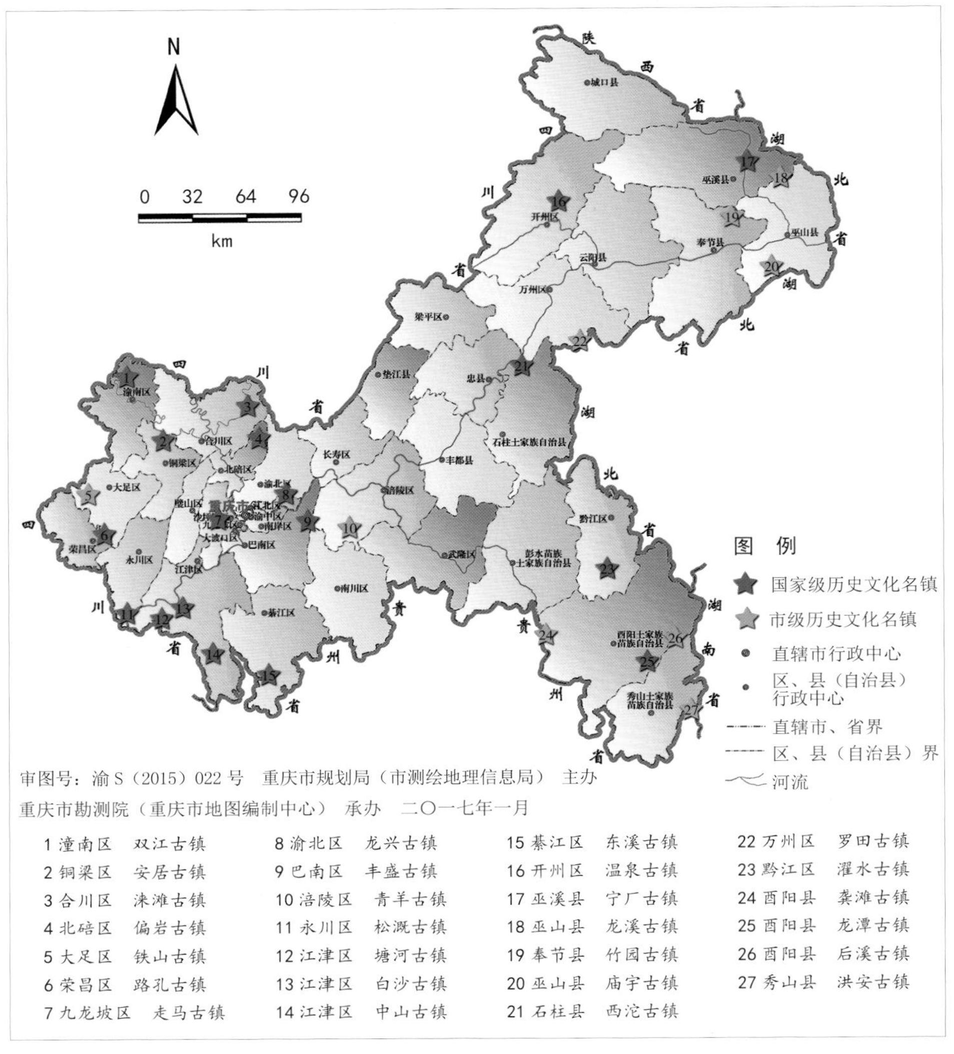

图 4.1 重庆市国家级、市级历史文化名镇分布示意图

2）商贸及交通节点型古镇

商贸及交通节点型古镇是重庆古镇中最具代表性和占据主流的古镇类型。历史上重庆地区由于受到自然条件限制，一直以来交通发展相对缓慢，直至明清两代，水陆交通网络逐渐完备。历史上，长江及其支流的水路发挥了重要作用。除此之外，各级驿道以及乡间小路使得陆路交通也变得日趋通畅、完善，便捷的交通带来了经济繁荣与商贸活跃，在一些四通八达的交通节点和区域交通枢纽，逐渐聚集形成了一些颇具规模的乡场集镇。根据其所处位置，这类集镇主要分为两类：一类是位于陆路枢纽的旱道场，如丰盛古镇、走马古镇等；另一类是位于江河沿岸码头的水路场，其中最负盛名的莫过于沿长江、嘉陵江、乌江、涪江、渠江、阿蓬江、酉水河、綦江等干支流航运线上的沿江古镇，如松溉古镇、西沱古镇、龚滩古镇、濯水古镇、东溪古镇等。

3）产业资源型古镇

产业资源型古镇主要是依托重要和特色资源或产业发展而形成的，比如盐业、矿业、制陶业等。以依靠盐业发展形成的彭水郁山古镇为例，从汉代始，郁山古镇就有了征收盐税的盐官，宋绍定元年（1228年），因当地玉山盐泉有“盐泉流白玉”之美誉，名玉山。清乾隆年间，曾有“万灶盐烟，郁江不夜天”之诗句形容古镇盛况。目前，重庆地区留存下来的此类代表性古镇还有宁厂古镇、云安古镇、温泉古镇等。

4）军事城寨型古镇

由于重庆地理位置特殊，地形复杂多样，自古便是战事爆发时兵家必争之地。在战乱频发的年代，常有一些要地、要塞、要冲、要津等地区为了加强军事防御和城防安全而大肆筑城造寨，随着历史的演变与发展，这些地方渐成了区域性的军事重镇。此类代表性古镇有涞滩古镇、路孔古镇等。

4.2.2 基于地貌形态的古镇类型

由于重庆地形地貌空间组合复杂、形态类型

多样，因此，根据地貌类型的特征，可将古镇的空间形态分为山地型、平坝型、丘陵型以及河谷型等四大类型。其中，山地型古镇又可分为山麓型、山腰型、山顶型3种类型；平坝型古镇可分为盆地平坝、河谷平坝、山麓平坝3种类型；丘陵型古镇可分为丘顶型和丘麓型2种类型；河谷型古镇可分为山地河谷型、丘陵河谷型和平坝河谷型3种类型。详见第3章。

4.2.3 基于平面形态的古镇类型

重庆古镇由于所处自然环境复杂多样，为适应生产生活需要，避免过度消耗良田耕地，古镇建设选址除利用浅丘平坝、地势平缓场地之外，还以台地和山坡地为主，形成了"高度复合，多维集约化，山、水、镇三位一体"的山地聚居形态。总体布局充分尊重地形地貌，依山就势，灵活自由，更多地反映出其因地制宜、顺应地方自然环境和社会经济环境的特点。归纳起来，重庆古镇布局平面形态主要有团块式、条带式、组团式、散点式4种平面类型。详见第3章。

4.2.4 基于竖向空间的古镇类型

通过实地调研，并参考《四川民居》一书中古镇聚落的类型特征，主要从古镇及其民居建筑的竖向空间特征来进行划分，归纳起来，主要有廊坊式、悬挑式、骑楼式、硐楼式、凉厅式、层叠式、包山式、寨堡式、封火山墙式、吊脚楼式等类型。详见第3章。

4.3 古镇空间构成

古镇作为一种连接城市与乡村的过渡媒介，一种中小型的传统聚落，在总体空间形态上表现得比较统一而集中，给人的印象也较为鲜明典范，可以说是一目了然，十分清晰直观，而且能较快地获得文化审美效应，常为城市所不及。古镇聚落从选址到布局形态，其内在的特质集中地表现在古镇的空间、环境和景观三个基本方面。然而，这三者又是糅合在一起、彼此不能分割的。空间由环境和景观构成，环境联系空间并与景观相融合，景观依靠空间和环境来展示（李先逵，2009）。它们完全是一个有机整体。只不过在不同的古镇形态中因具体的条件和要求而有所侧重，使某一方面表现得更为突出罢了。

重庆古镇大多依山傍水、随形就势、层层叠叠、错落有致，虽然规模不是很大，但空间构成多样，层次丰富，处理手法各有特点。归纳起来，大致可分为：点状、线状和面状3种空间类型。

4.3.1 点状空间

（1）镇口——开敞式标志空间

镇口又称为场口，一般具有两个作用：一是出入古镇的开敞式空间，不但具有导向作用，而且还提供了如凳子之类的休憩设施，起到人流、交通集聚与分流的作用；二是古镇的"脸面"，具有标志意义。所以，对镇口的营建就是一项"面子工程"，具有精神上、审美上的象征意义。因此，必须重点营造镇口这一标志性的开敞空间。

重庆地区的许多古镇不仅从空间布局上对镇口加以精心安排，而且在建筑形象上也颇有讲究。一种是以高大巍峨华丽的寺庙、戏楼或会馆矗立在镇口，以彰显镇口的气派，如位于偏岩古镇镇口的禹王庙、武庙与戏楼（图4.2）。另一种是在镇口建牌坊或门楼，这是一种典型的以标志纪念性建筑彰显镇口的方式。牌坊多以石构，大抵是功名牌坊或节孝牌坊之类，内容都是歌颂、纪念当地名人名事，很有乡土教化功能。这种牌坊甚至在镇口设好几座，形成古镇前导序列空间。有的牌坊主要起到彰显镇口的作用，如酉阳龚滩古镇临江镇口的牌坊（图4.3）。为了防御，有的门楼建成了城门楼，如涞滩古镇、路孔古镇、龙兴古镇的城门楼（图4.4）。第三种处理方式是在镇口前面路边建亭阁、灯杆或土地庙等小品建筑或设施，有的还种植高大的风水树，尤其临溪河的古镇多有各式小桥，也成为镇口一景。例如，中山古镇镇口建有亭子（图4.5），龚滩古镇另一镇口建有文昌阁、三抚庙（图4.6），罗田古镇的石拱桥，偏岩古镇镇口的风水树等（图4.7）。

（2）街口——有节奏的节点空间

古镇的街口一般包括街巷起点、终点，街巷交叉的节点，以及一条街划分成若干段的分界点，这些街口使古镇的街巷空间产生一种有秩序的节奏感。虽然有的古镇不大，主街也不太长，但这些节点空间还是存在的。而且这些小节点空间形态自由活泼、生动有趣，大大增强了古镇空间的个性特

（a）远景

（b）近景

图 4.2　北碚区偏岩古镇镇口（禹王宫、武庙与戏楼）

图 4.3　酉阳县龚滩古镇镇口牌坊

图 4.4　渝北区龙兴古镇镇口城门楼

图 4.5　江津区中山古镇镇口亭子

图 4.6　酉阳县龚滩古镇镇口三抚庙

征。如中山古镇的主街被分成8个段落，每个段落空间的转折过渡形成了有节奏的变化，街景也随之变化，体现出十分丰富的层次感。转折处还有街口空间自身的变化，如连接两段老街的卷洞桥街口，此处空间开敞，街道转折，各列民居多视角变化，场外江景纳入街内，景观十分丰富，展示了这个卷洞古桥周围环境的特色（图4.8）。另外，由于重庆山地地形的影响，使许多古镇的街巷空间成为独具特色的半边街、爬山街、蛇形街等，从而导致了在转折过渡处形成了韵味十足的街口（图4.9、图4.10）。

还有的古镇采用系列成组的牌坊、城门等来划分街道段落，使这些牌坊、城门成为街口空间的主体景观。如铜梁安居古镇，其主街之一——大南街、火神庙街等，从镇口到镇尾有牌坊、城门把主街划分三段，这些牌坊、城门成为街口的亮点，空间拓宽，街景生动。随地形高低变化，街道空间层次感丰富。这样的街口空间处理，使得古镇的地方个性特征显得十分鲜明（图4.11）。

为了突出街口的转折变化，有的古镇常在拐弯处建楼房。街口处空间较宽大，给这些楼房有可展示的地方，也使街道的天际线产生高低错落的变化，更突出的是在十字街口或多条街交叉口及广场等处修建标志性建筑来展示街口空间，从而使街道的节奏达到街景艺术景观的高潮。如涞滩古镇在三岔路街口修建的标志性建筑（图4.12）。

（3）码头渡口——交通性景观空间

古镇的码头或渡口主要解决交通运输问题，但也有重要的景观作用，特别是兼作镇口的前导空间时，更为明显。一般地，码头渡口处的视线比较开阔，也适于展示古镇的主景观风貌。临河古镇的

（a）万州区罗田古镇镇口普济桥

（b）北碚区偏岩古镇镇口风水树

图 4.7　古镇镇口石拱桥与风水树

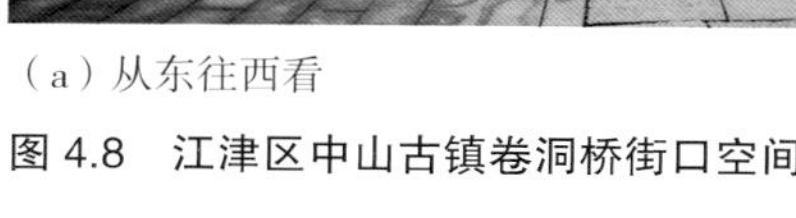

（a）从东往西看

（b）从西往东看

图 4.8　江津区中山古镇卷洞桥街口空间

图 4.9　渝北区龙兴古镇爬山街街口

图 4.10　酉阳县龚滩古镇半边街街口

（a）科甲坊

（b）引凤门

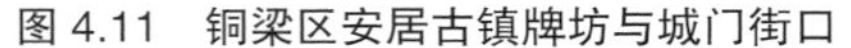

图 4.11　铜梁区安居古镇牌坊与城门街口

图 4.12　合川区涞滩古镇三岔路街口

码头渡口多连接镇口，常采用宽大石梯和高耸的吊脚楼来突出镇口。例如，江津唐河古镇，主码头从河边上数十步台阶经一寨门进入正街，台阶均为圆弧状，呈扇形由上往下逐级放宽，直入水中，既美观大方，又切合实用［图4.17（c）］；秀山洪安古镇沿河码头宽约十余米的大台阶直上大街，而且码头选址在古镇主街风水轴上，背后笔架山映衬，一派山水古镇风貌，渡船以两岸拉绳牵引，称为拉拉渡，别有风味，增添了古镇不少乡村情趣（图4.13）。渡口处常植古木大树，除了河边的驳岸、石台阶之外，还建一些小庙、石碑或幺店子之类，使渡口成为尺度小巧的一景观空间。

（a）语录塔

（b）拉拉渡

图 4.13　秀山县洪安古镇码头渡口空间

（a）黔江区濯水古镇

（b）合川区涞滩古镇

图 4.14　古镇中的一字街

4.3.2　线状空间

（1）街巷——商业型主体空间

古镇的兴起主要是源于满足农村商品交易与货物集散的需要，因此商业功能是第一位的。虽然作为聚落，居住也是必须的，但古镇的这种居住也是服从于经营活动的，所以一般古镇是以店宅合一的形式居多，临街几乎都开设为敞开的铺面。作为商业型空间的街巷是古镇的主体空间，在营造过程中往往倾注了莫大的关注与热情，古镇特色主要集中表现在这里。一般古镇都有一条主街，规模较大的古镇则有多条主街，再由主街依地势派生出若干小巷，形成不同形态的骨架脉络和空间环境。无论采取什么处理方式，目的都是尽可能在有限的基地条件下，使商业街能够容纳更多的赶场人，使他们有更舒适的交易环境，有更多的停留时间，也就是力图营建一个全天候、多功能的市场。常用的处理手法有：拓宽主街、增加遮盖面积、临街建楼房等。

重庆古镇因受地形的影响，其街巷空间因地制宜，随形就势，一般可分为以下几种类型：一字街（图4.14）、半边街（图4.15）、廊式街、爬山街、蛇形街等，另外还有许多宽窄不一的巷子（图4.16）。

（2）河流岸线——亲水性开敞空间

重庆古镇大多选址于河流岸边。河流不但制约了古镇的空间形态，而且也形成了独具地域特色的亲水开敞空间。这些空间基本上是在原始地形基础之上，稍加人工修饰而形成的，具有十分原始的生态性。岸线弯曲伸展自然，富有动感；岸坡有的陡峭如悬崖，有的舒缓如平地；岸边有的乱石林立，有的平缓舒展，有的古树参天，有的小桥流水，

图 4.15　酉阳县龚滩古镇的半边街

图 4.16　开州区温泉古镇的巷子

（a）黔江区濯水古镇

（b）江津区中山古镇

（c）江津区塘河古镇

图 4.17　古镇河流岸线

有的水草丰盛，鱼类、青蛙等动物十分丰富，有的甚至还开垦为季节性的蔬菜地（夏季洪水时被淹没，冬春枯水时露出）。沿河建筑大多悬挑吊脚、拖檐靠崖，与岸线融为一体，宛自天成（图4.17）。

4.3.3　面状空间

（1）院坝——广场式公共空间

在重庆古镇中有许多供公共集聚活动的广场，当地人称之为“院坝”或“坝坝街”，其作用主要是供看戏、娱乐、祭祀活动或某些公共集会，也兼及一些集市营业作用（图4.18）。院坝有多种不同的表现形式，大多同戏楼、会馆或寺庙等公共建筑相结合而成。这些公共建筑的入口即从架空的戏楼底下通过，戏楼前是一大院坝，逢场看戏或庙会、公共集会就在院坝中（图4.19）。而且这种院坝式的广场常结合建筑依山布置，同后面大殿的台阶联系在一起，台阶也成了观众席。院坝空间充分体现山地广场的特征，如荣昌区路孔古镇禹王宫院坝就是这样：在四面围合的宽大院落中，戏楼两侧是带外骑楼的厢房，后面是近10个踏步的大台阶，之上为禹王宫正殿。整个院坝加上大台阶，至少可容纳200～300人（图4.20）。更有甚者，有的戏楼空间更为开敞，直接让街道穿过院坝广场，同正街连为一体，就像串糖葫芦一样，街道通过院坝把会馆戏楼串联在一起，形成更为开放的古镇公共空间，如九龙坡区走马古镇就是利用了这样的灵活处理

图 4.18 黔江区濯水古镇戏楼前广场

图 4.19 永川区松溉古镇罗家祠堂戏楼前院坝

图 4.20 荣昌区路孔古镇禹王宫戏楼前院坝

图 4.21 九龙坡区走马古镇武庙戏楼前广场

图 4.22 江津区塘河古镇主街小广场

手法（图4.21）。

还有一种形式是在主街上形成小广场，或在镇头、镇尾开敞处形成较大的广场。例如，江津塘河古镇在主街辟出小广场（图4.22）；涞滩古镇在镇头——瓮城前面形成较大的广场；西沱古镇利用宽展的码头坝子作为古镇的广场空间（图4.23）。

（2）晒坝菜园——有人情味的生产性空间

除了院坝广场这一空间形态外，古镇还有一种面状空间常不被注意。这就是一些供手工业生产、农副业加工用的一些场地，如专业作坊的露天场地，称为“晒坝”或“晾坝”，可以在这里晾晒菜干、湿面条或布匹、丝麻之类的加工品，像染房有高高的晾布杆，酱园有各式腌泡菜的缸坛，压面房有晒架，等等。特别是在一些专门出产地方土特产的古镇，这些晒坝要占据不少的场地空间，使古镇的开敞空间显现出特别的地方色彩，富于生活乐趣和人情风味，成为此类古镇的一大特色（图4.24）。

另外一种生产性空间就是菜园，包括菜地和果园。传统古镇根植于乡村田野，除了四周有耕地、山林形成古镇周围田园风光之外，还有在古镇中的空地或靠近古镇的街边房角种植蔬菜或栽种果树。这既是一种生产，又是一种绿化，形成了生产性的绿化空间，具有浓郁的乡土气息。它作为一种过渡空间，使古镇与周围田园、山林、河流等自然环境结合得更加紧密、更加亲近、更加和谐。漫步于古镇石板街上，就近的街边屋侧，几株番茄，小块面积的小葱、蒜苗，爬在藤架上的丝瓜、南瓜、金瓜，几株桃树、李子树、柑橘树、琵琶树等，果实累累，

（a）广场与民居

（b）牌坊

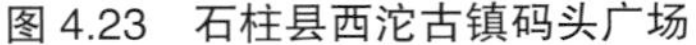

图 4.23　石柱县西沱古镇码头广场

（a）綦江区东溪古镇

（b）巴南区丰盛古镇

图 4.24　古镇中的晒坝

色彩斑斓，这些农家小景、乡村野趣与街上民居建筑、商业铺面融合得那么的自然生动，情景和谐，宛自天成（图4.25）。

4.4 古镇生态环境

重庆古镇在形成与发展过程中，从风水选址、规划布局到空间形态，均能依山就势，因地制宜，总是把生态环境要素放在第一位，体现了一种天人合一的营造理念。重庆众多古镇之所以环境优美、风光秀丽，其根本原因就在于此。美丽的环境产生优美的建筑，当然，优美的建筑必然增色美丽的环境。环境与建筑是相得益彰、互为融合的。重庆古镇的生态环境要素主要体现在山水格局、生态绿化、水面岸线和环境设施营建等方面。

4.4.1 山水格局的尊重

很多古镇在选址布局时，或多或少都受风水学的影响："龙要真，砂要秀，水要抱，穴要的，向要吉"，即"背有靠山，前有向山；依山面水，负阴抱阳"的风水宝地。其实，古镇在选址中所追寻的理想人居环境模式，也是在人们头脑中形成的一种环境景观意象。其意图是使古镇坐落于一个优美的山水格局环境之中，即所谓的"风水宝地"，这其实就是风水环境。因此，尊重这个环境中的一山一水、一草一木是极其重要而又十分自然的事。不管这里面有没有自然崇拜，或附会"龙脉"等迷信成分，从实际的存在中可以看到这些古镇都有一个美丽的自然山水环境。古镇与周围的山水体系是共生共荣、相得益彰的。山得水而秀，水得山而灵，镇得山水而生，山水得镇而活。这一辩证统一的关系在古镇聚落的山水格局中得到了鲜明体现。

例如，铜梁安居古镇，有1 500多年历史。古镇背倚群山，面向江河，山环水绕，易守难攻，选址十分科学合理，大多位于琼江、涪江1~3级阶地上。境内多山，主要分布在东、南、西三面，包括波仑山、飞凤山、化龙山、清凉山等丘陵山地。其中，化龙山与飞凤山横亘于古镇内部，山体走势限定了会龙街、大南街的走向；迎龙山、清凉山与涪江、琼江、乌木溪的结合，形成了古镇的外部山水空间；镇郊的波仑山形如游龙，与周围的农田、村庄融为一体，山水相映，分外妖娆。地势南高北低，呈阶梯状向北倾斜，海拔在210~300 m（图3.32）。传统民居层层叠叠，高低错落，依崖而建，形成了典型的山地传统聚落。

从安居古镇的风水选址来看，龙脉为化龙山、波仑山，主山（玄武山）为化龙山，左砂（青龙砂）为清凉山，右砂（白虎砂）为飞凤山，案山（朱雀山）为迎龙山，天门（来水）为琼江，水口（地户）为涪江。整个古镇完全是按照"左青龙、右白虎、前朱雀、后玄武"的地形进行选址，是一块"背有靠山，前有向山；依山面水，负阴抱阳"的风水宝地，体现了"山

（a）巫山县龙溪古镇

（b）铜梁区安居古镇

图 4.25 古镇中的菜园

有来龙昂秀发，水须围抱作环形，明堂宽大斯为福，水口收藏积万金”的风水理念。这其实是对自然山水格局的尊重，是对理想人居环境的追寻。从现代科学来看，其选址具有以下特点：土地肥沃，物产丰富，利于百姓繁衍生息；交通便利，四通八达，利于促进经济社会发展；江河要冲，环境独特，构成古镇安全体系；选址考究，近山避水，确保防洪必需。在继承我国古代城镇选址的风水观念的基础上，又充分体现了“因天材就地利，城郭不必中规矩，道路不必中准绳”的思想。安居古镇地形起伏不平，道路因山势就水形，呈盘旋状向前伸展，贯穿整个古镇。此外，古镇的建设尊重传统崇尚自然的理念，重视对山水环境的营建，民居建筑大多依山就势，层层叠叠，错落有致。从江面上远观，古镇小山城在众多青山绿水的怀抱中显得恬静优雅。高低起伏变化的山脊与错落有致的古镇轮廓相互呼应，倒映水中，呈一幅“山—水—镇”和谐灵动的画面。再如路孔古镇也是山、水、镇、人交相辉映，相得益彰，宛如一幅徐徐展开的山水画卷（图4.26）。

4.4.2 生态绿化的培育

对周围自然山水格局的尊重，不仅不能随意破坏和改变原生地貌景观与空间格局，而且还需要对山地、河流岸边的植被绿化进行保护和培育，不得乱砍滥伐。有的古镇还制订有乡规民约，保护森林树木，并世代遵守成为传统美德，所以很多历史悠久的古镇得以保留美好的生态环境。例如，江津中山古镇在场口河对岸岩壁上刻有清代的告示，严禁

（a）铜梁区安居古镇

（b）荣昌区路孔古镇

图 4.26　古镇自然山水格局

（a）綦江区东溪古镇

（b）江津区中山古镇

图 4.27　古镇生态环境绿化

在周围的山上砍树伐薪，违者有罚。古镇笋溪河畔翠竹葱茏，两岸青山连连，生态环境十分优良，不能不说与乡民爱林护林这一优良传统有关。再如，东溪古镇掩映在黄葛树丛林之中，宛如仙境一般（图4.27）。

众多古镇都有目的地培植和营造周边的绿化环境，形成了古树参天、小桥流水、粉墙黛瓦的诗意栖居地。例如，北碚偏岩古镇，因其北段有一高约30 m的岩壁高耸倾斜，悬空陡峭，成为奇景而得名。然而更有名的是古镇的黄葛树，沿着绕镇小溪黑水滩河岸边数十棵姿态各异的高大黄葛树，盘根错节，贴于石坎之上，枝繁叶茂，“树伞如盖”，大多有上百年树龄。古镇老街有400余米长，鳞次栉比的临水穿斗民居几乎全都掩映于黄葛树的浓荫之下，处在青山绿水古树的簇拥之中，吸引无数游客和画家、艺术家来此观光、写生、采风。这么多的古树能留存至今，不仅美化了古镇的生态环境，同时又是古镇的历史见证（图4.28）。

植被绿化不仅是自然界的一面镜子，而且也是衡量古镇历史、品质及文化底蕴的一把尺子。黄葛树是重庆的市树，具有悠久的历史，大小古镇都喜欢种植，不仅高大浓密，覆盖面宽，而且树形潇洒，树根苍劲古拙，又易于生长，在岩坎峭壁拔地而起，很有活力（图4.29）。除了黄葛树之外，在古镇还喜欢种植皂角、乌桕、槐树、梧桐、榆树、银杏、香樟、苦楝、柳树等高大乔木以及桃树、李树、枇杷树、柑橘树、柚子树等各种果树。

此外，有的古镇还有培植风水之说，常将镇口旁的大树作为一种进入古镇的标识，故以“风水树”名之，意寓为来此赶场的人带来好运，这也是一种追求吉祥生活的愿望和寄托。有的也把包围古镇的竹林当作风水林加以维护，形成特别的绿化环境景观。正如宋代大诗人苏东坡诗云“宁可食无肉，不可居无竹。无肉使人瘦，无竹使人俗。”所以古镇与民居周围大量种植成片的竹林成为风尚。竹子种类多样，有高大的楠竹、秀气的慈竹、美观的斑竹、密实的罗汉竹，等等，均各有其风雅，是重庆

（a）俯瞰古镇镇口

（b）临河而居的传统民居

图 4.28 掩映在黄葛树中的偏岩古镇

图 4.29 巫山县龙溪古镇中的高大黄葛树

乡间最为普遍的绿化。除此之外，有的还喜欢种植玉兰、蜡梅、万年青、美人蕉、三角梅等观赏性植物（图4.30）。

4.4.3 水面岸线的维护

重庆古镇绝大多数都是临水而建，因此有各种不同的水环境。这些水环境的好坏直接影响到古镇的生存与发展。它既给古镇提供生活生产用水，又同古镇其他环境要素紧密联系在一起，成为古镇整个生态环境的重要组成部分和基础条件。而且水面也是古镇环境最具有表现力、最具灵气的景观要素，正如"镇因山而伟岸，镇因水而灵活"。因此，重庆古镇无不对其所在的江河、溪涧、湖塘倍加爱惜保护，形成独具地域特色的水环境。这种水环境大致有3种基本类型。

1）濒临大江大河的古镇

这种古镇一般紧邻如长江、嘉陵江、乌江、涪江、阿蓬江等较大干流和支流，是因水路交通便利而形成的。这里江面宽阔，岸线较长，码头渡口众多，陆路交通也较发达。因此，这种古镇也大都是水陆码头的交通枢纽，常沿江边修建宽大石阶梯道，以及石砌护坎驳岸。来往船只停泊古镇码头渡口，往昔景象是楼船千帆，荡桨竞渡，货运客流，热闹繁忙。码头渡口建设和岸线保护是这种较大古镇水环境的主要特征，如石柱县西沱古镇、永川区松溉古镇、沙坪坝区磁器口古镇、江津区白沙古镇等（图4.31）。

2）濒临中小支流溪河的古镇

这种古镇旁边的河流水面较宽，可通中小型木船，有的为水路运输的终点码头，是周围农村和山区山货土特产集散地，与上述水码头相比，虽停靠的木船筏屋规模数量略小，但却仍

图 4.30 石柱县西沱古镇的三角梅

（a）高高的石台阶

（b）水面岸线

图 4.31 濒临长江的江津区白沙古镇

不失为山区繁华热闹的地方，为一方乡里商贸、宗教、文化中心。这种古镇是农村古镇地方文化特色最集中的典型代表。它们大都因山就势建于河湾之处，屋宇错落有致，四周林木繁盛，其河流岸线弯曲伸展自然，富有动感，岸坡舒缓延伸，小桥流水，婉转平静，码头精巧随宜，河滩卵石细沙，好一个原生态的河谷自然面貌，古朴雅致的古镇就安闲地坐落其间，真是“天人合一”的意境典范。如江津区塘河古镇、荣昌区路孔古镇等（图4.32）。

3）位于山间沟谷及溪涧山泉的古镇

这种古镇的水环境纵比降变化大，水面尺度更小，环境景观独具特色，更具有山村乡居或山地峡谷山居的风貌，或有淙淙流水的小溪，或有飞泉直泻的深沟。较少通舟楫，古镇的水环境更为亲切，更为宜人，周围山水环境更加质朴自然，原生环境保护得更好。这里的乡民也更加珍惜水源，更加保护水质，上游用于饮水，不能污染，洗菜洗衣服都在下游方向。水边岸线一律自然形态，常有小溪穿镇而过，临溪而建的房屋或吊脚或建石堤堡坎，与水面亲近相伴。因场地狭窄，多有半边街敞开，亮出水面展示环境景观。如綦江区东溪古镇，临綦河东岸，沿高差甚大的山溪而建，其近处的峡谷瀑布及黄葛树群，构成了该古镇独有的环境特色。类似的古镇还有秀山县石堤古镇、奉节县竹园古镇、云阳县云安古镇等。在渝东南、渝东北地区这类水环境的古镇比较多。

4.4.4 环境设施的营建

古镇除了对建筑、道路的营建之外，还离不开对一些环境设施进行建设，其中最为重要的是桥梁和环境小品构筑。

1）古镇桥梁

重庆古镇多与水结缘，故离不开对桥的营建，重庆乡村的桥以前很多，有着把修桥补路列为善举功德之事。除了古镇上的桥，还有不少散见于道路之间的桥。古镇上的桥是古镇环境不可分割的组成部分，尤其是桥常作为镇口的先导，其位置和作用更加受到重视，甚至成为古镇的一种标志和主要景观。桥的规模、大小当与跨越的空间有关，古镇内的桥一般较小，最短仅数米，主要解决内部交通，如龚滩古镇的桥重桥（图4.33）；古镇旁边的桥则跨度较大，可达20～30 m，主要解决对外交通。聚落的桥梁尺度基本上是与聚落的大小规模相匹配协调的。所以，对于乡村古镇来说，其桥梁的营建尺度常常使古镇环境有“小桥、流水、人家”的意蕴。

古镇桥梁按形式构造可分为五大类：跳磴桥、石梁桥、石拱桥、索桥、风雨廊桥等。按照材料可分为石桥、木桥、木石混合桥、铁索桥四类。

石桥有两种形式，平桥和拱桥。平桥规模较小，以长石条立桥墩架设，常令人惊叹的是有的石条既长且厚，重达数吨，其开采、搬运、架设的难度可想而知，施工方法之巧妙很值得探究。石拱桥

（a）水面岸线

（b）水坝跌水

图 4.32 濒临濑溪河的荣昌区路孔古镇

的形式用得最多，有不少造型简洁而秀雅，如荣昌区路孔古镇的大荣桥、万州区罗田古镇的普济桥、涪陵区蔺市古镇的龙门桥等（图4.34~4.37）。

木桥和木石混合桥多为风雨廊桥形式，是最受乡民们喜爱的桥型。赶场之日可在桥上小憩观景。其造型几乎与古镇民居相似，双坡顶小青瓦，列柱扶栏美人靠，与桥头的房舍结为一体，若古镇是廊坊式大檐廊，在空间风格上风雨桥与古镇完全融成一片。全木结构的廊桥一般跨度较小，结构复杂。例如，丰都县包鸾镇的风雨廊桥，该桥为全木

图 4.33　酉阳县龚滩古镇桥重桥

图 4.34　荣昌区路孔古镇大荣桥

（a）龙尾

（b）龙头

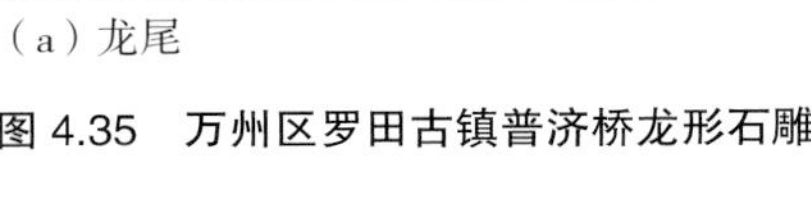

图 4.35　万州区罗田古镇普济桥龙形石雕

结构的廊桥，建于入镇口的小河上，重檐歇山顶，跨度约20 m、宽7 m，结构独特，类似桁架式组合结构，尺度适宜，造型优美，具古镇民居风格（图4.38）。再如酉阳县清泉古镇的风雨廊桥、綦江区东溪古镇风雨廊桥等。目前重庆的风雨廊侨，当属黔江区濯水古镇的风雨廊桥最长，有“亚洲之最”的美誉（图4.39）。

铁索吊桥也是一种独特的交通方式。由于在山区造石桥、木桥的成本大，因此许多地方就造成本较低的铁索吊桥，如巫溪县宁厂古镇的铁索吊

图 4.36 万州区罗田古镇普济桥

图 4.37 涪陵区蔺市古镇龙门桥

（a）外观

（b）梁架结构

图 4.38 丰都县包鸾镇的风雨廊桥

（a）外观

（b）梁架结构

图 4.39 黔江区濯水古镇风雨廊桥

桥（图4.40）、酉阳县后溪古镇的铁索吊桥等（图4.41）。除桥之外的涉水方式，还有石跳磴、汀步、过水堤、拉拉渡等，这些都是很有乡土特色的环境设施。

2）环境小品构筑

具有浓郁民风民俗的环境小品，也为古镇环境增加了不少的丰富性和文化性，具有一定的乡土教化作用。如古镇近旁的路亭、牌坊、碑刻、土地庙、字库塔、水井、水车、石栏，等等，具有丰富的历史故事和文化底蕴，不但能增添古镇的景观性和标识性，而且能彰显古镇曾经的沧桑与辉煌（图4.42～4.45）。

图 4.40　巫溪县宁厂古镇铁索吊桥

图 4.41　酉阳县后溪古镇铁索吊桥

图 4.42　字库塔（綦江区东溪古镇）

图 4.43　路亭（酉阳县龚滩古镇）

图 4.44　古井（酉阳县龙潭古镇）

图 4.45　水车（荣昌区路孔古镇）

4.5 古镇景观形象

由于地形起伏较大，重庆古镇的竖向空间和灰空间都较为发达，不论是古镇内部还是古镇四周都有多角度、多视角的景观形象展开，呈现出与平原古镇很不相同的四维立体景观形象，并同古镇内外空间景观形成强烈的互动和对应，构成了山地古镇富有动感、勤于变幻的景观特征。

4.5.1 素雅的流动街景

因地形地貌的限制，重庆古镇的街巷空间大都上下高低起伏、左右弯曲转折，以及存在大量的灰空间，从而使得古镇街景富于流动、善于变化，常常达到“山重水复疑无路，柳暗花明又一村”的步移景异、曲径通幽的效果，如同在中国古典园林流动空间中的感受一样。其格调既素雅而又富于变幻，如墨分五色的中国山水画一样。流动的街景主要体现在高直的石梯、弯曲的街巷、光影奇幻的檐廊等三个方面（图4.46~4.48）。

1）高直的石梯

不论哪种类型的山地古镇，首先映入眼帘且占据最大画面的当属梯道空间。石阶梯大体规则，但不强求一律，铺筑变化随宜。有的地方就是在自然山岩石盘上开凿磴道踏步。主街小巷的梯道或坡道都各不相同。因此，山地古镇的“梯坎街”“坡坡街”的变化是一大景观形象。在这方面，石柱县西沱古镇连续的石阶——“云梯街”当属重庆古镇梯街之最。

2）弯曲的街巷

由于地形的影响，重庆古镇的街巷大多沿等高线蜿蜒延伸，弯曲自如，形同“龙蛇”爬行一般，

图 4.46 石柱县西沱古镇“云梯街”与光影

图 4.47 合川区涞滩古镇龙形街与光影

图 4.48 酉阳县龚滩古镇梯坎街与光影

故又称“龙形街”或“蛇形街”。弯曲的街巷空间同竖向的“梯坎街”“坡坡街”空间形成强烈反差，显得层次更为深远流转，加上屋檐的高低错落和房屋进退参差不齐，这种模糊空间形态的不定性强化了流动的韵律感。尤其是当有若干弧形或带鳌尖的封火山墙，在天际线上层层涌动，街景愈发生动有趣（图4.49）。

3）光影奇幻的檐廊

由于重庆高温多雨的气候特征，使得大宽檐和檐廊空间特别发达，再加上地形高低起伏，街巷蜿蜒曲折，使得街景更富于动感变化。随太阳高度的变化，古镇街巷光影千变万化，场景明暗对比异常强烈，灰空间里的层次变化也特别丰富，使流动的街景增添了几分迷离和神奇。

4.5.2 强烈的立体景象

与平原地区的古镇相比，重庆古镇具有明显的立体景象，其原因主要是地形高低起伏、变化多样，导致古镇建筑、道路、开敞空间等随形就势，层层叠叠，错落有致，与周围的山地丘陵、河流水体、森林植被、田园景观相互交融、相互映衬，在统一中有变化，在变化中求统一，宛如一尊具有强烈立体感的山水雕塑。不管是在镇内，还是镇外，从平视、仰视、俯视，以及前、后、左、右多角度地观看，都会获得意想不到的景观体验与艺术感染。

1）平视的景观体验

由于重庆地区具有相同的文化背景与大同小异的地貌环境，使得重庆古镇在风貌与品格上具有许多共性：走进任何一个古镇，平视过去，穿斗架、木板壁、吊脚楼、过街楼、格扇门、石板路、蛇形街、梯坎街、坡坡街、半边街、高台阶、大堡坎、戏台子、幺店子、风雨桥、石牌坊及各类房舍，再加上黄葛树、斑竹林以及零星的菜园，色彩朴素淡雅，空间动感强烈，光影变幻无穷，这些就是重庆乡间古镇的普遍景观形象。但是它们散布在各种复杂多样没有一处相同的自然地貌上随机赋形，便形成迥然不同的群体组合形象。就如同世上没有两棵完全相同的树一样，每个古镇都从各自的基地上生长出来，风貌千差万别，但与环境相得益彰，融为一体。

2）俯视的景观体验

居高临下，最引人注目的便是古镇第五立面——连续坡屋顶组合而成的景观形象。重庆古镇民居建筑的屋顶大多为悬山顶，部分为歇山顶、攒尖顶或封火山墙式屋顶，屋面材料大多为黛黑色的小青瓦，素雅宁静。但是随着地形高低起伏、蜿蜒曲折地变化，民居建筑的屋顶也随之或高或低，或左或右，若干个屋顶连成一线，形如一条巨龙。若干条线汇集成一片，宛如群龙聚会。有的俯首聆听，有的悠闲自得，有的翩翩起舞，可谓神态各异。有的婀娜多姿，充满了柔曲之美；有的简洁明快，彰显了刚劲之力，可谓异彩纷呈。

总之，俯视重庆古镇，那黛黑色的冷摊瓦双坡顶轻盈灵动、此起彼伏，粉墙穿斗架散布其间，各形各色的封火山墙争奇斗艳。层层叠叠的山墙屋面如潮涌动，气势壮观。那簇拥的瓦顶就像一片片龙鳞，主街狭长犹如龙脊，整个古镇

图4.49 富有动感的封火山墙（黔江区濯水古镇）

就如一条苍龙奔腾远去（图4.50）。特别是位于峡江绝壁之处的古镇，从山上俯视，在惊涛拍岸的江流底景下，如游龙般的古镇似乎悬挂于峡谷陡壁之上，既惊绝奇险，又十分婉转生动。

3）仰视的景观体验

由于重庆古镇大多位于山地丘陵地区，从下向上仰视，可获得完全不一样的景观体验。尤其是矗立于江岸陡壁之上的古镇，凌空的姿态、吊脚的惊险、高坎台基的气势，都出人意料的壮观，而那轮廓无比丰富的古镇天际线，翼角飞檐，飘逸潇洒，辉映蓝天。总之，悬虚的吊脚、坚实的筑台、翼展般的出檐、错落变化的天际轮廓线，同样也是重庆古镇最突出的景观形象之一（图4.51~4.53）。

4）多变的天际轮廓线

大多数古镇的地形变化大，沟壑纵横，使得古镇的天际轮廓线起伏曲折，十分动人，具有很强的艺术表现力，这对古镇特色及风貌的形成起了很大的作用。其中，山脊与沟谷是形成古镇天际轮廓线的重要因素，特别是当建筑分布较多且布满山坡时，随着地形起伏，高低错落，形成了古镇富有特色的天际轮廓线。而在山地背景的衬托下，古镇显现出了一种剪影般的艺术效果。丰富的屋顶形式和朴素的色彩，变化而有节奏，使不同标高的民居建筑，层层叠叠，错落有致，宛如天造地设一般。

4.5.3 丰富的八景文化

重庆古镇历史悠久，文化厚重，常有内涵十分丰富的“八景文化”。实际上，它是中国传统山水城镇的一种文化精神，即十分注重城镇与周围自然山水的呼应与和谐，纳山水美景于城镇空间意境之中，而形成的“八景”“十景”之类的风景名胜。这类风景名胜，含有该镇的自然景观、历史人文、故事传说及风土人情，是一种极富地域特色而又十分普遍的文化景观现象。蕴含了丰富的人文精神和艺术品格，体现了中国山水美学的博大精深与源远流长。

但凡有一定发展历史的古镇都有自己的“八景”“十景”，甚至“十二景”或多个“八景”，不但有雅致的名称，而且还有文人骚客的历代歌咏题记。每一个景点取名都富有诗意，并根据其特色进行了高度的浓缩与概括，起到画龙点睛之作用。这

图 4.50 江津区塘河古镇俯视

些景点名称不但能反映出该镇曾经辉煌的历史、独特的景色、鼎盛的文风，而且也能反映出民众的希望及文人骚客的情怀。如铜梁“安居八景”：化龙钟秀、飞凤毓灵、紫极烟霞、圣水晚眺、波仑捧月、关溅流杯、琼花献瑞、石马呈祥（图4.54）。诗词歌赋的赞美都是特色的描写和精彩的点评。如安居第一景的“化龙钟秀”是指古镇背靠的主山化龙山景色，并有诗赞云：

山灵已化龙飞云，尚有风雷护此山。
势峡岷峨腾浪起，雄盘巴蜀待云还。
珠跳岸瀑泉常吼，香润苔花石不顽。
奇气于今钟我辈，如将霖雨济民艰。

这诗不仅把该景主题特色予以概括，而且对于它作为古镇主山的风水也寄予了民生的希望。由自然景观美的欣赏提升到了对理想生活的追求，这就是人文精神对建筑景观的诠释（赵万民、李泽新，2007）。同时，在古镇营建过程中，这些景观诗词表达的诗境空间意象也会对其规划建设有指导作用，对古镇的街巷布局或建筑选址，都会产生影响，甚至成为一种营建原则。如某一街巷或建筑要以某景点为参照，与之相呼应，成为对景或底景，等等。而且“八景”中的各个景点在营建中也相互成为对景，对风景建筑的选址、造型、方位都有直接的调控作用。因此，“八景文化”常常成为山地古镇景观规划的重要目标和主要内容。

很多古镇都有类似的“八景文化”。例如，合川“涞滩八景”：经盘雯日、渠江渔火、峡石迎风、层楼江声、佛岩仙迹、龙洞清泉、鹫峰云霞、字梁濯波（图4.55）。潼南“双江八景”：榕桥银帘、黄龙拱翠、涪江清流、桃源落英、长滩幽篁、猴溪皓月、晓塘新荷、橙荫晚香（吴涛，2004）。酉阳龚滩不仅有“周边八景”，而且还有“河下八景”和“对岸八景”。这些景点实际上都是古镇内外环境空间的景观特征，把它们标识出来，赋予美好的文雅名号，表达了人们对自身居住场所的欣赏和赞美，既是一种对自然环境的尊重，也是城镇文化建设的一项重要内容，同时也使民风民俗得到教化提升（李先奎，2009）。这不仅表达了人们与其生存环境关系的本质思想，而且也蕴含了丰富的景观形态。

图 4.51　江津区白沙古镇的悬空吊脚

图 4.52　黔江区濯水古镇悬空吊脚与翼展出檐

4.5.4　明显的标志景观

古镇不论大小，除了一般民宅力争建得美观一些外，还有一些重点建筑需集中财力、人力建得更为气派高大，尤其是古镇的一些茶楼酒肆、客栈戏楼等商业建筑及寺庙宫观、祠庙会馆等重要祭祀建筑，成为古镇的标志，以此作为古镇对外景观形象的展示，引起乡民自豪与夸耀，凝聚一方浓厚的乡情。古镇标志性景观主要包括风水塔、亭台楼阁、寺庙宫观、祠庙会馆、茶楼酒肆、客栈戏楼、牌坊城门、寨堡碉楼、古树古井、古桥古道、码头渡口等。从"景观信息链"理论来看，这些标志性景观就是古镇的景观信息点，蕴含了古镇十分丰富的物质文化与非物质文化内涵，是古镇典型的、具有代表性的文化基因。

风水塔：又称文笔塔或文峰塔，是古镇一道重要的水口景观，常建在古镇上水口或下水口处的山冈之上，来往路人或舟船在很远即可望见，便知前面就快到某古镇了。特别是一些较大的古镇或县城以上的城镇，过去都有这样的风水塔。它的功能除了彰显文风倡学之外，就是纯粹的城镇风景建筑，是代表一个城镇聚落具有可识别性的标志景观，

（a）酉阳县龚滩古镇

（b）江津区中山古镇

（c）荣昌区路孔古镇

图 4.53 古镇高台悬挑景观

如合川的文峰塔、丰都的培元塔、梁平的文峰塔等（图4.56）。水口景观除了以风水塔为主要形式外，还有一种就是建奎星楼或文昌宫，其性质作用与风水塔类似（图4.57）。这类建筑都属于主文运的，供奉文曲星、文昌帝君等儒家大神。这是中国传统农耕社会耕读文化的一种反映。一般古镇的水口空间相对小一些，但总有类似的标志性景观，如小庙、亭阁、牌坊以及古树古井、古桥古道、码头渡口等，形成进入古镇第一层次的标志景观。

寺庙宫观与祠庙会馆：它们往往建在重要显眼的位置，成为整个古镇一个（或多个）构图中心或控制焦点。在其统领之下，古镇成为一个有机的统一体。例如，在沿江古镇中，多在临江之上游方向建王爷庙，主要是供奉船帮信仰的镇江王爷赵煜，且乡民出门行船也需要祈求平安。因此，王爷庙在众多宫庙中地位显赫，建造的选址及其形象也不一般，常常成为古镇临江的一大标志性景观。祠庙会馆也是古镇中的重要公共建筑，一般都建得十分华丽气派，富有个性，这类景观建筑对古镇聚落的功能布局、空间环境、艺术形象等诸多方面都有举足轻重的影响（图4.58、图4.59）。

图 4.54　铜梁区安居八景之一：下紫云宫“紫极烟霞”

图 4.55　合川区涞滩八景之一：“佛岩仙迹”

茶楼酒肆与客栈戏楼：它们常位于赶场时乡民聚集的中心，如镇口、街口等街道空间宽大转折处。有的选址在古镇地形高处或显要处，有的选址与场外八景形成对景。这类标志性景观主要是强化古镇街景，丰富街道空间艺术并形成高潮（图4.60、图4.61）。

牌坊、城门与寨堡碉楼：城门位于古镇的进出口处，而牌坊与寨堡碉楼既可位于镇外，也可位于镇内。它们造型鲜明，风格独特，往往成为整个古镇聚落或某区域的构图中心，如安居古镇、涞滩古镇的城门，丰盛古镇的碉楼以及各式牌坊等（图4.62~4.65）。

古树、古井与古桥、古道：由于这类标志性景观历史悠久，文化厚重，故事传说众多，风土人情浓郁，是一种极富地域特色而又十分普遍的文化景观。例如，水口处高大古老的风水树，镇口处古老沧桑的水井，对外交通联系的古老石拱桥、风雨廊桥以及古驿道、古栈道等，无时无刻不在倾述着古镇曾经的辉煌与沧桑、喧嚣与宁静、悲欢与离合、善良与欺骗。

亭台楼阁与码头渡口：在一些大型的古镇中建有供人游玩休闲、观光览胜的亭台楼阁，它们造型独特，风格迥异，往往成为整个古镇或某个区域的标志性景观。在沿河布局的古镇中都有对外进行商贸往来、交通联络的码头渡口，一般均修建宽阔高大的石阶梯道，以及石砌护坎驳岸。有的还建有独具地方特色的拉拉渡[图4.13（b）、图4.66]。

（a）合川区文峰塔

（b）丰都县培元塔

（c）梁平区文峰塔

图 4.56　文峰塔

（a）酉阳县龚滩古镇文昌阁

（b）九龙坡区走马古镇文昌宫与魁星阁

图 4.57　文昌宫（阁）与魁星阁

图 4.58　江津区塘河古镇清源宫

（a）铜梁区安居古镇福建会馆（天后宫、妈祖庙）

（b）綦江区东溪古镇王爷庙

图 4.59　会馆与王爷庙

图 4.60　黔江区濯水古镇客栈

图 4.61　渝北区龙兴古镇龙兴寺戏楼

（a）北碚区水土镇滩口牌坊

（b）渝北区龙溪镇牌坊（现存于渝北区碧津公园）

（c）云阳县高阳镇夏黄氏牌坊（现存于云阳县三峡文物园）

（d）渝北区鸳鸯镇牌坊（现存于渝北区照母山公园）

（e）丰都县某牌坊

（f）渝北区木耳镇牌坊

图 4.62　场镇牌坊

图 4.63　铜梁区安居古镇星辉门城门

图 4.64　合川区涞滩古镇瓮城城门

图 4.65　巴南区丰盛古镇十全堂碉楼

（a）江津区真武场

（b）綦江区东溪古镇

图 4.66　古镇码头渡口与古树

4.6　古镇公共建筑

在重庆古镇中流行所谓的“九宫八庙”或“九宫十八庙”之说，其实这些宫馆祠庙是民众参与社会活动、宗教信仰以及信息交流的重要场所，集中表达了社会精神风貌和乡俗民情，与当地的民居一样充满了浓郁的乡土气息，烙上了深深的时代印记。它们在古镇中的选址布局、空间形态以及景观环境等方面甚至有着更为显著的影响，是古镇建筑质量和水平的代表，是古镇人居环境中的重要精神空间。

所谓“九宫八庙”或“九宫十八庙”是形容这样

的宫馆祠庙建筑较多。但是，不同的地方，其所包含的具体内容是有差别的，有的要多些，有的要少些。通常的"九宫"是指：禹王宫、万寿宫、南华宫、天上宫、三圣宫、列圣宫、真武宫、文昌宫、忠烈宫。"十八庙"是指：文庙、关帝庙、关岳庙、龙王庙、王爷庙、火神庙、城隍庙、土地庙、药王庙、灵官庙、财神庙、鲁班庙、张飞庙、川主庙、老君庙、奎星庙、东岳庙、娘娘庙。有时"宫"与"庙"的名称均可通用，如张飞庙又叫桓侯宫，妈祖庙又叫天上宫或天后宫；有时一个宫又有多种名称；有时宫、庙与会馆为同一建筑群，有多个名称；有时又因供奉崇拜不同的神灵圣贤而有不同的名称。因此，总体来说，"九宫十八庙"是一个泛称，主要包括会馆与祠庙，但不包括纯粹由宗教人士、出家信徒所建的宗教建筑，如佛寺、道观、清真寺、教堂等。

由此可见，古镇公共建筑除了所谓泛称"九宫十八庙"的会馆、祠庙之外，还应包括寺庙、书院、茶楼、酒肆、客栈、医馆、铺面、戏楼等类型。在建筑风格与空间形态方面，茶楼、酒肆、客栈、铺面、医馆等（图4.67、图4.68），一般与传统民居没有明显的差异；戏楼建筑一般与会馆、祠庙、寺庙融为一体，单独建设的较少。因此，本章主要阐述会馆、祠庙、寺庙与书院等公共建筑类型。

4.6.1 会馆

会馆是在我国封建社会中晚期出现的，由寓居外地的移民以地方乡缘和业缘为纽带自发组织建造的场所，又称之为公所。实际上，它是一种以同乡地缘为纽带，为本籍客商、官差、赶考士子等提供旅居聚会、互助服务的民间组织。其发展过程：最初是基于联络同乡、扶持地方势力的目的，后来伴随商品经济的发展，逐渐成为商会、行会的前身，曾在地区政治、经济生活中发挥过积极的作用。其特点主要有以下几点。

1）会馆大量集中兴建于清中后期

会馆兴盛于明清，至民国后逐渐退出历史舞台。重庆地区的会馆在元末明初的第一次"湖广填四川"时就已出现，现存的会馆绝大多数是清代第二次"湖广填四川"时修建的，主要是为移民服务的同乡同行会馆。会馆之所以大量出现于清中后期，是因为此时随着移民在巴渝各地扎根下来，经济力量逐渐强大，政治地位不断提升，社会关系日趋完善，为了彰显移民们所取得的成就和社会经济地位，就集中地修建了大量的移民会馆，甚至在清乾嘉时期出现了"争修会馆斗奢华"的奇观。据《民国巴县志》卷二《建置下·庙宇》中记载："巴县建有外省移民会馆总十所，即湖广会馆、江西会馆、广东会馆、福建会馆、山西会馆、陕西会馆、浙江会馆、江南会馆、云贵公所、齐安公所（又名黄州会馆、帝主宫）"，涉及12省地移民，大多在清代中期建立。其中最早建立的湖广会馆，始建于乾隆十五年（1750年），云贵公所建立

图 4.67　渝北区龙兴古镇医馆（中药铺）

图 4.68　黔江区濯水古镇铺面

最晚，系光绪二十一年（1895年）由云贵商人捐资建立。

目前位于渝中区东水门的重庆湖广会馆是重庆地区规模最大、保存最完整的会馆，为国家级文物保护单位。总称的重庆湖广会馆由禹王宫、广东公所、齐安公所三部分组成，占地约8 600 m^2。其特点：一是充分利用地形，层层叠叠，错落有致；二是以轴线和中心院落天井组织平面空间，布局紧凑；三是内部空间高敞空透，采光通风独特巧妙，檐廊天井衔接过渡，空间形态丰富生动；四是建筑造型及装饰艺术富丽华贵，工艺精湛，图案丰富生动（图4.69）。

2）会馆数量大、类型多、分布广

根据最新的文物考察结果和对四川、重庆134部有会馆记录的县志进行核查，统计了各种已经明确是移民会馆和行业会馆的建筑，共计2 152所。有些县志比较详尽地记录了县、乡、场镇的会馆整体情况，如民国《大足县志》记载有"共14个场镇的44个会馆"，但是大部分地方志记载的多是县、府所在地修建的会馆，大量散布在场镇中的会馆还没有被完全统计，而这部分数量还相当大。因此，可以确定的是巴蜀地区会馆的总量远不止地方志统计的这些，保守估计应该在5 000所以上。与全国其他地区比较起来，当时巴蜀地区会馆总量可位居全国前列。

重庆地区会馆分布十分广泛，不仅在城市，而且在广大农村的场镇也普遍分布，甚至"县县有土话，处处有会馆"（王雪梅、彭若木，2009）。当时的重庆下属1 495个乡镇中很多都有会馆的记载或存在，它们常以"九宫十八庙"泛称。从类型上看，来自五湖四海的移民争相建立自己的会馆，引入自己的同籍先贤、神灵作护佑，使得清代重庆地区同

（a）鸟瞰（一）

（b）鸟瞰（二）

（c）戏楼

（d）禹王宫牌楼门

图 4.69　渝中区重庆湖广会馆

乡会馆的俗称很多，这也是“俗尚各从其乡”的表现。其中最有名的是“八省会馆”（表4.2）。

除了上述八大会馆之外，还有贵州会馆、云南会馆或云南公所、黄州会馆或齐安公所。土著的四川人则建川主庙、川主宫，供奉李冰父子；有的建文昌宫，供奉文昌帝君或杨戬（二郎神），但其规模和建造质量都稍逊一筹。

据统计，仅从清康熙十年（1671年）至乾隆四十一年（1776年），前后百年内，巴蜀地区接纳移民共达623万人，占当年四川总人口的62%。由于各地移民中湖广籍的占了约60%，故湖广会馆数量最多，约占会馆总数的34%，江西会馆约占23%，广东会馆约占18%，陕西会馆约占12%，福建会馆约占8%，而其他的浙江会馆、江南会馆、山西会馆、云贵会馆、黄州会馆等合计占5%左右（张新明，2010）。到清代中后期，“由于移民入川已久，‘地缘’观念渐弱，而‘业缘’观念渐兴，会馆性质也渐由移民（同乡）会馆转至行业会馆”，成为行业帮会结社的场所和商业文化活动会聚之场馆。行业会馆与同乡会馆相互杂糅，再加上地方神灵崇拜和祭祀之风日盛，各行业有着不同的信仰，会馆的明目更加繁多，如屠宰业会馆因供奉三国名将张飞，也被称为张飞庙、张爷庙或桓侯庙；船帮会馆因供奉镇江王爷，而被称为王爷庙等。

3）会馆选址大多源于祈愿昌盛，彰显实力

会馆建筑选址首先考虑的是要居于城镇的重要位置，强调自身的标识性，如“镇首、镇中或者镇尾，主要街道交叉口、拐弯处以及进出场镇主要大路两侧、码头之处、临河湾等醒目之处”，以彰显实力。例如，龚滩古镇西秦会馆、安居古镇湖广会馆等（图4.70、图4.71）。其次，会馆建筑的选址往往有“趋利”心理的影响。这种状况在长江水系沿岸因航运而生的城镇、乡场中的表现就是靠近码头修建会馆。在码头附近修建会馆，其主要目的：一是对航运利益的瓜分；二是交通方便，区位条件好，可成为货物中转、商人会聚的重要基地；第三，不同的会馆类型对选址的影响。例如，船帮建的王爷庙就靠近码头附近，如綦江东溪古镇的王爷庙。第四，

图 4.70 酉阳县龚滩古镇西秦会馆

表 4.2 重庆八大会馆一览表

会馆名称	会馆别称	捐资营建者	祭祀先贤或神灵	占会馆总数的百分比
湖广会馆	禹王宫、三楚公所、湖广宫、楚蜀宫	两湖（湖北、湖南）人	大禹	34%
江西会馆	万寿宫、人寿宫、轩辕宫、旌阳祠、真君庙	江西人	许真君	23%
广东会馆	南华宫、广东公所	广东人	南华老祖（六祖慧能）或庄子	18%
福建会馆	天上宫、天后宫、天妃宫、妈祖庙、庆圣宫	福建人	妈祖（天后圣母）	8%
浙江会馆	列圣宫	浙江人	关帝	—
江南会馆	江南公所、准提庵	江苏、安徽人	关帝	—
陕西会馆	西秦会馆、武圣宫、三元庙	陕西人	刘备、关羽或刘、关、张三结义	12%
山西会馆	秦晋会馆、甘露寺	山西人	关帝	—

“求福纳祥”风水文化心理的影响。考虑到“(山)形(水)势”格局，在风水师的指导下，选择最佳的“风水宝地”，以求平安与兴旺。

4）会馆建筑空间组织多具地方特色

会馆建筑在建筑形制上大多是中轴对称，纵深发展的院落组合方式，规模大者两侧配以副轴扩展。平面布局大同小异，沿中轴多进序列，依次是乐楼（戏楼）、正厅、正殿、后殿，两侧为厢房或厢楼、耳楼，有的如寺庙前设钟鼓楼。常有几进院落或跨院套院和角部小天井，以檐廊连通所有房屋，阶沿（檐下空间）宽大，不湿脚可走遍各处。在尽力维护这种中轴对称格局下，根据地形条件，其平面形态及空间组合可灵活变通。

入口前导空间：因地形不同，可采用3种方式进行处理：a.蜿蜒曲折的前导空间。利用入口处高差将路径设计为迂回向上的台阶，强化参观路径，让参观者在还未正式进入建筑主体时便能体会到山地建筑空间营造的趣味，如云阳县张飞庙。b.运用建筑引导入口。c.运用台地烘托建筑。用台地建造拾级而上的阶梯，营造出建筑的庄严之感，如安居古镇的商船公所（下紫云宫）（图4.72）。这种灵活多变的入口前导空间序列是对山地地形条件因势利导的结果，具有与平原地区会馆建筑完全不同的空间体验。

欲扬先抑的入口空间：山地环境中，会馆建筑的入口设置通常表现出较为谦逊的处理手法。会馆建筑入口的山门形式有多种，有牌坊式、门屋式、贴墙式和门楼倒座式等（陈蔚、胡斌，2015）。

重点突出的祭祀空间：会馆建筑大多有一条主要的中轴线，前厅、中堂、后堂等祭祀空间沿中轴线依次排列，并且中堂、后堂大多位于高高的台基上，以突出其庄重、严肃的氛围。

（a）大门

（b）院落空间

图 4.71　铜梁区安居古镇湖广会馆

图 4.72　铜梁区安居古镇商船公所

5）会馆在建筑造型与装饰风格上因类型不同而有较大差异

如湖广会馆规模较大，气派壮观，山墙喜用五岳朝天重檐直脊鳌尖形式；江西会馆富丽精致，色泽鲜艳，人物花鸟图案丰富，精雕细刻，多有景德镇瓷窑烧制的饰件，喜用马头墙做法；广东会馆豪华气派，装饰繁复，形态喜庆活跃，山墙喜用弧形式样，翘尖顺脊滑出，生动异常。当然它们在长期的交流影响下，有许多做法式样也相互融合借用，有的也很难区分出属于哪一个省区的流派做法。

6）会馆具有功能的复合性

会馆具有多种功能：a.宗教祭祀功能，如湖广会馆（禹王宫）供祀大禹，江西会馆（万寿宫）供祀许真君，广东会馆（南华宫）供祀南华老祖（六祖慧能）或庄子，福建会馆（天后宫）供祀妈祖神（天后圣母），清源宫供祀李冰父子；b.集会议事功能，其作用相当于场镇的"公堂"，如调解纠纷、扶贫救济等很多社会事务都在此进行；c.食宿居住功能，主要为外来同乡、集会议事人员、商贸人员、赶考士子等提供一定的食宿，大多位于两侧的厢房；d.文化娱乐功能，大凡祠庙会馆，都有周期性的庙会，庙会期间常有川剧或杂耍表演；e.商业贸易功能，祠庙会馆的庭院广场也被辟为商业贸易场所，各行各业在此摆摊设点。有的祠庙会馆还因此形成专门的市场，如永川区五间铺的禹王宫内就兼作粮食行。

4.6.2 祠庙

祠庙是古人祭祀祖先、神灵、先贤人物的场所，是中国传统文化的独特表现形式之一，最初通过祭祀表达祈求、畏惧等意义，后来增加了教化、缅怀、纪念等功能。按照祭祀对象的不同，祠庙建筑可分为自然神祇坛庙与人文神祇庙宇两大类。自然神祇坛庙即祭祀山川天地等自然神的坛庙；人文神祇庙宇包含祭祀先贤的祠庙、皇家祭祖的宗庙以及民间祭祀祖先的祠堂等。按祭祀主体的不同，则可分为官方祠庙与民间祠庙。

重庆地区祠庙建筑大致可分为4类：a.神坛，如山川坛、社稷坛、厉坛等。b.神祠，如东岳庙、城隍庙、火神庙、药王庙、老官庙（财神庙）等（图4.73）。这两类祠庙用于祭祀自然神祇和人文神祇，在明清时属于官方祭奠范畴，所以各城皆有所建，从目前所存的地方志及地方舆图所反映的统

图 4.73 忠县老官庙（财神庙）

计数量来看，这两类祠庙的数量较大，礼仪规制曾非常严格。神坛建筑保留至今的几乎没有，而神祠在部分古镇中还存在。c.名人祠庙，主要祭祀先贤名人的祠庙，如孔庙、武庙、川主庙、张飞庙等（图4.74）。d.宗祠，也叫祠堂或“家庙”，其功能主要是本族人祭祀祖先，执行族权，劝善解纷，惩治家门不孝的地方。所以一般古镇有多少大姓，必有多少宗祠，其规模尺度比住宅大，比会馆小，通常祠堂形制也采取四合头院落式，前为大门，中为祖堂，供跪拜祭祀，后为寝栖神灵，两侧为食宿厢房。讲排场的祠堂也建有戏楼，与入口大门结合，戏楼底层为通道，规则较单纯，但建筑装饰也很讲究，不逊于会馆。有的宗祠不建在古镇上，而是散布在古镇周边，自成一小环境。

祠庙建筑的选址一般有3种情形：第一种，祠庙建筑均有严格的礼制要求，大多位于城镇的核心位置，以统领城镇空间格局，如清道光七年巫山县城地图体现了祠庙对城镇空间格局的统领作用。第二种，纪念性祠庙多选址在名人先贤生前的功绩之处，或是生前重要事件的发生地，如忠县白公祠（图4.75）与巴王庙。第三种，位于乡村的祠堂多选址在邻近祖基、祖宅或族田的地方，其目的是便于族人议事，凝聚家族势力，管理族田，如位于江津区塘河镇五燕村的廷重祠（图4.76）。为安全起见，有的宗祠还建有碉楼，以备不时之需。例如，云阳县鸣凤镇彭氏宗祠，为封闭四合院，院中耸立九层三重檐盝顶方形塔楼，高33.3 m。祠堂外围石墙封闭，防卫性很强，四角还建有碉楼，为寨堡式建筑（图5.4）。祠庙建筑的平面形态和空间组织与会馆建筑大同小异。

（a）远景

（b）近景

图 4.74　云阳县张飞庙

（a）桅杆（华表）

（b）主体建筑

图 4.75　忠县白公祠

4.6.3 寺庙

这里所说的寺庙是指除了会馆祠庙之外，纯粹由宗教人士、出家信徒所建的宗教建筑，如佛寺（图4.77、图4.78）、道观、清真寺等。寺庙与古镇的关系也如同会馆与古镇的关系一样，是相互促进发展的。有不少的场镇也是因寺庙而兴镇，寺庙成为一方乡里的宗教文化中心，如忠县石宝镇的形成。

图 4.76　江津区塘河古镇廷重祠

（a）大雄宝殿檐廊

（b）大雄宝殿院落

图 4.77　梁平区双桂堂

图 4.78　潼南区大佛寺

该镇以寨命名，石宝寨是明末农民起义军占山为寨，后康熙年间，始建重檐飞阁和阎罗殿，于是香客不断，围绕石宝寨玉印山渐成聚落，成为远近闻名的场镇。再如大足宝顶山大佛湾石刻圣寿寺附近的宝顶镇，也是因佛教石刻造像和寺庙的朝拜，吸引远近香客，而逐渐形成场镇。场镇因寺而建，寺因场镇而兴。这样的例子很多，如合川涞滩古镇与二佛寺（图4.79），彭水郁山镇与开元寺等。

4.6.4 书院

书院是我国封建社会特有的教育组织和学术研究机构，其主要功能是讲学、藏书和祭祀。据史料记载，重庆地区最早的官学和第一所书院都出现在唐代。前者是开州官学，为当时贬为开州刺史的文学家韦处厚所建，后者是大足县的“南岩书院”，始建于唐贞观年间（大足县志·教育，1996）。宋代是重庆地区教育发展的重要时期，各地大兴“府、州、县、厅学”，据统计，宋代重庆地区先后建立书院14所（张阔，2007）。元代，书院发展开始衰落，明代又开始复兴，据统计，明代重庆地区共建书院20所。清初，鉴于明末书院讲学结社、议论时政，不利于封建统治，政府禁止“别立书院”。由此，在清顺治时期，重庆书院荡然无存，至康熙和雍正时期，亦仅永川县、大足县各有1所（重庆教育志，2002）。但清中期以后，随着政府对各地自发兴起的书院兴建潮的首肯，以及文教政策的再次转变，官学化的书院遂即再次成为清政府“赖以造士”的主要场所，书院又得到了迅速发展。从乾隆至光绪时期，重庆共有书院173所。不过这种盛况随着清王朝的衰落、时局的变化，逐渐被近代教育制度所

（a）古镇城门

（b）二佛寺山门

图 4.79 合川区涞滩古镇与二佛寺

（a）书院大门

（b）主体建筑

图 4.80 江津区白沙古镇聚奎书院

取代。光绪二十七年(1901年),清政府颁布改书院为学堂的诏令,重庆大多数书院逐步改造为中小学校,成为重庆近现代重要学府的前身,比如重庆第七中学前身即为重庆东川书院,江津聚奎中学前身即为江津聚奎书院(图4.80)。

聚奎书院始建于清同治九年(1870年),名"聚奎义塾"。清光绪六年(1880年)建成,为当时江津四大书院之首,1905年改为聚奎学堂,其空间结构为复式四合院布局。此后书院这种教育体制逐渐退出了历史舞台。由于大量清代书院直接改制为学堂,在历史的变革中,学校建筑颇多更新,重庆地区现存完整的书院已经不多。目前,江津聚奎书院是重庆市保存最为完好的清代书院,被列为重庆市文物保护单位。

书院选址历来被视为"兴地脉,焕人文"的象征,因此形成了深受传统风水理论和儒家人文及教育精神影响的环境观。即注重自然景观环境,"依山而居,邻水而建";强调人文历史环境,追寻名胜古迹、名人踪迹,突出书院的学术渊源和对历史人物的纪念,以便"远尘俗之嚣,聆清幽之胜,踵名贤之迹,兴商友之师";综合自然环境与人文环境,达到文化与自然、人文与景观的紧密相联,互为依存。

书院作为综合改造传统官学与私塾教育的一种教育制度,至宋代逐渐形成了一定的建筑规范。虽然在其后千余年的发展过程中,因服务对象、办学人身份等不同形成了各种类型,各具特色,但书院最基本的功能并无大的改变,可归纳为讲学、藏书和祭祀三大部分(龙彬,2000)。相应地,以讲堂、藏书楼(阁)和祭祀祠宇为核心,以为生童提供修习和住宿的斋舍(也称"书舍")、支撑书院收入的学田等为附属建筑群,共同构成了特定类型的书院建筑。它们以一进或者多进院落的方式组合起来并且有明显的中轴线。从各部分关系来看,一般沿中轴线依次排列着大门、讲堂、祠宇和藏书楼,而斋舍及其他附属用房分列中轴线两侧,这也成为一般书院建筑平面布局的基本规制。

4.7 古镇典例

重庆历史悠久,文化底蕴深厚,古镇众多,本书以入选国家级和部分市级历史文化名镇目录的古镇为例,从选址与历史、空间形态和建筑特色3个方面进行分析解读。

4.7.1 合川区涞滩古镇

1)选址与历史

涞滩古镇又名涞滩古寨,位于合川区东北部渠江沿岸,因渠江一险滩——"涞滩"而得名。涞滩是古代合川通往川北的交通要道。古镇历史悠久,文化底蕴深厚。晚唐即建有寺庙,宋代因渠江水路之利在此设镇,有"水码头"之誉,距今已有近千年历史。明清时期借渠江水运之利发展成为商贸繁荣的集镇。清嘉庆四年(1799年),为防匪乱依山修筑寨堡,并以一道高大的寨墙将涞滩半岛截断,使其与外界隔绝。清同治元年(1862年)又组织人力对其进行了一次浩大的加固维修,利用地形地势,环绕鹫峰山崖边筑建了环绕整个古寨的石寨墙,并在西侧大寨门前加建了瓮城,直至今日依然坚不可摧。2002年被评为重庆市第一批历史文化名镇,2003年又被评为第一批国家级历史文化名镇(图4.81)。

2)空间形态

(1)典型的丘顶-丘麓河谷型寨堡-廊坊式组团格局

基于平面形态,涞滩古镇属于组团式传统聚落。涞滩古镇包括上涞滩和下涞滩,二者相距500余米,构成了两大组团,形成了组团式聚落。

基于地貌形态,涞滩古镇属于丘陵河谷型传统聚落。下涞滩依江而建,成为整个涞滩古镇的水码头,属于丘麓河谷型传统聚落;上涞滩选址于相对高度80余米的鹫峰山上,为典型的顶平状丘陵地貌,属于丘顶型传统聚落。因此,整个涞滩古镇可归纳为丘顶-丘麓河谷型传统聚落(图3.37)。

基于竖向空间,涞滩古镇属于寨堡-廊坊式传

（a）上涞滩总平面

（b）城（寨）门

（c）瓮城

（d）廊坊式街道

（e）附崖式建筑（二佛寺下殿）

（f）精湛的石刻艺术

图 4.81　合川区涞滩古镇

统聚落。上涞滩北东南三面为悬崖峭壁，唯有西面一侧与平地相连，形如半岛，具有“一夫当关，万夫莫开”的险要之势。现存寨墙为清代原物，全部是由半米多长的条石砌成，墙高约7 m，厚2～3 m。有大寨门、东水门和小寨门三座寨门。东南角的小寨门和东侧的东水门地势险要，易守难攻，西侧的大寨门位于平坝上，外加筑瓮城，形成严密的防御格局。古寨内除街坊民居外，尚保留有大片的农田耕地，利于战时长期据守。连接三座寨门的青石板道路构成了古镇的基本骨架，宽的5 m，窄的2～3 m。临街建筑多为廊坊式建筑，相互毗连形成了宽阔的廊檐空间，即采用街心—檐廊—店宅的布局方式，形成公共通道—半公共商业活动空间—店铺私有空间的空间组织形式。临街建筑檐廊多出挑二步架（檐深0.8~1.5 m），相互毗连形成宽阔的庇护空间，从而构成了廊坊式传统聚落。因此，整个涞滩古镇可归纳为寨堡-廊坊式传统聚落。

综上所述，涞滩古镇为典型的丘顶-丘麓河谷型寨堡-廊坊式组团格局。其街道和建筑在寨堡内展开，以寺庙宫馆为中心，以街巷为纽带，结合地形自由灵活布局，并与山岩、田野、绿化相互融合，构成了山-水-寨协调共生的古镇形象。

（2）重庆现存的唯一瓮城

上涞滩西侧为独特的小瓮城，保存完好，呈半圆形，半径约10 m。瓮城城墙通高7.6 m，墙厚3 m，拱顶墙上的石栏板分级下落。瓮城与城门在一条直线上，这一点和城池中的瓮城有不同之处。瓮城整个格局为半圆形平面，设有十字对称的4道城门，其中两道左右耳门贴主城墙开启。正中瓮城门高3 m，宽2.5 m；正门即大寨门，高3.1 m，宽3.8 m，深3.8 m，并筑有4个用于驻兵和储藏兵器的城洞。瓮城一般只有城池才采用，涞滩采用瓮城的形式，其目的主要是提高其军事防御能力。

3）建筑特色

（1）典型的附崖式建筑

古镇内有二佛寺、文昌宫、回龙庙、桓侯宫等公共建筑，形成了重要的点状空间。其中，位于古镇东侧，始建于唐代的二佛寺下殿是一座典型的附崖式建筑，它是一座完全依附于山崖而建的三层重檐歇山式佛殿，采用抬梁与穿斗相结合的结构，充分利用自然山崖坡石，梁、柱、枋、檩皆依岩石走向布局，参差错落于跌宕起伏的山岩之上。各层平面因山体岩石的形态而异，在保持明间空间要求的前提下灵活适应地势变化。整个建筑因势利导，与环境浑然一体，仿佛自然生长而成，既雄伟壮观，又清秀飘逸。殿内释迦牟尼佛像通高12.5 m，不仅是全寺造像之冠，而且也是国内著名的大佛之一。

（2）精湛的石刻艺术

殿内有保存较为完好的宋代摩崖造像和历代摩崖题记42组（龛），1 700余尊，它是我国晚期石刻艺术的代表作之一，反映了佛教禅宗道场的精神意蕴。在构图上以主佛为中心，其他龛窟充分利用三面岩壁的地形，将迦叶、十地菩萨、六位禅宗祖师和众多罗汉禅僧融为一体，上下结合，高低衬托，大小辉映，巧妙缔造出一个规模庞大、气势恢宏的禅宗道场；造像形态逼真，想象力丰富，具有统一和谐、雕工细腻、装饰华美的宋代技艺特征；造像题材丰富，世俗化特征明显（李和平，2003）。另外，殿内4根石柱，高约13 m，由整条巨石制成，挺拔壮观，堪称一绝。

（3）雅致的民居建筑

民居建筑多采用相同的形制格局和建筑形式——小面宽、大进深、小天井、穿斗式木结构、青瓦屋面、夹壁墙等，具有典雅古朴、集中紧凑、灵活多变的巴渝建筑特色。这种个性隐没的建筑形式使整个街区的整体性得以更好地体现，保证了街道立面的连续性和街区空间的完整性。建筑顺应街巷密集毗连，檐口相互搭接，屋面高低错落，形成层次丰富、和谐统一的街区空间形态。

4.7.2 石柱县西沱古镇

1）选址与历史

西沱古镇位于石柱县方斗山西麓、长江东岸，与忠县石宝寨隔江相望。原名“西界沱”，因古为“巴州之西界”，又紧临长江南岸回水沱而得名（“沱”为江水急湾之意）。《石柱县志》曾记载：“西沱，古名江家沱，又名石鼓峡，秦汉为施州（今湖北恩施）西境，与临江（今重庆忠县）分界于江家沱，为巴东之西界，益州之东境，故名西沱。”

古镇因盐运而生。秦汉时期，川东盐业兴起，“川盐销楚”，西沱便有码头，并成为“古盐道”的重要节点和物资集散地，是当时川东地区的商业重镇。唐宋时为川东、鄂西一带主要商埠。元代在此设“梅沱”驿站，它作为连接川鄂交通的重要水驿，是川盐、丝绸、蜀绣等天府特产，经长江上游的成都、重庆、涪陵等地水运到西沱，再由西沱经“三尺道”（“三尺道”是宋代著名的陆运交通线，自西沱到湖北恩施、利川一带，全程300多千米的三尺宽青石板路，俗称“三尺道”。）转运去湖北恩施、利川一带。西沱是古代“因盐兴镇”“因商兴镇”的一个典型实例。明清时期，西沱镇已成为当时颇具规模的物资集散大镇，今存清代的“下盐店”盐厂遗址便是其悠久盐文化的历史见证。2003年被评为第一批国家级历史文化名镇（图4.82）。

2）空间形态

（1）山地河谷型条带-层叠式传统聚落——云

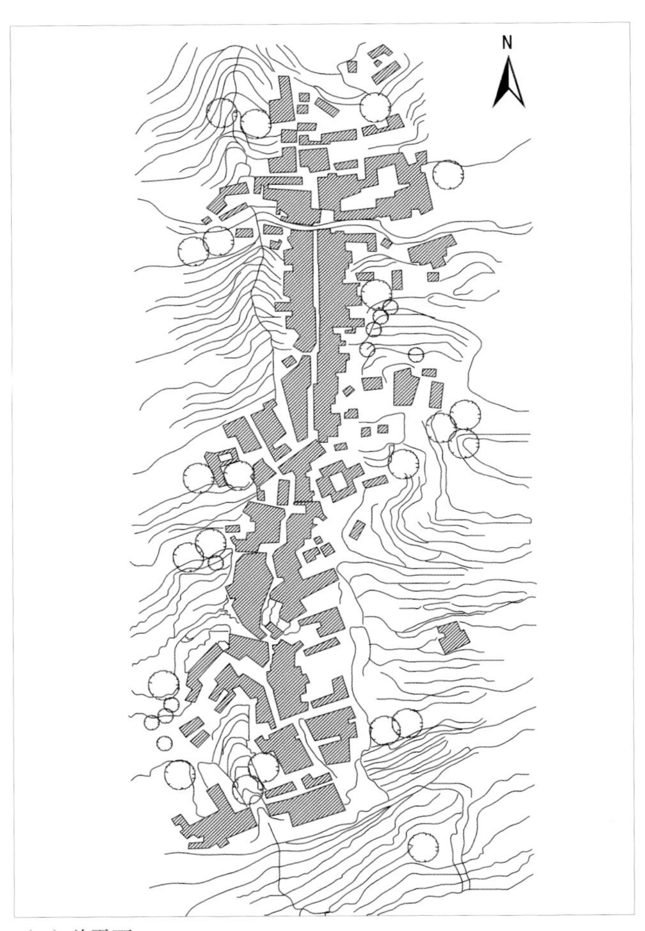

（a）总平面

（b）民居建筑

（c）灰瓦白墙与街道

（d）云梯街

图 4.82　石柱县西沱古镇

梯式古镇

基于地貌形态，西沱古镇属于山地河谷型传统聚落。古镇位于方斗山山脉西麓的多级河流阶地上，紧临长江东岸，故为山地河谷型传统聚落。

基于平面形态，西沱古镇属于条带式传统聚落。整个古镇从江边垂直向上沿山脊爬行2.5 km直到较平坦的地形，这就是长江上唯一一个全程垂直于等高线的条带式场镇布局。

基于竖向空间，西沱古镇属于层叠式传统聚落。古镇以云梯街为轴线，两侧建筑分层筑台，通过云梯街这条主要交通道路，以及水平延伸的短小道路，把众多高低错落、大小不一的民居建筑连接起来，形成了极富山地特色的层叠式传统聚落。

因此，西沱古镇为山地河谷型条带-层叠式传统聚落。以云梯街为轴线，两侧建筑层层叠叠，随形就势，形成了著名的云梯式古镇。

(2)著名的云梯街

云梯街从江边垂直向上延伸总长达2.5 km，共113个阶段，1 124步石阶，高差近200 m。整个街道弯弯曲曲，随形就势，古朴厚重。晴天隔江相望，石阶层层叠叠，青石板光耀刺眼，状如云梯，直上云霄，故雅称“云梯街”“通天街”。云梯街两侧商铺店面林立，层层叠叠，错落有致，形成了以“奇”取胜的云梯式古镇。云梯街有如一条巨龙，欲待下江遨游，那起伏错落、高低有序的青瓦屋面像鳞甲般银光闪烁；左右对称、浑圆如珠的两座石拱桥恰似一对龙眼，活灵活现，令人赞叹！因此，西沱有“石梯千步，登天云梯”的美誉。三峡工程蓄水后，云梯街有500 m长的老街被淹，占全街总长度的20%，致使不少精华部分消失了。

3）建筑特色

古镇的公共建筑主要有川主庙、财神庙、土地庙、关帝庙、二圣宫、湖广会馆、江西会馆、下盐店、永成商号等。建筑充分利用自然地形特点，因地制宜，分层筑台，垂直联排，布局灵活；穿斗结构，悬挑出檐，灰瓦白墙；临街成铺，屋后“吊脚”；高高低低，错落有致，构成了一幅幅生动的画面。由江面远眺，犹如一条下江龙，鳞次栉比的青瓦屋面犹如龙鳞，在阳光下闪闪发光，栩栩如生。整个古镇为典型的巴渝建筑风格，具有古朴、典雅、流动、立体等特征，堪称古代山地建筑的杰作，被建筑学界誉为“长江沿岸最古老的奇特建筑明珠”。

4.7.3 潼南区双江古镇

1）选址与历史

双江古镇位于潼南区西北部，地处涪江下游，距涪江1 km左右。因镇内两条小河——浮溪河和猴溪河如玉带环绕，于镇东草石坝汇入涪江，故得名“双江镇”。双江镇始建于明末清初，距今已有400余年历史。涪江通航历史悠久，曾经是渝西北的黄金水道，大大小小的商船都会在双江镇的涪江码头停靠。除了便利的水路交通之外，陆路交通也十分发达，有北达遂宁、西通成都、东达重庆的驿道。便利的水陆交通促进了商业的繁荣，带动了古镇的发展。2002年被评为重庆市第一批历史文化名镇，2003年又被评为第一批国家级历史文化名镇（图4.83）。

2）空间形态

基于地貌形态，双江古镇属于丘陵河谷型传统聚落。古镇所在区域为典型的方山丘陵区，民居建筑大多沿着丘麓布置，有两条小河环绕古镇，东北距涪江1 km左右，故为丘陵河谷型传统聚落。

基于平面形态，双江古镇属于团块式传统聚落。浮溪河和猴溪河如玉带环绕古镇，因两河作为天然形成的边界，限定了古镇的空间形态，最终形成了西北东南向为长轴的椭圆形形状，致使整个古镇紧凑发展，形成了团块式传统聚落。

基于竖向空间，双江古镇属于悬挑-廊坊式传统聚落。古镇临街建筑大多为挑檐式，而杨氏民居、四知堂等几大院落为内檐廊式风格，檐廊大多2~3个步架（檐深2~3 m），相互毗连形成较宽阔的庇护空间，从而构成了悬挑-廊坊式传统聚落。

因此，双江古镇为丘陵河谷型悬挑-廊坊-团块式传统聚落。目前还保存有几条老街，全长约

（a）镇口牌坊

（b）传统街道

（c）杨尚昆旧居（四知堂）

（d）杨闇公旧居

（e）杨氏民居

（f）永绥祠

图 4.83　潼南区双江古镇

1 km。老街宽窄不一，宽的如正街，可并行几驾马车；窄的如老猪街，只能容两三人并行。路面的青石板历经岁月，已显现出斑驳痕迹。

3）建筑特色

移民的汇集、频繁的交流和开明的教育导致了古镇文化的多元性，这种多元性必然会体现在古镇的建筑上，不仅有保存十分完好的杨氏民居、杨闇公与杨尚昆的旧居，还有诸如禹王宫、惠民宫、关帝庙、茶楼、永绥祠等公共建筑。特别是建于清末的两层砖木结构的杨氏宗祠——永绥祠，不同于古镇上其他的传统建筑，它有着方形的砖柱和拱券，被当地人叫作“洋房子”。

“杨尚昆旧居”又名“四知堂”“长滩子大院”，系第四任国家主席杨尚昆同志的诞生地。大院始建于清代同治元年（1862年），距今150多年历史。2006年，在杨尚昆同志诞辰100周年前夕，长滩子大院被命名为“杨尚昆同志旧居”。旧居占地总面积约10 000 m^2，大院占地面积2 800 m^2，建筑面积2 400 m^2，房屋39间。杨氏民居又称“田坝大院”，始建于清光绪四年（1878年），落成于清光绪十六年（1890年），建筑面积2 616 m^2。两大民居建筑，规模宏大，为多进多列天井四合院布局，院落深深，用材考究，雕刻精美，构思独特，天井花园设计造型精美，四季花木繁茂，堪称民居建筑的奇葩。河街丁字口茶楼为典型的清代商业建筑，装饰精美，楼底过去为“堂厢”，楼上为“雅座”。该茶楼位于丁字路口，现在还能依稀感受到当年茶楼兴旺热闹之景象。

综上所述，双江古镇建筑特色可归纳为规模宏大，天井院落众多，装饰精美，有重庆地区最为集中的三角形撑弓，“洋房子”与传统民居和谐共存。

4.7.4 渝北区龙兴古镇

1）选址与历史

龙兴古镇位于渝北区东南部，地处铜锣山脉与明月山脉之间的槽谷丘陵地带，周围有浅丘环绕，属于丘陵型小盆地，东距御临河2 km左右。其东西南北有5条青石板铺就的古大道，与周边五大场镇相连，交通十分方便，古人称之为“五马归巢”的风水宝地。据《江北县志》记载，龙兴镇始建于元末明初，清初设置隆兴场，曾是商品集散地，市场繁荣，亦是渝北区的主要旱码头之一。因传说明建文帝朱允炆曾在此一小庙避难，小庙经扩建而命名龙藏寺，民国时改称为龙兴场。

相传明太祖朱元璋在太子死后，立长孙允炆为皇太孙，于明洪武三十一年（1398年）继位，即听信臣下进言“削藩”，激起四叔燕王朱棣以“清君侧”（指清除君主身旁的亲信、奸臣）为名，率“靖难兵”从燕京（今北京）挥师南下，于建文四年（1402年）攻破皇都金陵（今南京），皇宫起火，建文帝乘乱出逃，乔装僧侣，避难入川。燕王自立为永乐帝，亦疑建文逃匿，而连年四出侦缉，以防后患。永乐四年（1406年），建文帝取道太洪江，直奔邻水县幺滩途中，夜宿江北隆兴场一小庙。黎明起身，行至场外桥边，察觉后有追兵将近，便返回小庙，藏于神龛下的石洞中。入洞冲破的蛛网后经蜘蛛补结，阵风吹过，又将足迹掩盖，使蛛网沾灰。追兵到隆兴场搜索至此，见庙貌残破，满地尘封，洞结蛛网，便以为是人迹未到之地，随即向西山区追杀而去。建文帝因而得以脱险，终于到达邻水幺滩，在旧臣杜景贤处隐居。后世将建文帝脱险的小庙加以培修，命名为“龙藏寺”，场外边的小桥命名为“回龙桥”，至今犹存。“隆兴场”于是更名为“龙兴场”，太洪江也因此而更名为“御临河”，一直沿袭至今（重庆市龙兴镇人民政府，2006）。2005年被评为第二批国家级历史文化名镇，2012年被评为重庆市第二批历史文化名镇（图4.84）。

2）空间形态

基于地貌形态，龙兴古镇属于丘陵型或丘陵盆地型传统聚落。古镇所在区域为典型的方山丘陵区，古镇就位于四周有浅丘环绕的小盆地之中，并有5条道路与周边五大场镇相连，被风水学称之为“五马归巢”的宝地。故龙兴古镇属于丘陵型或丘陵盆地型传统聚落。

基于平面形态，龙兴古镇属于条带式传统聚落。因受东西两侧南北向地形的限制以及风水学思想的影响，古镇的平面形态形成了近似南北走向的条带式传统聚落。其街道布局好似龙形一般，主街道长约2 km、宽约4 m，均为青石板铺就，可分为3段：祠堂街、回龙街、藏龙街。回龙街曲折有力如龙头，藏龙街蜿蜒曲折如龙身，祠堂街迂回缠绕似龙尾，而垂直于主街的巷道正如龙爪一般气势凌人，自上空俯瞰，整个场镇宛若一条巨龙悬于空中。

基于竖向空间，龙兴古镇属于悬挑-廊坊式传统聚落。古镇临街建筑大多为悬挑-廊坊式，檐廊多相互毗连形成较宽阔的庇护空间，特别是随地形形成的爬山檐廊街，不但可以遮阳避雨，而且也是人们休闲聊天的好去处。

因此，龙兴古镇为丘陵盆地型（丘陵型）悬挑-廊坊-条带式传统聚落。以祠堂街-回龙街-藏龙街等主街为龙身，而垂直于主街的巷道为龙爪，致使整个古镇宛若一条腾空欲飞的巨龙。

3）建筑特色

龙兴古镇已有600多年的历史，历经数百年文明的洗礼，古镇积淀了丰厚的文化底蕴，各种自然和人文景观至今保存完好。街道两旁的民居及铺

（a）镇口牌坊

（b）刘家祠堂的翼角装饰

（c）街道抱厅（凉亭）

（d）爬山檐廊街

（e）刘家大院抱厅

图 4.84　渝北区龙兴古镇

面多为1~2层的穿斗式木结构，小青瓦盖顶，竹木夹壁，白灰粉墙，少数四合院为火砖风火墙。彩绘雕刻，画栋飞檐，古色古香，质朴典雅。至今保存较好的有刘家大院、刘家祠堂、百年老字号“第一楼”、全生堂药房、顺祥号商行、糖豆腐、永鲜酱园铺等30多处传统民居。整个街区深邃曲折，传统风貌依旧。

镇上还散布着众多明清时代的古刹建筑群，其风格各异，造型独特。其中最具代表性的当属龙藏寺、禹王庙两大建筑，其体量宏伟，形式壮观，雕刻精美细腻，庭院、回廊曲折幽深，表现出古朴典雅、庄严凝重、神秘清幽的特点，是古镇深邃历史文化内涵的缩影。民居建筑中的精品当属刘家大院，面宽约11 m，进深约31.6 m，属于典型的三开五进式建筑，采用了“前店后宅”式布局，通过多种手法使店与宅过渡有序，大进深的热工问题得到了比较好的解决。另外，还有供人避暑纳凉、休闲聊天的凉亭子（抱厅），以及随形就势的爬山式檐廊建筑，很有地域特色。

4.7.5 江津区中山古镇

1）选址与历史

中山古镇位于江津区南部笋溪河畔，坐落在石老峰、之宴山之间的沟壑之中，依山傍水，沿河而建，形成了典型的条带式古镇。古镇地处渝、川、黔三省市交界处，很早就是重要的商品集散地及水陆两路中转站，贵州、綦江、合江等地的产品物资大都集中于此交易。山货靠水路外运，大米、食盐及其他生活用品从水路运到该镇后，再由马帮运到合江、贵州等地进行交易。古镇旧称龙洞场，因清光绪年间将龙洞场与附近的老场、马桑垭场三个场合并，故又称“三合场”。据南宋“清溪龙洞题铭”记载，建场已逾800余年，历史悠久。古镇周围各种林木生长繁茂，尤其以竹最为丰富。原来蜿蜒流过古镇的河流叫作清溪河，但由于古镇对岸长满了茂密的竹林，所以改“清”为“笋”，即笋溪河。中山古镇2002年被评为重庆市第一批历史文化名镇，2005年又被评为第二批国家级历史文化名镇，2015年获得第三届“中国最美小镇”称号（图4.85）。

2）空间形态

基于地貌形态，中山古镇属于山地河谷型传统聚落。古镇所在区域为典型的中低山区，并坐落于石老峰、之宴山之间的沟壑之中，濒临笋溪河，营建于该河的一级阶地之上。故中山古镇属于山地河谷型传统聚落。

基于平面形态，中山古镇属于条带式传统聚落。因受东西两侧南北向地形的限制，古镇的平面形态形成了东北西南走向、单一轴线、沿河一侧的条带式传统聚落。这条轴线就是古镇的主街，长约1 500 m，宽3~5 m，全由青石板铺就，只沿笋溪河西面一侧布局，而河流对岸却是郁郁葱葱、遮天蔽日的成片竹林。整条主街可分为8段：江家码头、观音阁、万寿宫、水巷子、一人巷、卷洞桥、月亮坝、盐店头。沿街两侧大多排列着前店后宅或下店上宅或单一住宅的民居建筑，但在空间形态肌理上有着细微的差异：在街道中间段为商业街，建筑严密地排列于街道两侧，显得紧凑甚至略带压抑；而位于两端的住宅群，仅有靠山面的建筑仍然有秩序地链接，临河面的体量则陆续松散起来，呈现出许多开敞空间——短小的半边街。因此，整个聚落虽然轴脉单一，但却虚实相间，疏密有致。

基于竖向空间，中山古镇属于典型的凉厅式传统聚落。沿街两侧的民居建筑悬挑出檐尺度较大，有的还是骑廊式风雨过街楼，完全将街道分段遮盖，形成了能够遮阳挡雨的内街式场镇——凉厅式传统聚落，达到了“晴不漏光，雨不湿鞋”的效果。

因此，中山古镇为山地河谷型凉厅-条带式传统聚落。充分体现了先民巧用自然、以人为本、天人合一的营造理念。

3）建筑特色

古镇建筑穿斗结构，挑吊结合，灰瓦白墙，依山傍水，顺应河岸阶地一字展开。沿街内侧大多采用大尺度挑檐出檐，甚至骑廊式风雨过街楼的形式，将整条主街分段覆盖，形成了著名的凉厅式传

（a）总平面

（b）依山傍水的山水格局

（c）凉厅式街道

（d）笋溪河南岸竹林

（e）爬山石梯

（f）沿河吊脚楼

图 4.85　江津区中山古镇

统聚落。沿河一侧，建筑或者紧靠河岸崖壁而建，或者以挑吊结合的方式临河而立，依山就势，形态独特，充分体现了山地滨河场镇的建造特点，即巧妙地利用地形，将其处理成高低错落的台状地基，灵活地调整房间布局和地坪标高，形成临街成铺，屋后吊脚，层层叠叠、进退有序的空间形态，使古镇轮廓变化丰富，宛如一幅灵动的山水画卷。

4.7.6　酉阳县龙潭古镇

1）选址与历史

龙潭古镇位于酉阳县东南部，与秀山县接壤，地处武陵山区伏牛山东侧，龙潭河西岸，依山傍水，始建于三国蜀汉时期的渤海乡梅树村，距今已有1700余年（图4.86）。因伏牛山下有两个泉眼，常年积水成潭，古镇正好从两个泉眼之间穿过，形如一条长龙的两个龙眼和一个龙鼻，故名“梅树龙潭”。清雍正十三年（1735年），场镇被一场大火烧毁，后迁往附近龙潭河（古称梅树河或湄苏河）旁重建。龙潭河→梅江→酉水→沅江→洞庭湖→长江。凭借龙潭河最终汇入长江这一黄金水道之交通便利，逐渐发展成为重要的商业集镇。与附近的龚滩古镇并称为“龙潭货、龚滩钱”，便是其真实写照。20世纪30年代末，川湘公路通车和抗战全面爆发，由于地处抗战大后方重庆的前沿而得到空前发展，场镇由龙潭河畔的石板老街向巫家坡山脚过境公路拓展。

在历史上，龙潭一直为巴子国、巴子国五溪地、楚黔中、迁陵地、酉阳县、夜郎国大乡县务川

（a）总平面

（b）赵世炎故居

（c）传统街道（一）

（d）传统街道（二）

（e）吴家院子与古井

（f）沿河吊脚楼

图 4.86　酉阳县龙潭古镇

县、思州、寨平级、龙潭司、龙潭宣抚司、龙潭长官司、州同理所、县丞、龙翔县、龙潭镇的行政所在地，享有“龙潭货”“小南京”的美誉。2002年被评为重庆市第一批历史文化名镇，2005年被评为国家级第二批历史文化名镇。

2）空间形态

基于地貌形态，龙潭古镇属于平坝河谷型传统聚落。古镇所在区域为较宽阔的山前平坝，又濒临龙潭河，营建于该河的一级阶地之上。故龙潭古镇属于平坝河谷型传统聚落。

基于平面形态，龙潭古镇属于条带式传统聚落。因受西侧南北走向伏牛山山地的限制，以及东侧南北流向龙潭河的引导，古镇的平面形态最终形成了南北走向、沿河一侧布局的条带式传统聚落。这条轴线就是古镇的主街，从瓦厂弯直达梭子桥，全长约2 km、宽约4 m，全用方形或长形青石板铺成，多梯坎。建筑布局紧凑，结合河道，呈带形发展。沿这条主街向两侧延伸有众多长短不一的街巷，沿河一侧分布有大小不一的10余处码头渡口，并通过许多小巷子通向主街，从而构成了一张呈带形的水陆道路交通网。

基于竖向空间，龙潭古镇属于悬挑-封火山墙式传统聚落。为了遮阳避雨，扩大空间面积，龙潭古镇上的建筑大都通过挑檐、挑廊等方式进行出挑；为了防火，古镇上的建筑大都建有封火山墙。因此，从竖向空间看，龙潭古镇应为悬挑-封火山墙式传统聚落。

由此可见，龙潭古镇的空间形态为平坝河谷型悬挑-封火山墙-条带式传统聚落。

3）建筑特色

古镇上原有多处具有特殊意义的经典院落和宫庙会馆，历史上有“七宫八庙”之称，但由于种种原因现已多半毁坏或功能受损。目前保存较好的有吴家院子、王家大院、万寿宫、禹王宫等。豪宅民居通常多列多进，庭院深深，装饰精美；普通民宅大多前店后宅或下店上宅，朴素淡雅。特别值得一提的是吴家院子，从某种程度上讲，其建筑艺术水准为全镇之最，主要体现在以下几点：

（1）建筑风貌方面

疏密得当、虚实相生。吴家院子建筑外观简洁朴实，最有特色的是鳞次栉比的青色封火山墙所构成的院落外墙界面。实墙之上，有序地开几个通风口，虚实相生，加上节奏的不断变化起伏，章法中颇显山水画之中的空灵，大有“无画处皆画”之意境。

（2）外部环境方面

诗情画意、蕴涵旋律。吴家院子善于利用室外空间，力求把人、建筑和环境融为一体，体现高超的空间艺术和丰富多彩的环境序列。院旁潺潺流过的九桥溪水声、建筑层层跌落的屋檐，组成了视觉与听觉俱佳并富有音乐感的外部景观序列。

（3）内部环境方面

朴实淡雅、内外通透。高大的封火山墙使院内成为一个与外界隔绝的世界，形成一种外闹内静的环境氛围。同时，通过建筑的栏杆、窗花及窗格作为景框，使观者能欣赏到多层次的院内景观。再者，其室内外空间也彼此渗透，互相沟通，使室内外景色浑然一体（戴彦，2002）。

总体来讲，龙潭古镇民居建筑大多为穿斗结构、封火山墙、挑吊结合、院落天井、灰瓦白墙火砖、依山傍水、鳞次栉比，顺应龙潭河徐徐展开，宛如一幅宁静、淡雅、飘逸的水墨山水画卷。

4.7.7 酉阳县龚滩古镇

1）选址与历史

龚滩古镇位于酉阳县西部，与贵州省铜仁市沿河县隔江相望，坐落于乌江与阿蓬江交汇处的乌江东岸的凤凰山麓，山高谷深，地势十分险峻。古镇历史悠久，距今已有1 700多年，被誉为“渝东南乌江岸边第一古镇”（图4.87）。早在三国蜀汉时期就有百姓居住于此，形成古镇的雏形。据史料记载，明万历年间（1573年）山洪暴发，凤凰山崖崩，巨大的岩石堵塞乌江，形成水流湍急的险滩，加之当时居者多为龚姓，故名龚滩。

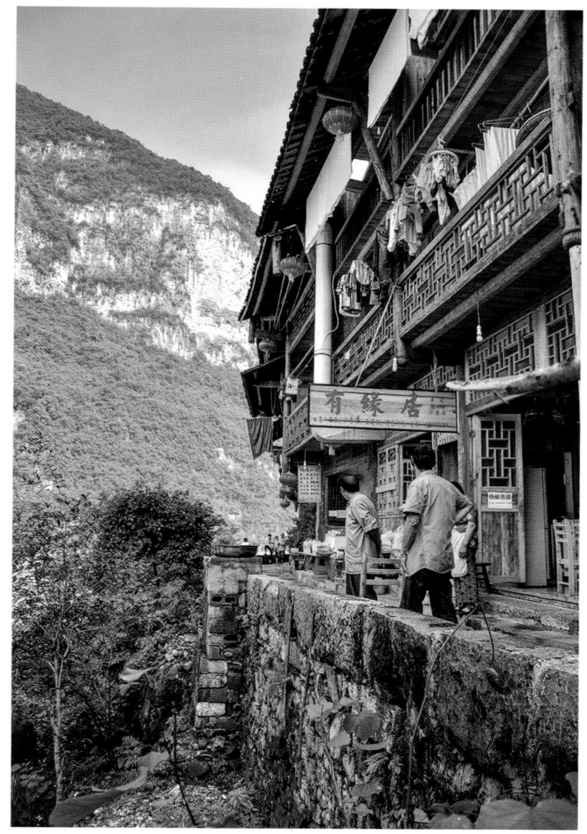

（a）悬崖边的舞者——半边街

（b）悬崖边的舞者——吊脚楼

（c）码头

（d）鸟瞰

（e）分级筑台

（f）巨人梯

图 4.87 酉阳县龚滩古镇

龚滩的兴盛繁荣与“搬滩”历史密不可分。由于山岩塞江而形成险滩，船行至此，其货物必须经人力“搬滩”转运，另行装载。再加上龚滩位于川（渝）黔人流货流的重要交通要道，并且随着自清雍正十三年（1735年）取消“蛮不出境，汉不入峒”的禁令后，各地商贾云集龚滩，古镇成为货物、客商集散的中转站，商业十分繁荣兴旺。到民国时期，镇上出现“大业”“玉成”“同益”等10多家较大的盐号和100多家各类商号、客栈。财源滚滚，生意兴隆，故有“龚滩钱，龙潭货”之美誉。

2004年，因乌江彭水电站的修建，乌江水位将大幅度提高，千年历史重镇将被全部淹没。为了保护这一历史古镇，,2006年地方政府启动了迁建异地保护的模式，根据“原规模、原风貌、原特色、原形制、原工艺”和“保护历史真实性”的原则，将古镇整体搬迁至乌江下游距原址1.5 km处的小银村白水洞。2009年，搬迁复建工程总体上完成并举行了开街仪式。新址与原址的地形地貌非常接近，使得古镇得到了较好的异地保护。2002年被评为重庆市第一批历史文化名镇。

2）空间形态

基于地貌形态，龚滩古镇属于山地河谷型传统聚落。古镇所在区域为坡度十分陡峭的山地环境，又濒临乌江东岸，山高谷深。故龚滩古镇属于山地河谷型传统聚落。

基于平面形态，龚滩古镇属于条带式传统聚落。因受东侧南北走向的凤凰山山地，以及西侧南北流向河流乌江的限制，古镇的平面形态最终形成了南北走向、单一轴线、沿乌江东岸一侧布局的条带式传统聚落。这条单一轴线就是古镇的主街，即从南到北的常乐街、西秦街、未央街、知珍里街，长约2 km，主街两侧分布有若干非常短小且较窄的巷子，通向江边与高处的民居，从而形成了鱼骨脊状的道路交通网。古镇街巷随形就势，弯曲自如，有一字街、半边街、蛇形街、爬山街等多种形式，宽的3~5 m，窄的2~3 m。

基于竖向空间，龚滩古镇属于层叠式传统聚落。古镇建筑随地形的变化，从乌江岸边到山地高处分层筑台，营造建设，再通过若干垂直于等高线的短小巷子或石质台阶与主街连接起来，最终形成了极富山地特色的层叠式传统聚落。

因此，龚滩古镇为山地河谷型条带-层叠式传统聚落。以主街为轴线，两侧建筑层层叠叠，随形就势，形成了极富山地特色的传统聚落。

3）建筑特色

搬迁后的龚滩古镇，涅槃重生，返老还童。虽然缺乏一定的沧桑感，但模样如初，空间形态、古镇肌理与建筑特色得到了很好的传承。不但诸如西秦会馆、川主庙、三抚庙、冉家院子、夏家院子、董家祠堂、文昌阁、巨人梯、桥重桥等重点建筑得到了很好的搬迁和重建，而且像青石板老街、小青瓦坡屋顶、穿斗式木结构、竹编夹泥墙、封火山墙、高台悬挑、天井院落、悬崖边的吊脚楼等建筑特色与风貌也得到了很好的继承与保护。因此，龚滩古镇仍被誉为“悬崖边的舞者”。

“千年古镇看龚滩，一碧乌江翠漫山。吊脚楼高叠苗寨，老盐路园倚河湾。西秦会馆听新戏，川主庙前看绣纨。香菌甜糕油豆腐，请茶猜酒乐忘还”（张乔珍，2013）。这便是今日龚滩古镇的真实写照。

4.7.8 北碚区偏岩古镇

1）选址与历史

偏岩古镇位于北碚区东北部，地处中梁山脉与龙王洞山脉之间的丘陵槽谷地带，濒临流入嘉陵江的黑水滩河，依山傍水，树木葱茏，生态环境十分优良。在风水学上可称之为“负阴抱阳、背山面水”的风水宝地。古镇于清乾隆二十四年（1759年）建场为镇，属江北厅礼里六甲。当时此地常有山洪暴发、灾害频繁，民间传说系孽龙出山兴风作浪，遂将此地取名为“接龙”，以示平安吉祥，故称为“接龙场”。接龙场靠北横街处有一高约30 m的岩壁倾斜高耸，悬空陡峭，人们将它称为“偏岩”，偏岩镇因此而得名。偏岩曾是重庆通往华蓥古道上的一座工商业重镇，过去翻华蓥山去川北经商做生意，或到华蓥山烧香拜佛都要在这里留宿，曾有“到静观吃午饭，到偏岩歇栈房”的说法。昔日这里人流熙攘，商贾云集，车水马龙，十分热闹。2002年被评为重庆市第一批历史文化名镇，2007年被评为国家级第三批历史文化名镇（图4.88）。

2）空间形态

基于地貌形态，偏岩古镇属于丘陵河谷型传统聚落。古镇所在区域为丘陵地貌，一条蜿蜒曲折的黑水滩河紧紧环抱着古镇西侧。河水来自华蓥山，经胜天湖流经偏岩，最终汇入嘉陵江。小河清澈见底，流速较缓，特别是在枯水季节，河漫滩上会露

（a）鸟瞰

（b）禹王宫

（c）传统街道

（d）古石桥与风水树

（e）临河而居

（f）跳磴

图 4.88　偏岩古镇

出大面积、各种颜色、大小不一的鹅卵石，有白的、黑的，有红的、蓝的，有绿的、黄的，可谓五彩斑斓，十分壮观；大的如盘子，小的如算珠。沿河两岸数十株树龄上百年的黄葛树，扎根岩壁，盘根错节，枝繁叶茂，遮天蔽日，形成高大的“树伞”，掩映着傍水而筑的民居小舍。

基于平面形态，偏岩古镇属于条带式传统聚落。因受东西两侧近似南北走向山地丘陵的限制，以及南北流向的黑水滩河的引导，古镇的平面形态最终形成了南北走向、沿河两侧布局的条带式传统聚落。河流西侧的部分古镇已被破坏，所剩无几，目前保留较完整的主要位于河流东侧。有一条平行于河流近似南北走向的主街，长约500 m，宽3~5 m，全由青石板铺就，沿街两侧民居建筑鳞次栉比，错落有致。有多条短小的小巷垂直于主街延伸到东侧的河边或西侧的山坡。在靠北处有一条近似东西走向的横街，长约100 m，形成半边街，并在主街与横街交汇处形成了广场式的开敞空间——镇口。

基于竖向空间，偏岩古镇属于悬挑式传统聚落。为了遮阳避雨，古镇上的建筑大都通过挑檐、挑廊等方式出挑，形成了悬挑式传统聚落。

综上所述，偏岩古镇的空间形态为丘陵河谷型悬挑-条带式传统聚落。

3）建筑特色

古镇上的老街道、半边街、古戏台、禹王宫、武庙、古客栈、古石桥等古街巷及老建筑仍保存较为完好。穿斗木结构、竹编夹泥墙、小青瓦屋面、撑弓挑檐、临河挑廊，底层开店堂，楼上作起居，靠水一侧多有挑台挑廊，可凭栏眺望河边景色。民居小舍的后门，有小石梯与河滩相通，供人们下河取水、淘菜、洗衣，颇有江南水乡之意境。整个古镇依山傍水、随形就势、古木参天、小桥流水，山、水、林、镇相得益彰，和谐共处。

在炎热的夏季，因上游胜天湖水库的调控，古镇边黑水滩河水较浅，流速较缓，清澈见底，卵石密布，再加上两岸高大伟岸、遮天蔽日的黄葛树，黑水滩河面成了休闲娱乐、吃饭聊天、避暑纳凉的好去处。因此许多商家就在靠近古镇的黑水滩河上摆设几桌麻将、饭桌甚至火锅，让游客赤脚上阵，吃饭聊天、喝酒猜拳、玩纸牌、搓麻将，好不悠闲，惬意之极。

4.7.9 江津区塘河古镇

1）选址与历史

塘河古镇位于江津区西南部，与四川合江县接壤，地处贵州高原向四川盆地的过渡地带，属于渝南低山中山区；流入长江的塘河从西北向东南，再从南向北绕镇而过，故得此名。古镇位于一半岛，依山傍水，环境优美，沿河两岸翠竹葱茂，青山叠叠，绿水悠悠，生态环境十分优良。因得塘河水运交通之便利，自明朝建王爷庙开始，陆续建房成为集镇，至清朝乾隆时期趋于兴盛。当时有王、孙、陈三家大姓，之后逐步扩大，形成现在的规模。作为渝、川、黔三省市交通要冲和物资集散地，塘河一带很早就形成了舟马不绝、商贾如云的繁荣景象，沉淀着深厚而灿烂的文明历史。2002年被评为第一批重庆市历史文化名镇，2007年被评为第三批国家级历史文化名镇（图4.89）。

2）空间形态

基于地貌形态，塘河古镇属于丘陵河谷型传统聚落。古镇所在区域为典型的丘陵地貌，一条蜿蜒曲折的塘河绕镇而过，因此形成了丘陵河谷型传统聚落。

基于平面形态，塘河古镇属于条带式传统聚落。因受东西两侧近似南北走向的山地丘陵及半岛地形的限制，再加上从西北向东南，拐弯过后从南向北流向的塘河的引导，古镇的平面形态最终形成了反“L”形、沿河两侧布局的条带式传统聚落。其实，塘河古镇平面形态的历史演变为：最早是在半岛建房设场，因此处交通方便，形成了塘河最古老的东码头，并营建了诸如清源宫、王爷庙等公共建筑，以及朱家洋楼、蒋家大院等民居建筑，形成了从码头向西北延伸的塘河正街，因沿山坡修建，形

（a）隔河远眺古镇

（b）鸟瞰

（c）传统街道（一）

（d）传统街道（二）

（e）清源宫戏楼

（f）传统民居

图 4.89 江津区塘河古镇

成了爬山街，长约400 m、宽3 m左右，全由青石板铺地，条石作石阶。另外，还有与之相连的横街子、庙巷子两条小街道和半边街，从而构成了古镇半岛区域完整的交通网络。随着物资集散及商贸的发展，以及人口的增多，开始沿塘河西侧向北延伸发展，形成塘河南北向的塘河老街，长约1 000 m、宽6~7 m（已改造）。最后在河的对岸，即塘河东侧发展形成了河坝街及南码头。河坝街长约1 000 m，宽3~5 m。

基于竖向空间，塘河古镇属于层叠式传统聚落。为了顺应地形的变化，在塘河半岛，从码头向山坡，即沿塘河正街这一爬山街的两侧修建了大量的民居建筑，层层叠叠，错落有致，形成了层叠式传统聚落，故有“小重庆”之称。

综上所述，塘河古镇的空间形态为丘陵河谷型层叠-条带式传统聚落。

3）建筑特色

古镇上的爬山街、石梯街、半边街、古寨门、王爷庙、龙门号、清源宫、洋房子等古街道及老建筑仍保存较为完好。拾级而上沿街建筑多以青石为基、砖木为墙、粉墙黛瓦、撑弓挑檐、临河吊脚、拱券洋楼、错落有致、美不胜收。靠水一侧多有挑台挑廊，可凭栏眺望河边景色。整个古镇依山傍水、层层叠叠、随形就势、翠竹葱茂，山、水、林、镇相得益彰，交相辉映。

4.7.10 綦江区东溪古镇

1）选址与历史

东溪古镇位于綦江区南部、大娄山脉北端的槽谷地带，紧邻綦江河畔，与贵州习水县接壤。因东丁河、永久河在古镇交汇后，自西向东注入綦江河，即綦江河位于古镇的东面，故名“东溪”，素有“渝南第一山水古镇”的美誉。东溪古镇历史源远流长，于公元前202年建场，名万寿场。唐高祖武德二年（619年），曾在此设丹溪县。由于过去在河谷两岸开采铁矿，河水呈红色，故名丹溪。唐太宗贞观十七年（714年）撤丹溪县。因此，东溪建场2 200多年，历史悠久，文化底蕴深厚。古镇东面的綦江河下通长江，上溯黔境，致使古镇很早就成为渝黔古道的水码头，故有“川盐古道”之称。再加上陆路交通四通八达，商客云集，经贸繁荣，东溪很早就是重庆地区重要的区域经贸中心和物资集散地之一，成为一处重要的水陆贸易商埠。2007年被评为第三批国家级历史文化名镇，2012年被评为第二批重庆市历史文化名镇（图4.90）。

2）空间形态

基于地貌形态，东溪古镇属于丘陵河谷型传统聚落。古镇所在区域为丘陵地貌，两条蜿蜒曲折的东丁河、永久河绕镇而过，在镇东汇合后向东注入綦江河。故为丘陵河谷型传统聚落。

基于平面形态，东溪古镇属于条带-团块式传统聚落。因形成时代及地形的原因，东溪古镇的平面形态包括条带式与团块式两种格局。条带式位于崖下河谷地带，团块式位于崖上相对较平坦的区域。二者相对高差较大，近100 m，依靠梯道联系。最早形成的古镇位于崖下的河谷地带，为条带式传统聚落，其成因一是受东丁河、永久河两条峡谷型河流的控制与引导，民居建筑沿河流两岸进行布置；二是之所以位于崖下的河谷地带，主要是距码头较近，可得水运交通之便利。街道较窄，大多2~3 m，多数为半边街。新中国成立后，随着川黔铁路的建成，货物运输途径的改变，兼之河道堵塞，水运大减，太平桥码头急剧冷落，沿河老镇由此逐渐衰败。许多设施及居民就逐渐搬移到崖上地势相对较平坦的区域进行建造，即所谓的新镇，形成了团块式聚落，随后进行了风貌改造，姑且把它作为传统聚落。因此，东溪古镇平面形态经历了从条带式向条带-团块式传统聚落的演变。

基于竖向空间，东溪古镇属于悬挑-层叠式传统聚落。为了遮阳避雨，东溪古镇上的建筑大都通过挑檐、挑廊等方式出挑。因受地形的限制，东溪古镇被分为崖上崖下两大部分，这是最大的层叠式。每一部分也随地形的变化而采取分层筑台或悬挑吊脚等方式进行处理。二者的结合，最终形成了悬挑-层叠式传统聚落。总之，古镇依山造势，傍道而行，依岩靠水，一间间民居建筑高低错落，聚散有致，山回谷转，步移景异，美不胜收。

综上所述，东溪古镇的空间形态为丘陵河谷型悬挑-层叠-条带-团块式传统聚落。这是对复杂地形进行科学合理处理之后所形成的空间形态。整个古镇，山水自然，清幽意远，坐落于两面环山、中间穿河、山水相间、山环水抱的槽谷地带，彰显了“小桥、流水、人家”的清幽意境。

3）建筑特色

东溪古镇作为渝黔古道的水码头及重要的水陆贸易商埠，经济发达，文化交流频繁，历史上形成了各具特色的“九宫八庙”及豪家大院。目前保存较完整的有南华宫、万天宫（川主庙）、禹王宫、王爷庙、观音庙、明善书院、贾家院、侯家院、涂家院、伍家院、夏家院等。穿斗木结构、竹编夹泥墙、小青瓦屋面、撑弓挑檐、临崖吊脚、封火山墙、天井院落，建筑形式丰富多彩；底层开店，楼上起居，或前面开店，后面起居；靠水、靠崖一侧多有挑台挑廊，可凭栏远眺。峡谷、瀑布、溪流、古树、古桥、民居，交相辉映，浑然一体，宛如一幅灵动、飘逸、清幽的山水画卷。

（a）万天宫戏楼

（b）传统街道

（c）古盐道与爬山街

（d）风雨廊桥

（e）传统民居

图 4.90　綦江区东溪古镇

4.7.11 九龙坡区走马古镇

1）选址与历史

走马古镇，位于九龙坡区西部，南邻江津区，西邻璧山区，有"一脚踏三县"之称，处于缙云山脉与中梁山脉之间的槽谷丘陵地带（图4.91）。因修筑于一座形似走马的山冈之上而得名，又被当地人称为"走马冈""走马场"。据《巴县志》记载："（重庆）正西陆路八十里至走马冈交璧山县界，系赴成都驿路"，"走马冈"事实上就是走马场的别称。走马古镇现存有东汉至六朝时期的崖墓20余座，由此可以推断此地早在东汉时期就有人居住，至明代中叶因设驿站，便开始繁荣起来。走马是重庆通往成都的必经之地，是成渝路上的一个重要驿站，往

（a）魁星阁

（b）古黄葛树与民居

（c）传统街道（一）

（d）传统街道（二）

（e）古城门洞

（f）禹王宫

图 4.91 九龙坡区走马古镇

来商贾、力夫络绎不绝，也留下了“识相不识相，难过走马冈”的民谚。由于璧山来凤驿与走马场有几十里的山路，山高林密，时有盗匪出没，凡是由重庆去成都方向的商贾行旅，到走马场后必在此歇脚住宿，第二天再结伴而行。因此，长期以来，走马场因其特殊的地理位置之利，成为成渝驿道上的重要场镇。2002年被评为重庆市第一批历史文化名镇，2008年被评为第四批国家级历史文化名镇。

2）空间形态

基于地貌形态，走马古镇属于丘陵（丘顶）型传统聚落。古镇所在区域为丘陵地貌，并位于一座形似走马的山冈之上。故为丘陵（丘顶）型传统聚落。

基于平面形态，走马古镇属于条带式传统聚落。由于古镇位于一座形似走马的山冈之上，地形呈带状。另外，再受成渝驿道的引导，公共设施及民居建筑就在驿道的两侧进行营建，最终形成了条带式传统聚落。古镇中的驿道成为主街，长约1.5 km，宽3~5 m，全由青石板铺成。沿主街两侧还有众多短小的巷子，主街与众多的巷子就组成了完整的交通网络。

基于竖向空间，走马古镇属于层叠式传统聚落。古镇以主街为轴线，两侧建筑随缓坡地形采用台、挑、吊，或坡、拖、梭，或靠、跌、爬等山地建筑营建手法进行建设，形成了层层叠叠、错落有致、极富山地特色的层叠式传统聚落。

因此，走马古镇为丘陵（丘顶）型条带–层叠式传统聚落。

3）建筑特色

走马镇素有“三宫五庙”之说，仅仅是长400余米的走马正街，就分布了关武庙、戏楼、万寿宫、禹王宫、南华宫、文昌宫、盐帮会馆、书院、魁星楼等各种会馆祠庙、戏楼近十几座，其繁荣兴盛程度可见一斑。穿斗木结构、竹编夹泥墙、小青瓦屋面、撑弓挑檐、古城门、石头墙、石台阶、石板街、天井院落、前店后宅、下店上宅。整个古镇呈现出了古朴、自然、凝重的气息。

4.7.12 巴南区丰盛古镇

1）选址与历史

丰盛古镇位于巴南区东北部，扼巴南、涪陵与南川咽喉，被人形象地称为“一脚踏三县”，地处东温泉山脉向南余脉“一山三岭两槽”的西边槽谷地带，是一块“九龟寻母”的风水宝地。丰盛古镇历史悠久，从目前镇域内发现的多处西汉墓群推测，早在西汉时期就已有先民在此繁衍生息。古镇始建于宋朝，兴盛于明、清时期。清乾隆《巴县志》载曰：“丰盛乡，世称封门，位平原众埠之中，大镇也。”即从宋朝到明朝时期，丰盛原名封门，属巴县辖治八坊二厢七十二里中的新封里，明末清初因商贸业发达、物产丰富而逐渐兴旺。清末，巴县辖治七镇十四乡，封门改为丰盛乡。此后，丰盛之名沿用至今。丰盛曾是连接重庆（城）、南川、涪陵的重要驿站，为古代巴县旱码头之首，素有“长江第一旱码头”之称。与重庆及周边靠水运码头而发展起来的市镇不同，丰盛古镇依靠的是所处的优越陆运地理位置而成为货物的集散和物流中心，也因此获得了古今“第一旱码头”的美誉。2002年被评为重庆市第一批历史文化名镇，2008年被评为第四批国家级历史文化名镇（图4.92）。

2）空间形态

基于地貌形态，丰盛古镇属于山麓平坝型传统聚落。古镇所在区域为东温泉山脉向南余脉“一山三岭两槽”的西边槽谷地带，并紧靠西侧山岭，地势相对平坦，属于山麓平坝型地貌。因此，从地貌形态看，丰盛古镇可归纳为山麓平坝型传统聚落。

基于平面形态，丰盛古镇属于团块式传统聚落。由于古镇所在地地形相对平坦，有利于井字形的路网布局。另外，古镇曾是连接重庆（城）、南川、涪陵的重要驿站，因此，在古镇的东南西北四个方向分别形成了四个场口，即东边的涪陵场口，南边的南川场口，西边的木洞场口，北边的洛碛场口。四个场口皆设有昼开夜闭的栅子门，并通过街道相连，形成“回”字形格局，即两横两纵一环的路

（a）场口

（b）小青瓦屋面

（c）上垭口碉楼

（d）十全堂碉楼

（e）传统街道（一）

（f）传统街道（二）

图 4.92　巴南区丰盛古镇

网格局，布局紧凑，呈团块式空间形态。主要街道有江西街、十字街、福寿街、响水街、半边街、公正街、书院街等，宽的4～5 m，窄的2～3 m，还有众多的小巷，一般宽1～2 m，全由青石板铺就。

基于竖向空间，丰盛古镇属于碉楼式传统聚落。丰盛山高林密，位处交通要道，历来是兵家必争之地，故当地富商官绅多造碉楼堡寨以保一方安全。明末清初极盛时期，十几座碉楼炮口耸立镇中。至今保存完整且尚有人居住的有清阳楼、十字口、书院街、文峰、上垭口、兴隆湾等7座。这些碉楼3～6层，每层面积80～150 m^2，都设有小窗作为瞭望洞和射击孔，至今保存完好，成为丰盛古镇竖向空间上的一大奇观。据史料记载，张献忠入川、太平天国起义和解放战争中，这些碉楼都曾留下了战火硝烟的印记。

因此，丰盛古镇为山麓平坝型碉楼-团块式传统聚落。

3）建筑特色

丰盛古镇选址于“九龟寻母”的风水宝地，“回”字形的路网结构，对外联系的四大场口，保一方平安的10余座碉楼，形成了古镇总体的空间形态与特色。万寿宫、万天宫、禹王宫、文庙、十全堂、仁寿茶馆、一品殿、曾义堂等古建筑，各具特色，争奇斗艳。穿斗木结构、竹编夹泥墙、小青瓦屋面、碉楼林立、撑弓垂花、挑檐挑廊、封火山墙、场口牌坊、天井院落、雕梁画栋、石板街、石台阶、拴马桩、前店后宅、下店上宅。整个古镇古朴、典雅、宁静、自然。

4.7.13　铜梁区安居古镇

1）选址与历史

安居古镇位于铜梁区北部，涪江与琼江交汇处南岸，与合川区油桥镇隔河相望，地处渝西方山丘陵区。安居古镇历史悠久，文化底蕴深厚。据《安居镇志》记载，南朝梁天监三年（504年）始建场，隋唐时期安居已成为涪江下游的重要场镇，场镇形成距今已有1 500多年的历史。安居历为兵家必争之地，是取道涪江的要塞和屯兵扎寨的住所。明成化十七年（1481年），设置安居县，建县181年，在这期间开始修筑城墙，共开有8个城门，现存有引凤门和迎龙门。安居地理位置优越，水运交通便利，沿涪江上溯可到潼南、遂宁，下行可到合川、重庆（城）。另外，通过琼江可达沿线多个乡场。由于得水路之便，安居明初即为铜梁、潼南、大足、合川等地的物资集散地。至清代，安居商贾云集，经济繁荣，各地商人、移民在这里聚集，修建祠庙会馆、庭院深宅，盛极一时。历史上安居人文荟萃，人才辈出，从宋代至清代，曾出了25个进士，71个举人，清代出了4个翰林学士。2002年被评为重庆市第一批历史文化名镇，2008年被评为第四批国家级历史文化名镇（图4.93）。

2）空间形态

基于地貌形态，安居古镇属于丘陵河谷型传统聚落。古镇所在的区域为典型的渝西方山丘陵地貌，濒临涪江、琼江交汇处，民居建筑呈台状分布于二江1~3级阶地上，十分符合风水学上“背山面水”这一所谓“腰带水”的理想传统聚落空间模式。

基于平面形态，安居古镇属于团块式传统聚落。古镇最早是沿琼江、涪江南岸及乌木溪两岸进行布局营建的，形成了“太平街—西街—十字街”；之后沿化龙山东侧半山腰进行营建，形成了“会龙街-火神庙街-大南街”；最后是沿车行道路进行营建，即沿大南门街、兴隆街（这两条街比较宽，可以双向通车）进行规划建设，主要为改革开放后的建筑，目前已进行了风貌改造，与古镇比较协调。这三个历史阶段的存在，使得安居古镇形成了“沿江岸线”“山体”到“街巷（步行街）”的团块式空间形态，发生了“开敞→半开敞→半封闭→封闭”及“公共→半公共→半私密→私密”的渐变。老街长约1.5 km，宽3~5 m，还有众多的小巷，一般宽1~2 m，全为青石板铺就。

基于竖向空间，安居古镇属于层叠式传统聚落。由于安居古镇属于丘陵河谷型地貌，古镇营建采用从下到上、从低处到高处的步骤进行建设，即先沿江河沿岸进行营造，然后沿山腰进行建设。因此，整个古镇依山傍水，随形就势，层层叠叠，错落有致，山、水、镇、林交相辉映，宛如一幅水墨画卷。

因此，安居古镇为丘陵河谷型层叠-团块式传统聚落。

3）建筑特色

古镇在长期的发展演变中，形成了众多的社会组织及其建筑。一般城镇有“九宫八庙”已属盛况，而安居“九宫十八庙”一应俱全，实为巴渝古镇之奇观。“九宫”：万寿宫、玄天宫、上紫云宫、下紫

(a) 传统街道（一）

(b) 传统街道（二）

(c) 琼江河畔老街与渡口

(d) 引凤门

(e) 星辉门

(f) 禹王宫

图 4.93　铜梁区安居古镇

云宫、天后宫、禹王宫、紫桐宫、文昌宫、南华宫；“十八庙”：雷祖庙、上王爷庙、下王爷庙、城隍庙、三皇庙、观音阁、登瀛寺、东岳庙、桓侯庙、龙王庙、火神庙、药王庙、文庙、武庙、川主庙、仓颉庙、帝主庙、妈祖庙。古镇外围附近的寺庙：波仑寺、奎星阁、龙兴寺、赛龙兴寺、古佛庙等。重要建筑在平面布置上大多采用中轴对称的方式，强调空间的严谨和雄伟，但在竖向空间处理上，大多因势利导，形成高低错落有致的空间形态。

古镇穿斗木结构、竹编夹泥墙、小青瓦屋面、撑弓垂瓜、挑檐挑廊、封火山墙、天井院落、雕梁画栋、古城门、古城墙、古石桥、石牌坊、石板街、石台阶、码头渡口、前店后宅、下店上宅。整个古镇古朴、典雅、飘逸、灵动。

4.7.14 永川区松溉古镇

1）选址与历史

松溉古镇位于永川区南部，濒临长江，东接江津区朱杨镇，南与江津区石蟆镇隔江相望，地处云雾山山脉南支余脉的终端，属丘陵地貌。因境内有松子山、溉水，取名松子溉，简称松溉。古镇历史悠久，文化底蕴深厚。其准确的始建时间尚无史籍可考，但据清嘉庆《四川通志》记载：南宋陈鹏飞（字少南）因被秦桧诬陷遭贬，偕妻在此设馆教学。据此推断当时松溉已为场镇。清乾隆《永川县志》记述的“乡甲旧里”中的“松子里”，即指此处。松溉曾两度置县：第一次置县是明万历二十一年（1593年），知县徐先登发现松溉不仅是块风水宝地，而且位于长江黄金水道，经济十分繁荣，于是将永川县衙迁到松溉；第二次置县是清顺治十八年（1661年），因贵州反清复明的战乱波及永川，知县赵国显将永川县衙迁到松溉，康熙四年（1665年）县治迁回县城。清乾隆十二年（1747年）曾于此设总爷衙门，与县城一样修有城隍庙。清光绪十八年（1892年）设把总。民国初年，名松溉场。民国22年（1933年），名松溉乡。民国24年（1935年）名松溉联保。民国27年（1938年）10月，新生活运动总会妇女指导委员会在此设立纺织试验区，名松溉实验乡。民国29年（1940年），名松溉镇，直至永川解放。

历史上松溉古镇是川东、川南商贾来往重庆贩运和做生意的物资集散枢纽。水路有上、中、下三个码头，江上来往船只川流不息。陆路运输方式主要是马帮，从各县境内运货至此的马和骡子每日近千匹，在老街上熙熙攘攘，络绎不绝。为马帮服务的行业——马房也应运而生，昌盛时达20多家。随着公路的建成，马房逐步衰落，直至1978年，最后一家马房才关闭。总之，松溉古镇是昔日川东、川南的水陆交通枢纽和物资集散地，素为长江上游商业重镇，经济曾经十分繁荣，有“小山城”之美誉。2002年被评为重庆市第一批历史文化名镇，2008年被评为第四批国家级历史文化名镇（图4.94）。

2）空间形态

基于地貌形态，松溉古镇属于丘陵河谷型传统聚落。古镇所在的区域为典型的方山丘陵地貌，东南濒临长江，东侧、西侧均有小溪环绕，民居建筑呈台状分布于长江1~3级阶地上。故为丘陵河谷型传统聚落。

基于平面形态，松溉古镇属于团块式传统聚落。古镇营建依山傍水，形成了近似纵横交错的主要街道网。横向街道主要有上码头街、诸家巷子等，基本上是沿等高线水平延伸；纵向街道主要有正街、马路街、松子山街、大阳沟街、核桃街、水街子巷等，基本上是垂直于等高线。其中，临江街、松子山街和正街从江边码头一直爬升到山顶。全镇街道总长5 000余米、宽3~5 m，全由青石板铺就。街道尺度宜人，高宽比在1∶1~1∶2，两侧店铺民居毗邻，祠庙会馆林立。整个古镇布局紧凑，形成了团块式传统聚落。

基于竖向空间，松溉古镇属于包山式传统聚落。古镇中有松子山、凤凰山等浅丘型小山，相对高度只有几十米。在古镇发展过程中，先是在濒临长江一侧首先营建，之后随着人口的增加以及商贸经济的进一步发展，此侧用地逐渐不够，就翻过松子山、凤凰山，向山的另一侧发展。最终形成了包山式传统聚落：镇包山、山托镇，山是一座镇，镇是一座山，镇与山密不可分，共同构成了高低变化、错落有致的包山式聚落空间。

因此，松溉古镇的空间形态为丘陵河谷型包山-团块式传统聚落。

3）建筑特色

松溉古镇空间布局因山势，就水形，街道蜿蜒曲折，起伏有序；民居建筑依地形而建，高低错落，因势利导，庞大的建筑组群紧紧围绕几条蜿蜒的曲轴，这几条曲轴作为建筑群的脊梁骨，犹如龙脉，随山势自然伸展，建筑各抱地势，空间变幻多样，既主从相随，又连环有情。从滨河岸线到山脊线，古镇空间形态呈现出一种逐渐深入的递进关系，形成了典型的山地人居环境形态，将人居环境与自然环境巧妙地融为一体。

古县衙、文昌宫、玉皇观、城隍庙、水神庙、观音庙、罗家祠堂、陈少南故居、陈家院子等传统建筑各具特色。穿斗木结构、竹编夹泥墙、小青瓦屋面、撑弓垂瓜、挑檐挑廊、封火山墙、天井院落、雕梁画栋、石板街、石台阶、码头渡口、前店后宅、下店上宅。整个古镇风景宜人、蜿蜒曲折、疏密有致，漫步其间仍能感受到浓郁的古朴韵味。

4.7.15 荣昌区路孔古镇

1）选址与历史

路孔古镇，现改名为万灵古镇，位于荣昌区东部，紧邻濑溪河畔。濑溪河发源于大足区天台山，唐宋时期叫濑婆溪。因濑溪河汇入沱江（位于泸州

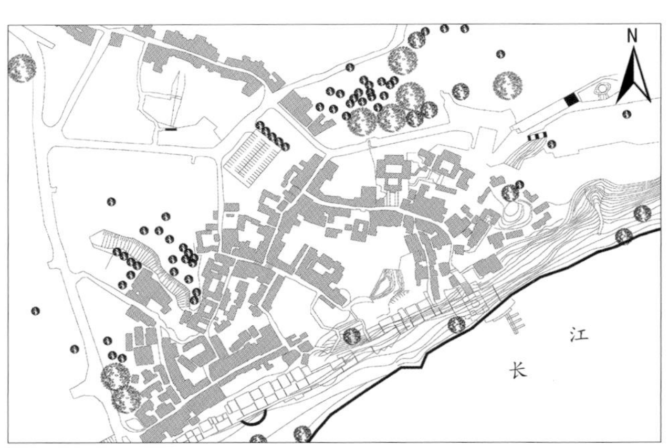

（a）总平面

（b）鸟瞰

（c）传统街道（一）

（d）传统街道（二）

（e）县衙

（f）罗家祠堂

图 4.94　永川区松溉古镇

市胡市镇），再注入长江（位于泸州市区），是古代大足至荣昌、荣昌到泸州的主要交通运输通道。濑溪河流经路孔白银石滩，航运受阻，货物必须在这里转船，才可继续航行。于是路孔逐渐成为物资集散地，最终形成场镇，也是历史上“湖广填四川”之移民集散地。清嘉庆五年（1800年），为了防御白莲教起义的战火，人们就在场镇的四周修砌了寨墙及4座寨门，即恒升门、日月门、狮子门、太平门，使得整个古镇由4座寨门连接的寨墙所包围。又因地处大足和荣昌交界处，故取名为大荣寨，含有光大、繁荣的寓意。总之，古镇依山而建，傍水而居，层层叠叠，素有“小山城”之美誉。古镇以其丰厚的历史文化底蕴和旖旎的水乡风光而远近闻名（图4.95）。

“路孔”一名源于一段美好的民间传说：从

（a）寨墙寨门

（b）濑溪河畔

（c）大荣桥

（d）尔雅书院

（e）传统街道

（f）临崖吊脚、挑廊出檐

图 4.95 荣昌区路孔古镇

前有位得道高僧，法名曾傲，四海云游，到了濑溪河一带，发现这里奇山异水，林密草深，水旁麋鹿衔花，林中百鸟朝凤，清溪浅滩，游鱼戏水，一派祥瑞。于是不再云游，要在这块风水宝地建庙继续修行。在岸边高山选址时，他发现了6个深深的洞穴，凭着常年禅宗悟道练就之灵慧，他估计这些洞与河相通，遂命手下小和尚向这些洞中注入糠壳，试上一试。两个时辰后，濑溪河河心果然冒出了糠壳。后来，人们便称此河为“漏孔河”“陆孔河”，因谐音的关系，就叫为“路孔河”，即现今的濑溪河，旁边的场镇就称为“路孔”，路孔镇便由此得名。但当地政府查阅相关历史资料发现“路孔”的称呼仅有200余年历史，而“万灵”的称呼远在路孔之前，有450多年的历史。其中的万灵寺更是可以追溯到东晋咸和元年（326年），曾与大足石刻、乐山大佛齐名。这一发现为古镇更名提供了有力的历史依据。为更好地还原古镇历史，弘扬悠久的古镇文化，经过反复论证，当地政府决定将“路孔镇”更名为“万灵镇”。2002年被评为重庆市第一批历史文化名镇，2010年被评为第五批国家级历史文化名镇。

2）空间形态

基于地貌形态，路孔古镇属于丘陵河谷型传统聚落。古镇所在的区域为典型的方山丘陵地貌，西侧濒临濑溪河，民居建筑呈台状分布于濑溪河1~2级阶地上。故为丘陵河谷型传统聚落。

基于平面形态，路孔古镇属于团块式传统聚落。古镇最早是沿濑溪河东岸营建的，形成了以一条老街为主的带形平面格局。这条老街长约500 m，宽3~5 m，全由青石板铺就。还有一些短小的巷子与老街相连，宽约2 m。例如，水巷子的地面为沿河边的倾斜岩体，为方便行人，在上面开凿有梯道，经几百年的人踩马踏，梯道已磨成斜面。后来随着人口的增加及沿岸用地的紧张，在其东侧增加了一条道路，最终形成了团块式聚落的空间形态。

基于竖向空间，路孔古镇属于寨堡-层叠式传统聚落。古镇有完整的寨墙围绕，高约7 m，厚2~3 m，且民居建筑层层叠叠、依山而建，造就了寨堡-层叠式传统聚落这一竖向空间形态。

因此，路孔古镇的空间形态为丘陵河谷型寨堡-层叠-团块式传统聚落。

3）建筑特色

路孔古镇是一座以水兴市（场），以市（场）建镇的寨堡式古镇。目前保存较好的有禹王宫、大荣石桥、赵家祠堂、尔雅书院等古建筑。古镇依山傍水，随形就势，错落有致；青石路蜿蜒而上，原始古朴，流动自然；民居建筑穿斗结构、分层筑台、临崖吊脚、挑檐挑廊、粉墙黛瓦、封火山墙、天井院落，紧紧相连；寨墙寨门、古桥古树、水车水闸、翠竹银滩、山环水绕，相得益彰。

4.7.16 江津区白沙古镇

1）选址与历史

白沙古镇位于江津区西部，紧邻长江南侧凹岸，背靠山地，坐南朝北，沿江而建（图4.96）。驴溪河自南向北迤逦而来，流经白沙镇新区西陲，于驴溪半岛东端汇入长江。通过长江，上可达川南，下可通重庆（城），地理位置优越，而且长江在此处形成了天然的深水良港，致使古镇很早就成为区域经贸中心和交通枢纽。因江岸沙滩在阳光的照耀下，熠熠发光，呈现白色，据说白沙镇因此而得名。古镇历史悠久，早在东汉时期，就已形成村落，北宋元丰三年（1080年）就有了白沙镇的记载。元、明、清时期在此建镇，清中后期以后，古镇凭借水驿之利，成为川东、川南的水路要津，而且是川黔滇驿道上的一个重要集镇。白沙的文化开发较早，清代光绪六年（1880年）建成的聚奎书院，成为当时全国著名的书院之一。抗战时期古镇作为战时首都重庆的后方，中央图书馆、国立编译馆、国立白沙女子师范学院等文化教育单位搬迁到白沙，使其与沙坪坝、北碚夏坝并称为陪都三大文化坝。1951—1956年，江津县人民政府设在白沙镇，使其成为全县的政治、经济中心。2002年被评为重庆市第一批历史文化名镇，2010年被评为第五批

（a）码头

（b）聚奎书院中的园林绿化

（c）吊脚楼（一）

（d）穿斗式夹壁墙民居

（e）吊脚楼（二）

（f）传统街道

图 4.96 江津区白沙古镇

国家级历史文化名镇。

2）空间形态

基于地貌形态，白沙古镇属于山地河谷型传统聚落。白沙古镇所在区域为坡度较陡但有多级河流阶地发育的山地区域，又濒临长江。整个古镇依山而建，沿江而居，所以形成了山地河谷型传统聚落。

基于平面形态，白沙古镇属于条带式传统聚落。由于古镇南侧受山地的限制，而北侧受长江的引导，因此古镇沿江而建，形成了条带式传统聚落，现存的老街主要集中在镇东部。沿江顺着等高线营建的老街有民生街、东华街等，呈东西走向，长约1 000 m、宽3～4 m；垂直于等高线顺坡而建的老街有石坝街、高家坳街等，呈南北走向，比较短小，有的一直延伸到江边，总长约300 m、宽2~3 m。

基于竖向空间，白沙古镇属于层叠式传统聚落。因受坡度较大地形的限制，以及地势相对平坦且狭长的河流阶地的引导，民居建筑大多布局在1~2级河流阶地之上，形成了随形就势、自由布局的层叠式传统聚落。

因此，白沙古镇的空间形态为山地河谷型层叠-条带式传统聚落。

3）建筑特色

建筑类型丰富，有民居、祠堂、会馆、庙宇、戏台、风雨桥等；空间形态独特，有重庆市目前最高的吊脚楼，无不展现出渝南、川南之长江航运门户的历史风貌。建筑风格一方面体现了移民文化的兼容并蓄和西洋文化的融入；另一方面又受巴渝地区民风的影响，同时吸取了北方建筑和徽派建筑的特色，反映在建筑风格上，祠庙会馆显得古朴、厚重，书院显得幽深、宁静，洋楼则简练、轻盈，传统民居则朴素、粗放。这些不同风格的建筑有机组合，既体现了历史脉络，又达到了自然和谐。

4.7.17　巫溪县宁厂古镇

1）选址与历史

宁厂古镇位于巫溪县中部、大宁河支流——后溪河畔这一崇山峻岭、山高谷深之中，地处渝陕鄂三省市交界处，自古就有“巴夔户牖，秦楚咽喉”之称。由于大宁河沿岸一直有天然盐泉流出，春秋战国时期就有先民逐盐而居。唐代，宁厂被列为全国“十盐”盐场之一。到了宋代，因宁厂产盐规模大，故设大盐监，置井监使。明洪武年间，宁厂产盐量占整个四川盐产量的两成。从清康熙到乾隆的100年间，宁厂盐业规模空前，盐灶增至336座，熬盐锅增至1 080口，号称“万灶盐烟”，有“一泉流白玉，万里走黄金”的美誉。到清道光二年（1822年），年产盐量达到1 152万斤（何智亚，2002）。进入20世纪50年代，宁厂盐场变成国营盐厂，名声曾与自贡盐厂齐名。几十年后，终因交通不便及生产方式落后等原因，在激烈的市场竞争中被淘汰出局，最后于20世纪90年代初宣告停产。宁厂古镇是因盐兴镇的典型资源型场镇。2002年被评为重庆市第一批历史文化名镇，2010年被评为第五批国家级历史文化名镇（图4.97）。

2）空间形态

基于地貌形态，宁厂古镇属于山地河谷型传统聚落。宁厂古镇所在区域为地形十分陡峭、用地十分紧张且狭长的山地区域，又濒临后溪河，整个古镇主要分布在1~2级沿河的基座阶地之上。所以形成了典型的山地河谷型传统聚落。

基于平面形态，宁厂古镇属于条带式传统聚落。由于古镇南北高山横亘，东西峡谷透穿，主要靠3条铁索木板吊桥与通往巫溪的道路相连。古镇依山傍水，三面板壁一面岩。这里建房条件十分恶劣，房屋在悬崖绝壁之间，断断续续地沿江延伸。由于坡陡地窄，无法形成完整的街区，形成一段一组的若干族群，虚实相生的建筑和街巷构成了古镇空间形态的最大特色，烘托出了紧凑疏朗的整体小镇风貌。街区多为一边是房，一边是崖坎的半边街，也有两边建房的。这条崎岖不平、蜿蜒曲折的沿河石板街（路）长约3.5 km，宽处2～3 m，窄处仅1 m。沿此主街（路）向山坡分布有长短不一的石梯街（路），宽1～2 m。由于后溪河每年都有洪水，为了防洪，古镇建在高高的沿河护堤上，护堤用条石垂直垒叠，整齐牢固。主街（路）有石梯与河边相连，由于没有进深尺度，石梯也十分陡峭，与护堤呈平行状下到河边。

基于竖向空间，宁厂古镇属于层叠式传统聚落。因受陡峭地形的限制，以及地势相对平坦且狭长的河流阶地的引导，民居建筑大多分层筑台，布局在1~2级河流阶地之上，形成了因地制宜、随形就势的层叠式传统聚落。

因此，宁厂古镇的空间形态为山地河谷型层

（a）剪刀峰

（b）吊脚楼

（c）传统民居

（d）半边街

（e）层叠式聚落

图 4.97　巫溪县宁厂古镇

叠–条带式传统聚落。

3）建筑特色

由于用地十分狭窄且坡陡崎岖，无法建造大型的天井四合院，民居建筑以穿斗式木结构和土石、砖石结构为主。小青瓦屋面、竹编夹泥墙、铁索木板吊桥、临崖吊脚、悬挑出檐、土石墙、木板墙、石板路、石阶梯、石护堤等，使得整个古镇显得古朴、自然。但是由于盐厂停产，人口外迁，目前古镇显得荒凉、沧桑。漫步其间，又似乎感到古镇透着一种野性，露出一股张力，她仍顽强地生息着，诉说着……

4.7.18　黔江区濯水古镇

1）选址与历史

濯水古镇位于黔江区中南部，乌江主要支流——阿蓬江东岸，古镇东侧为比较高大的山地，古镇所在地及阿蓬江对岸为比较宽广的河谷平坝。濯水初称“白鹤坝”，后称“濯河坝”，兴起于唐代，元明之际属酉阳土司辖地。因其优越的地理位置，特别是凭借阿蓬江这一天然航道，使得濯水很早就成为渝东南驿道、商道、盐道的必经之路，即重要的驿站和商埠。到民国时期，已是一个舟船相衔、商贾如云、店肆林立的商贸重镇，与龙潭、龚滩并称“酉阳三大名镇”，其繁荣程度在同时期的黔江县城之上。2012年被评为重庆市第二批历史文化名镇，2014年被评为第六批国家级历史文化名镇（图4.98）。

2）空间形态

基于地貌形态，濯水古镇属于平坝河谷型传统聚落。因濯水所在区域为一地势相对平坦的山间盆地，再加上阿蓬江及其一支流在此汇入、贯通，并以堆积作用为主，形成了较宽广的、比较平坦的堆积阶地，故为河谷平坝型传统聚落。

基于平面形态，濯水古镇属于条带式传统聚落。由于古镇东侧高山横亘，西侧阿蓬江从北向南流经古镇，即受到山地的限制与河流的引导，最终形成了南北走向的条带式传统聚落。这条南北走向的老街长约1 000 m、宽2～4 m，在老街两端形成了广场式的镇口空间。还有众多的垂直于老街的小巷，宽1～2 m，有石梯延伸到河边。街巷全由青石板铺就。老街两旁的民居、商号、客栈、酒肆等传统建筑随形就势，错落有致。

基于竖向空间，濯水古镇属于悬挑–封火山墙式传统聚落。为了遮阳避雨、扩大空间面积，濯水古镇上的建筑大都通过挑檐、挑廊等方式进行出挑；为了防火，古镇上部分民居建有封火山墙。因此，从竖向空间看，濯水古镇应为悬挑–封火山墙式传统聚落。

由此可见，濯水古镇的空间形态为河谷平坝型悬挑–封火山墙–条带式传统聚落。

3）建筑特色

古镇特色建筑主要有古戏台、道德碑、风雨廊桥、牌坊、戏楼、万天宫、八贤堂（余家大院）、龚家抱厅、光顺号大院、汪本善旧居等，穿斗结构、天井院落、临崖吊脚、挑檐挑廊、撑弓飞檐、粉墙黛瓦、封火山墙，整个古镇山环水绕，相得益彰。其中，最有名的建筑当属风雨廊桥，该桥横跨于阿蓬江上，长303 m、宽5 m，是目前亚洲最长的廊桥，分为桥、塔、亭三部分。桥身为纯木制结构，建筑材料之间以榫头卯眼互相穿插衔接，直套斜穿，结构牢固精密。桥内建有三层塔亭，两侧有约百扇可自由开合的雕花木窗，桥内摆放有木制长凳。2013年11月27日晚，因发生火灾被烧毁。2014年5月开始重建，于2015年2月重新对外开放，重建后的风雨廊桥依旧魅力无限。

4.7.19　开州区温泉古镇

1）选址与历史

温泉古镇位于开州区中北部、澎溪河支流——东河河畔，属于喀斯特丘陵地区。因古镇境内有热泉，四季常温，故原名“温汤井”“温汤镇”，是渝东北连接川东北、陕南、鄂西的重要通道。古镇有两千多年的井盐生产历史，闻名大巴山地，到20世纪中叶，有4段22口卤井，共91座煎盐灶，年产盐量逾万吨，是典型的盐业资源型场镇。2012年被评为

（a）风雨廊桥

（b）条带式聚落

（c）传统民居

（d）传统街道

（e）戏楼与镇口广场

（f）凉亭子与道德碑

图 4.98 黔江区濯水古镇

重庆市第二批历史文化名镇，2014年被评为第六批国家级历史文化名镇（图4.99）。

2）空间形态

基于地貌形态，温泉古镇属于山地河谷型传统聚落。因古镇所在区域为一狭长的山间谷地，东河在这里拐了一个大弯，形成一个半岛。古镇就沿东河两岸分布，形成山地河谷型传统聚落。

基于平面形态，温泉古镇属于条带式传统聚落。由于古镇所在地石灰岩十分丰富，因此在半岛上建了一个水泥厂，因污染严重，已关闭。目前古镇保存完整的古街位于东河的东侧，因受到山地的限制与河流的引导，形成了条带式传统聚落。这条老街长约1 000 m、宽2～3 m，随山坡蜿蜒曲折。还有众多的垂直于老街的小巷，宽1～2 m，有石梯向上下延伸。街巷全由青石板铺就。老街两旁的民居、商号、客栈等传统建筑随形就势，高低错落。

基于竖向空间，温泉古镇属于层叠式传统聚落。因受陡峭地形的限制，以及狭长河谷的引导，民居建筑大多分层筑台，布局在1～3级河流阶地之上，形成了因地制宜、随形就势的层叠式传统聚落。

由此可见，温泉古镇的空间形态为山地河谷型层叠-条带式传统聚落。

3）建筑特色

古镇之中些许存留的老街，虽有破败，但偶见

（a）鸟瞰

（b）传统街道

（c）爬山街

（d）临崖吊脚

（e）仙女洞

（f）传统民居

图 4.99　开州区温泉古镇

的残垣断壁仍难掩其昔日芳容……在她身上，依旧散发着久远而诱人的清香。每当落日余晖洒进悠悠老街之中，便勾起了人们心中那泛黄老照片的无尽思绪。街是老街，青石砌成，细工铺就；房是旧屋，悬梁挑檩，灰瓦白墙。其中，最有名的当属热泉和仙女洞。

由于用地十分狭窄且坡陡崎岖，无法建造大型的天井四合院，民居建筑以穿斗式木结构和土石、砖石结构为主。临崖吊脚、悬挑出檐、小青瓦屋面、竹编夹泥墙、土石墙、木板墙、石板路、石阶梯等，使得整个古镇显得古朴、自然与忧伤。

4.7.20　秀山县洪安古镇

1）选址与历史

洪安古镇位于秀山县东部、清水江西岸，地处重庆、贵州、湖南三省市交界处，东与湖南省花垣县的边城镇（原茶洞镇）隔河相望，南与贵州省松桃县的迓驾镇山水相连，有"渝东南门户""一脚踏三省""鸡鸣惊三省"之称。"洪安"因清代于此设"洪安汛"而得名。沈从文先生的小说《边城》所描写的边城风情就在这一片区域。洪安过去曾是荆棘丛生、野兽出没、十分荒凉的小山堡，俗称"三不管（区域）"。所谓"三不管（区域）"，实际是指洪安古镇旁的"三不管"岛。新中国成立前，这座岛既不属于湖南，也不属于贵州和当时的四川，每当老百姓矛盾冲突时，他们便相约到岛上械斗或决斗，三方官府则概不过问。久而久之，该岛便成了远近闻名的"三不管"岛。以前，洪安仅有几户人家，一两个简易码头，物资货运主要靠江对岸的茶洞码头。民国31年（1942年），川东邓姓富商带头开发洪安，修造码头，发展乡场，秀山客商纷纷出资响应。当时著名的有邓、尤、祝、王四大姓富商所开发的"永诚号""益和号""复康号""集丰号"四大商号，还有"复兴银行"等金融税收机构（何智亚，2002）。时值抗战时期，凭借清水江→酉水河→沅江→长江这一便利的水运交通条件，江浙闽等地客商大量内迁，洪安场空前繁荣。沿河上下，各地船帮的驳船、木船数百艘，洪（安）茶（洞）大桥上车水马龙，洪安场上人来人往、商贾云集、热闹非凡。洪安成为当时川东南边区重要的商贸中心和物资集散地。2002年被评为重庆市第一批历史文化名镇（图4.100）。

2）空间形态

基于地貌形态，洪安古镇属于丘陵河谷型传统聚落。古镇所在的区域为丘陵地貌，东侧濒临清水江，北靠一条小溪，民居建筑顺坡分布。故为丘陵河谷型传统聚落。

基于平面形态，洪安古镇属于条带式传统聚落。古镇主要沿一条垂直于清水江，且靠北边小溪的老街延伸发展。这条老街连接码头与川湘公路，长约400 m、宽6～8 m，全由青石板铺就。老街两旁的民居、商号、银行、客栈、酒肆等传统建筑随形就势，错落有致。后来随着社会经济及城镇化的发展，整个洪安镇区形成了现今围绕两个山头呈环状布局的空间格局。这两个山头分别成了洪安镇区的两个生态绿心。

基于竖向空间，洪安古镇属于层叠式传统聚落。因受坡度较大地形的限制，以及连接码头与川湘公路之间道路（该道路逐渐发展成为老街）的引导，民居建筑大多顺坡布局，形成了随形就势的层叠式传统聚落。

因此，洪安古镇的空间形态为丘陵河谷型层叠-条带式传统聚落。

3）建筑特色

古镇依山傍水，随形就势，层层叠叠，错落有致，坐落在山清水秀的环境之中，显得更加古朴宁静。街道两旁的民居建筑大多为天井院落、青瓦屋面、封火山墙、悬挑出檐、中西合璧、砖石材料、穿斗结构，与石板街、石台阶交相辉映，相得益彰。值得一提的是20世纪60年代"文革"时期，在码头梯道正中修建了一座高达12 m的六边形"语录塔"，至今已满目沧桑，成为当时一段历史的见证。另外，富有地方特色的拉拉渡至今还在使用，在洪安与茶洞之间不停地穿梭，延续着往日的故事。

（a）语录塔、码头与清水江

（b）拉拉渡

（c）中西合璧的传统民居

（d）传统街道（一）

（e）传统街道（二）

图 4.100　秀山县洪安古镇

本章参考文献

[1] 陈蔚，胡斌.重庆古建筑[M]. 北京：中国建筑工业出版社，2015.

[2] 李先逵.四川民居[M]. 北京：中国建筑工业出版社，2009.

[3] 赵万民，李泽新.安居古镇[M]. 南京：东南大学出版社，2007.

[4] 吴涛.巴渝历史名镇[M]. 重庆：重庆出版社，2004.

[5] 王雪梅，彭若木.四川会馆[M]. 成都：四川出版集团巴蜀书社，2009.

[6] 张新明.巴蜀建筑史（元明清时期）[D]. 重庆：重庆大学，2010.

[7] 大足县县志编修委员会办公室.大足县志·教育[M]. 北京：方志出版社，1996.

[8] 张阔.重庆书院的古代发展及其近代改制研究[D]. 保定：河北大学，2007.

[9] 重庆教育志委员会.重庆教育志[M]. 重庆：重庆出版社，2002.

[10] 龙彬.中国古代书院建筑初探[J]. 重庆建筑大学学报：社科版，2000，1（3）.

[11] 李和平.山地历史城镇的整体性保护方法研究——以重庆涞滩古镇为例[J].城市规划，2003，27（12）.

[12] 重庆市龙兴镇人民政府.悠悠古风浸龙城——重庆龙兴古镇[J].小城镇建设，2006（11）.

[13] 戴彦.渝东南传统街区的人文解读及其现实启示——以重庆酉阳龙潭古镇为例[J]. 规划师，2002，18（7）.

[14] 张乔珍.悬崖边的舞者——重庆酉阳龚滩古镇[J]. 中华建设，2013（11）.

[15] 何智亚.重庆古镇[M]. 重庆：重庆出版社，2002.

第5章 古寨堡

重庆古寨堡分布广、数量多、类型丰富，其成因主要是与历史上接连不断的战乱有关，是先民为了加强地区军事防御能力或者民间防匪防盗，建造的以生活居住为根本目的，具有明确物化的防御设施的建筑或聚落。在重庆独特的自然-人文环境因素的综合影响下，形成了别具一格的古寨堡选址布局、防御体系与空间形态等特征。本章以几个典型古寨堡为例，对其进行了一定的分析解读。

5.1 古寨堡类型

寨堡又称砦堡、围寨或堡寨。它是一定历史背景和地缘条件下的产物，是古代先民为了加强地区军事防御能力或者民间防匪防盗，建造的以生活居住为根本目的，具有明确物化的防御设施的建筑或聚落。按形制及选址特点，古寨堡可分为山寨、洞寨和碉楼；按形制及规模大小，古寨堡可分为单体型古寨堡与聚落型古寨堡两大类型。本章以后一种划分类型进行论述。

（a）合川区东津沱黄继浦庄园与碉楼（一）

（b）合川区东津沱黄继浦庄园与碉楼（二）

（c）巴南区石龙镇杨氏庄园碉楼

图 5.1 分离型碉楼式古寨堡

5.1.1 单体型古寨堡

单体型古寨堡规模较小，主要是指具有防御功能的碉楼式、围楼式古寨堡。

1）碉楼式古寨堡

碉楼式古寨堡，又可称之为碉楼式传统民居。在重庆不同地区，对这种碉楼式建筑也有不同的称谓，如在渝西地区大多称"碉楼""炮楼"，在渝东北大多称"箭楼""楼子""桶子"。实际上，其作用大体一致，都是指高耸直立、用于防守和攻击的塔式构筑物，利用高度优势获取良好的视线从而有效地牵制敌人。依据碉楼有无住宅以及它与住宅的组合关系，可将碉楼式古寨堡分为以下几种类型。

（1）分离型碉楼式古寨堡

即碉楼与住宅相隔有一定的距离，少的几米，多的几十米，一般建在周围地势比较高的地方，如云阳丁家箭楼、万州虾蟆石碉楼、万州太龙二黄坝箭楼、巴南石龙镇杨氏庄园碉楼、合川东津沱黄继浦庄园碉楼等（图5.1）。

（2）附着型碉楼式古寨堡

即碉楼与住宅几乎是挨着的，紧贴住宅的边缘进行修建，与住宅联系十分方便，如合川区三汇镇桂花村碉楼、涪陵区大顺乡某村及场口附近明家社区的碉楼等（图5.2）。

（3）嵌入型碉楼式古寨堡

即将碉楼组合到住宅的平面中去，与之紧密地融为一体，成为整个住宅建筑的有机组成部分，或者把住宅中平面的某一部分房间直接上升为碉楼，这不仅使碉楼与住宅联系更为直接，而且也是居住日常生活所使用的空间，如万州区谭家寨楼与高峰

（a）涪陵区大顺乡某村碉楼

（b）涪陵区大顺乡明家社区碉楼

图 5.2 附着型碉楼式古寨堡

（a）江津区中山镇高佬嘴古庄园碉楼

（b）涪陵区大顺乡某村碉楼

图 5.3 嵌入型碉楼式古寨堡

图 5.4　围合型碉楼式古寨堡（云阳县凤鸣镇彭氏宗祠）

咀双箭楼、江津区高佬嘴古庄园、涪陵区大顺乡某碉楼等（图5.3）。

（4）围合型碉楼式古寨堡

有两个或两个以上的碉楼布置在住宅的四周，多为富豪人家采用，一般是在大型四合院建筑群外修建围墙，在围墙四角或适当位置筑高大碉楼，如同城堡一样，如云阳县彭氏宗祠，其中心为高9层的碉楼，四周原有4座小炮楼分布在寨墙四角，3座已毁，现仅存1座，在入口一侧（图5.4）。

2）围楼式古寨堡

它是介于村落与建筑之间的一种大型复合式聚居模式，绝大多数是以单姓家族或以血缘宗族关系为主的聚居构筑而成。它外闭内敞，外围建高大墙体，类似小型堡垒。其外墙既具有防御作用，本身又是房屋的有机组成部分，如涪陵区大顺乡的瞿九酬客家围楼（图5.5）。

5.1.2　聚落型古寨堡

聚落型古寨堡是在聚落的最外层进行防御建构，是人们刻意选择、改造甚至创造出的界域。它通常呈周边式，当战斗发生时，主要靠聚落外围线性防御体系抵抗。如此形成明确清晰的聚落边界，在获得良好防御效果的同时，能进一步增强聚落的归属感和内聚力。该寨堡可分为以下两种类型。

1）村落型古寨堡

此种类型比较常见，规模可大可小。比较大的村落型古寨堡，其内部的建筑类型十分丰富，包括：庄园、农家小舍、书院、寺观、炮台、碉楼等各种建筑。这些建筑构成的“点”，基本上均匀地“洒落”在寨墙围合的广大空间内，相互之间保持一定距离而又紧密联系。建筑和建筑之间的空地是满足农业生产和生活所需的田地、果园和水塘。例如，梁平区的古寨群就是由200多个村落型寨堡构成的，其中的猫儿寨就有近20 ha，住户有2 300户；忠县花桥镇东岩古寨保存较好，有完整的寨墙、传统民居、碉楼、祠堂等，占地近4 ha，目前还有60余住户。比较小的村落型古寨堡，其内部的建筑类型也较单一，多以住宅为主，如渝北区的贺家寨、巫溪县的女王寨等。其中，贺家寨的面积只有约1 500 m^2，当时的住户也只有10余户；女王寨面积只有几百平方米。再如，位于北碚区蔡家岗街道群力村的新寨子，始建于清光绪年间，雄踞山顶，全寨呈南北长、东西窄的椭圆形，占地约5 000 m^2，现存寨墙为1~2 m长的黄色砂岩条石砌筑而成，高约10 m，厚约2 m，分内外两层，寨墙上原设有角楼，南北端内外墙各设寨门一处（图5.6）。目前为北碚区重点文物保护单位。

2）场镇型古寨堡

此种类型是与场镇的形成、发展紧密联系在一起的，形成了以场镇街道为主的线型甚至网状空间布局，人口、建筑密度大，房屋较多，以商业和手工业为主，具有场镇的典型特征。个别场镇型古寨堡也有一定面积的农田、水塘、林地等，以备战时所需。如合川区涞滩古镇（图5.7）、荣昌区路孔古镇（图5.8）。

（a）

（b）

图5.5 围楼式古寨堡（涪陵区大顺乡瞿九酬客家围楼）

涞滩古镇又叫涞滩古寨。清嘉庆四年（1799年）开始修建寨墙，清同治元年（1862年）进一步扩建加固，并在西侧大寨门前加建了瓮城，至今依然十分坚固。现存寨墙为清代原物，全部是由半米多长的紫色砂岩条石砌筑而成，墙高约7 m，厚2~3 m。有大寨门、东水门和小寨门3座城门。东南角的小寨门和东侧的东水门地势陡峻险要，易守难攻，西侧的大寨门位于丘陵顶部的平坝之上，外加筑了面积近200 m^2的半圆形瓮城。瓮城有两道拱门及两道侧门，并筑有4个用于驻兵和储藏兵器的城洞，形成了严密的防御格局。古寨内除街坊民居外，尚保留有大片的农田耕地，利于战时长期据守。

路孔古镇，又叫大荣古寨。因地处大足和荣昌的交界处，故取名为大荣寨，含有光大、繁荣之寓意。清嘉庆五年（1800年），为了防御白莲教起义的战火，人们就在场镇的四周修砌了寨墙及4座寨门，即恒升门、日月门、狮子们、太平门，使得整个古寨由4座寨门连接的寨墙所包围，寨墙高约7 m，厚2~3 m，镇内民居建筑层层叠叠、依山而建。

总之，寨堡具有生活起居和军事防御两方面的功能。军事防御功能是寨堡的重要特征；生活起居功能则是寨堡的根本内容。从辩证的角度来看，两者之间互为依托。没有完备的生活起居条件，寨堡的防御不能持久；同样地，没有军事防御设施，在动乱年代，生活就得不到保障。因此，古寨堡既具有防御体系，又具有生活起居功能的传统聚落或民居建筑。

5.2 古寨堡概况及发展简史

5.2.1 古寨堡概况

重庆古寨堡建造时代久远，但大多集中在明

末清初到民国这段时间。远古时巴人就有山居的习惯，"依山之上，垒石为室"也许可以被认为是重庆山地寨堡式民居的最初形式。在各种史料和地方志中也有一些关于古寨堡的记载，如巫溪《府志》记载："悬崖峭壁，山有五层，唯一径可行，昔人避兵于此"（巫溪县志编纂委员会，1993）。通过实地调研考察，现存古寨堡的建造时间除个别可以追溯到元明时期外，其他大部分古寨堡均集中建于明末清初到民国这段时间。因这段时间，农民起义众多，战争频繁，尤以明末张献忠入川和清初白莲教起义为

（a）外寨门

（b）内寨门与外寨门

（c）内寨门

（d）外寨门内侧

图 5.6　村落型古寨堡（北碚区蔡家岗街道群力村新寨子）

最，重庆寨堡营建多与此相关（李忠，2004）。

重庆古寨堡呈现出分布范围广泛、数量众多、形式丰富的特点。从重庆整个区域范围来看，古寨堡几乎在每个区县都有分布。一方面，因受明清时期在巴蜀地区发生几次大规模农民起义的影响，与清政府在这些区域内全面推行“坚壁清野”的政策有关。另一方面，由于地形地貌复杂，又靠近云贵高原、武陵山地等边远山区，管理松散，正所谓

（a）大寨门

（b）瓮城

（c）小寨门

图 5.7　场镇型古寨堡（合川区涞滩古镇）

（a）狮子门

（b）日月门内的烟雨巷

图 5.8　场镇型古寨堡（荣昌区路孔古镇）

“天高皇帝远”，是土匪经常出没的区域。因此，为了抗击农民起义和匪患，地方政府纷纷要求营建寨堡，以保一方平安，故在重庆区域内的不少区县均有数量众多、性质类似的古寨堡分布，如梁平区境内就有200余处古寨堡。而在成都平原，受多方面因素的影响，则几乎见不到古寨堡。重庆山地丘陵地貌不仅是古寨堡外部空间环境的一大特色，而且也成为古寨堡分布区域的一个限定界线。古寨堡形式也十分丰富，既有像碉楼、围楼那样的单体型古寨堡，也有像传统村落、古场镇那样的聚落型古寨堡。

总之，历史上连绵不断的战乱是重庆古寨堡产生和发展的根本原因。随着时间的推移，寨堡的防御价值已不复存在，众多的古寨堡因年久失修，寨内建筑破坏严重，近况堪忧。近年来，通过调查统计，重庆全境内尚有大小几百座寨堡遗存，散落乡野，主要分布在万州、开州、梁平、忠县、石柱、涪陵、璧山、合川等地。其中万州数量最多，有124处（李力，2013）。这些古寨堡大部分已经废弃，只有极少数还有居民留守，如梁平区虎城镇猫儿寨、聚奎镇观音寨，合川区官渡镇天平寨、磨盘寨，万州区天生城等（陈蔚、胡斌，2015）。目前重庆地区保存比较完整且具典型代表性的聚落型古寨堡有：万州区的天生城、椅子城、葵花寨、人头寨；梁平区的金城寨、猫儿寨、牛头寨、滑石寨、顺天寨、观音寨；巫溪县的女王寨、桃花寨；合川区的涞滩古寨堡、钓鱼城；渝北区的贺家寨、多功城；以及云阳县的磐石城、江津区的文家寨、綦江区的莲花堡寨、南川区的水江天坑古寨、荣昌区的大荣寨、奉节县的白帝城、忠县的东岩古寨等。除了这些聚落型古寨堡之外，还有众多的散布在广大乡村中的碉楼式、围楼式古寨堡，目前保存比较好的有：云阳彭氏宗祠、江津四面山会龙庄、涪陵瞿九酬客家围楼、合川黄继浦庄园、丰都杜宜清庄园、开州平浪箭楼与肖家箭楼、万州谭家楼子与丁家箭楼、石柱池谷冲碉楼与长岭碉楼，等等（图5.9）。

5.2.2 古寨堡发展简史

重庆地区的寨堡建造历史悠久，最早可追溯到巴人“依山之上，垒石为室”这种最初的山地寨堡形式，如云阳县清水乡龙缸古寨就是巴人修建的。三国时期，刘备伐吴时曾屯兵万州城北天生城，东晋常璩《华阳国志·巴志》中也提到朐忍县“山有大、小石城势”。唐代后期，由于中央政府的衰落，重庆各地土豪纷纷组织乡兵，“凭高立寨，得以自专”，出现了一批批依托山形地势、防御性强、生产生活可以自给自足的军府“镇寨”，如这一时期建造的大足永昌寨，声名鹊起，甚至取代了静南县成为州治所在地。土豪武装的大量出现，到唐末表现为州县的镇寨化已经十分明显，《韦君靖碑》记载题名的昌普渝合四州镇寨就达20多个（周勇，2002）。

两宋期间，民族、经济、政治、军事环境日趋复杂，“无论是战略防御还是战略进攻阶段，政府都采用了沿边修城筑寨的措施。大凡险隘关口、道路通行、蕃族聚居处都筑有城寨，其修筑城寨数量之多，远超其他各朝”。宋代夔州路寨堡数量在川陕四路中为最多，且较为集中。“除开、达两州暂不确定有无寨堡之外，其余府州军监均有记载，数量共计122处”（吕卓民，1998）。这一时期最重要的寨堡大多是政府主持修造的基层军事聚落，地处重要关隘和交通要道，比如仅夔州所辖6个寨堡，其中5个地处“蜀江以南”，主要为挟控长江这一战略要地。南宋后期，随抗蒙战争形势的白热化，宋淳祐二年（1242年），宋理宗任命余玠为四川安抚制置使兼重庆知府，入蜀措置防务，由于蒙军善于骑马战术，在机动性和攻击力上占压倒性优势，迫使有统民守土优势的南宋充分利用山地丘陵、关隘要道等地构筑防御工事，主要以建山地寨堡为依托，实施要地固守防卫的战略战术。在潼川府路和夔州路兴建了大量寨堡御敌，比如合川钓鱼城、渝北多功城（图5.10）、万州天生城、云阳磐石城等都是这一时期著名的寨堡。

（a）石柱县悦崃镇长岭碉楼

（b）忠县花桥镇东岩古寨

（c）开州区渠口镇剑阁楼村平浪箭楼

（d）开州区临江镇应天村肖家箭楼

（e）开州区中和镇余家大院箭楼

（f）梁平区聚奎镇观音寨

（g）璧山区大路镇古老寨

图 5.9　重庆市部分古寨堡

明末清初，巴蜀地区社会动荡不安，特别是此起彼伏的农民起义不断上演。1644年张献忠农民起义军入川在成都建立大西政权。1646年清朝派兵入川，张献忠战死于西充县凤凰山，四川归清朝统治。但因大西军余部继续抗清，以及吴三桂发动的“三藩之乱”反抗清王朝，直到1681年才基本安定。清乾隆六十年（1795年），则爆发了规模较大的波及湖南、贵州、四川三省的苗民起义，其导火索是因在苗族地区推行“改土归流”政策，这次起义持续了12年之久，直到清嘉庆十一年（1806年）才在清兵的镇压下失败。这些起义军除了利用一些旧寨堡之外，也修筑了一批新寨堡。明末清初，由于巴蜀地区连年的战争导致人口锐减，于是引发了历经100余年的“湖广填四川”大移民。为躲避战乱和抗击匪患，这些移民保持了修筑寨堡、自保身家的传统。由民间自发组织的筑寨行为逐渐增多，寨堡分布更加广泛，形态上也反映出各地移民“原生”建筑文化的影响。

清朝中叶以后，巴蜀社会矛盾日益尖锐，1796年川楚陕爆发了白莲教大起义。这次起义直到清嘉庆九年（1804年）才被镇压下去，历时9年，席卷湖北、四川、河南、陕西、甘肃5省，消耗军费1亿多两白银，沉重打击了清朝政府。白莲教起义促使以上地区出现了政府和民间共同发起的历史上最大规模的修城筑寨活动。为了镇压起义军，清嘉庆二年（1797年），清军将领明亮、德楞泰根据白莲教“行不必裹粮，住不籍棚帐，党羽不待征调，蹂躏于数千里”的特点，向朝廷进呈《筹令民筑堡御贼疏》。清政府根据建议，采取了“坚壁清野，团练壮丁，建立堡寨，自相保聚”的政策，强令各地依险筑寨，

（a）东城门

（b）西城门

（c）建筑遗址

图 5.10　渝北区多功城古寨堡

抗击义军。例如，当时重庆抗击白莲教的重要根据地——梁平区，就“共修建寨堡217座，强令全县2万户人口迁居山寨。”（四川省梁平县地方志编纂委员会，1995）

1840年中英鸦片战争爆发后，清政府为支付巨额战争赔款，成倍地加重了对四川的赋税，从而激化了四川社会矛盾，从1854年起又爆发了各族人民的反抗斗争，其中清咸丰九年（1859年）春，云南昭通爆发的李永和与蓝朝鼎领导的反清农民起义（简称李蓝起义）对川东影响最大。迫于抗击李蓝起义的压力，地方再次启用“坚壁清野”之法，广筑寨堡。各地官绅、富豪、家族为保护人身安全和家财，更是遍择险要山巅筑山寨，形成了重庆地区修建寨堡的又一次高潮，合川区涞滩古寨堡就是在这一时期扩建加固完成的。以万州区（原万县）为例，“当时万县境内有名称的寨堡多达278个”（同治《万县志·地理志·寨堡》），这些寨堡以万县县城为中心，环绕分布，层层拱卫，形成大小规模不等的护城寨群，著名的就有天生城、椅子城、马鞍寨、葵花寨等几十座。恰如清严如熤《三省边防备览·策略》所论：“自寨堡之议行，民尽依险结寨，平原之中亦挖濠作堡，牲畜粮米尽皆收藏之中。探有贼信，民归寨堡，凭险拒守。”

清末至民国，历经两千多年的封建王朝摇摇欲坠，整个社会动荡不安。军阀混战，民不聊生，难民众多，致使重庆山地区域土匪横行，盗匪猖獗。特别是乡野之中的大户人家更是成为土匪抢劫的对象。为求自保，一时间乡野大户人家自建寨堡，特别是单体型碉楼式寨堡蔚然成风。总之，除了政府和各地官绅富豪修筑寨堡抗击各种起义与匪患之外，各地土匪强盗也以山寨集结，占山为王，抵抗剿灭。总之，由于社会动荡持续、土匪横行，各地寨堡林立，数量庞大，这一盛况持续至民国年间。

此外，关隘、寨堡的修建也是重点城市的主要城防措施和策略之一，例如渝中区的佛图关（图5.11）。据《巴县志》记载，“除佛图关外，重庆城近郊四周还有153座关隘，主要包括城南的南坪关、城东南的黄桷垭、城东的凉风垭、城东北的铜锣关（峡）等。在佛图关以西，还有星罗棋布的关隘，主要有二郎关、龙洞关等”（吴庆洲，2002）。随着冷兵器时代的逝去，寨堡的防御功能丧失，它们逐渐被废弃和遗忘，垮塌者众多，状况堪忧，但那段难忘的历史还是值得人们去记忆与思考。

5.3 古寨堡选址与布局

5.3.1 古寨堡选址

寨堡作为避乱和防守的主要物质载体，其选址必定会首先考虑到环境、地形以及物资储备等多重因素。理想的寨址不仅能大大节省寨堡修筑的成本，而且还有利于防守和补给，甚至对寨民的生死存亡也会产生至关重要的影响。因而在修筑之初，寨址的选择便是修筑者必须反复斟酌的问题。重庆古寨堡在选址时并不是随意为之，而是基于隐蔽性、防御性以及寨民生存为宗旨的慎重选择。若只注重地形的险阻而忽略诸如粮食、蔬菜、水源等战备物资的补给，结果只能是不攻自破。因此，寨堡选址是一项复杂的系统工程，应遵循以下几项原则。实际上，在具体选址过程中，这些原则是综合、灵活应用的。

1）地形险要原则

修寨堡的目的就是为了积极防御，因此必须充分合理地利用“地形”这一条件。重庆区域山地丘陵众多，地貌复杂，特别是地形险要的关隘为避乱和防守提供了天然的屏障。因此，在山势险阻、易守难攻的地方修筑寨堡，便成了攻守双方对峙或百姓赖以自保的首要选择，这便是重庆多山寨的原因。例如，云阳县彭氏宗祠所在的区域属于典型的山地地貌，境内山高路陡。彭氏宗祠就选址于群山环抱之中的一个三面临崖的丘陵顶上，只有东面唯一的缓坡入口与其相连，可谓“一夫当关，万夫莫开”，地形十分险要。高约50 m的天然陡坡、悬崖成为彭氏宗祠南、北、西三面不可逾越的天然屏障，形成仅需要重点防御东面缓坡的有利地形。从山坡下仰望，在翠竹的掩映之中，彭氏宗祠则显得更加的巍峨耸立，高不可及，给试图进攻它的敌人以强大的威慑，使敌人望而生畏，不敢进攻，从而达到精神和物质方面的双重防御功能（图5.12）。

有的寨堡还利用其特殊的地理环境特点，构成其独特的防御体系。例如，梁平区民间流行的“滑滑溜溜滑石寨”，就生动地描绘了滑石寨独特的防御特点。滑石寨四周是坡度约75° 的大面积完

（a）陡峭的崖壁

（b）长满青苔灌丛的崖壁

（c）生长在崖壁上的黄葛树及其根系

图 5.11　渝中区佛图关

（a）远眺

（b）近观

图 5.12　云阳县凤鸣镇彭氏宗祠选址

整石壁，常有地下水渗出，长满了青苔，非常湿滑，并且光滑的石壁上没有任何遮掩之处，这让进攻者无处遁形，从而取得了良好的防御效果（图5.13）。

除了依山险建寨之外，一些河流、湖泊环绕之地或交通要道也是绝佳的筑寨之所。例如，合川区钓鱼城就是利用其所在的钓鱼山被嘉陵江、涪江、渠江三江之水环绕，孤峰独耸，距江面约300 m，悬崖峭壁，易守难攻这一独特的区位条件与地形特点，构建了完整的防御体系，致使南宋晚灭亡近半个世纪，并取得了击毙元宪宗大汗蒙哥的胜利，迫使蒙古帝国从欧亚战场全面撤军，从而深刻影响了世界历史及中国历史的进程。

2）围而不困原则

古寨堡，特别是聚落型古寨堡的选址，除了考虑险要地形带来的极强防御性之外，还必须考虑到寨民的起居生活需要，应为其提供必要的生产、生活资料。一般而言，优良的寨址须同时具备耕地、水源、林木这三项要素。耕地可供寨民种植粮食、蔬菜等食物，以便长期坚守；水源既可保障耕地的灌溉，也可供应寨民的饮水之需；而林木作为寨民生火烹饪、取暖、锻造以及制作弓箭、刀叉把手等武器的必需品也至关重要。因此，当寨堡被围困、缺乏外来援助的时候，要达到坚守的目的，除了预先储藏一部分粮食及生活资料之外，寨堡本身“自给自足”的补给能力就显得尤其重要。这种能力来源于寨堡的粮食生产、储藏以及充足水源的保障。只有充分发挥这种补给保障能力，才能达到“围而不困”的目的。如万州天生城，合川钓鱼城，梁平猫儿寨、观音寨等寨堡内部就具有十分丰富的耕地、水源和林木（图5.14）。

（a）光滑陡峭的石壁（一）

（b）光滑陡峭的石壁（二）

（c）碉楼

图 5.13　梁平区滑石寨选址

（a）梁平区猫儿寨水塘

（b）合川区钓鱼城水塘

（c）万州区天生城耕地

（d）梁平区观音寨竹林

图 5.14　古寨堡内丰富的生产生活资源

3）风水相址原则

在中国传统建筑中，无论是阳宅、阴宅还是聚落，一直都渗透着风水文化观念。中国风水术是中国建筑文化的独特表现，是中国建筑学与环境学相结合的一种传统“国粹”。它源远流长，是迷信和科学的综合体，是崇拜加审美的一种“艺术”。在风水理论中，住宅的凶吉祸福同宅主的盛衰安康有着紧密联系，“看风水”成为大部分传统聚落选址及民宅修建前的头等大事，而聚落选址与相宅也有专门的风水术可依照。例如，阳宅相法就是古代风水术中有关居住建筑选址、布局及兴建时间的方法和理论。它几乎对建房的每个细节都有影响，这些细节包括：择地、奠基、破土、上梁、封顶、入住及入口的位置、房屋的高度、形制的选择等。旷野之宅与周边自然环境结合紧密，所以多用阳宅相法中的“形法”来为其择址选形。“形法”相址中，宅院周边环境的基本格局讲求“负阴抱阳，背山面水”，具体内容包括“觅龙、察砂、观水、取向、点穴”。所谓负阴抱阳，即基址后面有主峰来龙山，左右有次峰或岗阜的左辅右弼山，或称为青龙白虎砂山，山上保持丰茂植被；前面有月牙形的池塘（宅、村的情况下）或弯曲的水流（村镇、城市）；水的对面还有一个对景山——案山；轴线最好是坐北朝南，但只要符合这套布局，轴线的方向也是可以变动的。大部分的乡间民居均遵守此法，对于部分作为家族主宅的寨堡也大多遵循风水择址的原则。

4）紧邻主宅或场镇原则

在乡村的大富人家，寨堡选址往往在主宅附近，其目的主要是：在战争时能够及时有效地转移人口和物质财富，为主宅提供保护，成为主宅的庇护所；而在和平时期，又可作为整个家族的公共建筑。例如，云阳彭氏宗祠，它既是彭氏家族的宗祠与私塾，同时它又是整个家族的寨堡，为居住在附近各个彭氏庄园内的族人提供庇护。

在场镇区域，寨堡选址也往往紧邻场镇。因为场镇作为最基层的商品交换场所，也是一个地区的经济中心，各种物资相对丰富。战争时期，场镇往往成为交战双方争夺的焦点，因此选择在场镇修寨的现象也十分普遍。重庆地区依场修寨的形式大致可分为两种，即“场内修寨，合二为一”和“场外修寨，互为掎角”。前者指场镇与寨堡合二为一，成为一个兼具贸易与防守的整体，战时为堡，平时为集，大多建有完整的寨墙，如合川涞滩古镇（古寨堡）、荣昌路孔古镇（大荣寨）。后者则是数个寨堡分驻场镇四周或某一战略要冲，对场镇形成环卫之势或互为掎角。一方面，寨堡可担当场镇的外围阵地，增强场镇的防御能力；另一方面，场镇也可为寨堡提供充足的兵源与战备物资，如巴南区丰盛古镇（图5.15）。

根据上述原则，古寨堡选址往往形成以下几种类型：a.择险修寨，这是最普遍的选址方式，即在地势险要、易守难攻的地方修筑寨堡；b.依主宅修寨，即紧邻家族主宅修筑寨堡以提供保护；c.场内修寨，即场镇与寨堡合二为一，成为一个兼具贸易与防守的整体；d.背城立寨，即以某一县城或府城为依靠，在其城池外围修筑寨堡，与城池互为掎角；e.要道修寨，选址于要道的寨堡更加类似于传统的关隘，旨在控扼水陆交通，以达到御敌于境外的目的（李忠，2004）。例如，云阳县与开州区交界处有一垭口名为蛇蚤梁，为古时由开州进入云阳的必经之路，清同治元年（1862年）云阳县民在此修筑望鹿寨，且“分团勇于此防守，恐匪由蛇蚤梁窜入境内也”（朱世镛、黄葆初，民国24年）。

5.3.2 古寨堡布局

重庆地区山地丘陵众多而平地较少，因此耕地特别是坡耕地大多呈分散状而不是集中连片式的分布，这就导致在以农业经济为主的时代，靠耕种土地为生的农民，为了生产生活的方便，只有采取“小聚居，大分散”的居住模式，才能维持生计。因此，具有防御特征的寨堡在选址布局时也大多随传统聚落呈“大分散，小集聚；互为犄角，又各自为政”的空间格局。

从宏观尺度上看，重庆南宋军事城堡多采取“大分散，互为掎角”，而一般寨堡却采取“大分散，各自为政”的空间布局。从外在威胁来看，南宋军事城堡面对的是蒙古国军队，这就要求既要分散布置，占据区域性的战略高地，但又必须有一定的相互照应。因此，各军事城堡必须众志成城，互为支援。它们间的联系多通过水路交通，这就是南宋军事城堡多位于江河之畔高地上的重要原因。与之相比，一般寨堡面对的主要是一些分散且武器装备较差的土匪和农民起义，寨堡所面对的围困压力则要小很多，而充足的粮食和水的储备使他们也具备一定持久作战的能力。因此，一般寨堡大多采取“大分散，各自为政”的空间布局。

从中小尺度上来看，重庆古寨堡特别是碉楼单体型古寨堡，有的表现为“小集聚，各自为政”的布局特点，有的又表现为“小集聚，互为掎角”的布局特色，其原因：一是因为碉楼式古寨堡特别是要求不是很高的生土、石材碉楼的造价较低，一般的家庭可以承受，往往各自为政布局建设；二是因为这种寨堡的空间较小，防御范围有限，需要在不同的区位进行修建，才能有效地保护整个聚落，最终形成一种小集聚的空间形态，如巴南区丰盛古镇在历史上就有十几座碉楼保护古镇，目前还保存有7座。

5.4 古寨堡防御体系与生产生活空间

5.4.1 古寨堡防御体系

古寨堡具有很强的封闭性与围合性，以此为基础形成的对外防御体系是其有别于其他民居建筑或聚落的独特之处。整个防御体系由诸多防御要素构成，各要素充分发挥自己的防御功能，同时又相互联系，形成由点到线，由线到面，最后到三维空间的整体防御体系。组成古寨堡防御体系的建筑要素主要包括寨门、寨墙、碉楼、连廊、射击孔等。

1）寨门

门是中国建筑中一个十分活跃的文化因素，从某种意义上讲，中国建筑文化是一种门制文化。这是从门的精神意义去强调门所蕴涵的丰富建筑文化信息。然而对寨堡而言，寨门的实际使用意义和在防御功能方面的考虑，形成寨堡“门”的一个突出特点。寨堡多依山而建，规模可大可小，其空间形式也呈多样化的特点。无论寨堡内部空间如同布局松散的乡村，或紧凑如宅院一般，或者又像城镇，寨门都是寨堡修建时需要着重考虑的内容，如同城门之于城池，宅门之于宅院。陡峭的山势，高耸

（a）

（b）

（c）

（d）

（e）

（f）

图 5.15　巴南区丰盛古镇形成犄角之势的各式碉楼

的寨墙，都拒人于千里之外。寨门是其对外联系的唯一通道，也自然成为敌人进攻的重点，寨门是体现寨堡防御特征的重要媒介。

寨门的形式是多种多样的，主要体现在材料、构造以及空间组合等方面，但无论如何变化，满足防御要求始终是其第一目的。这对寨门的形式产生重大影响，其整体风格表现为简洁、坚固，充分反映防御功能的需求。

（1）寨门材料

重庆古寨堡寨门材料一般都是石材、灰砖、夯土和木材。其中“石材”的使用最广泛，也是寨门最显著的特征。一方面，在重庆范围内，石材分布较广，以石英砂岩为主，有紫色、黄色和青色，就地取材较容易；另一方面，由于石材质地坚硬，十分适合于寨堡的军事防御需要。取材的便捷性和良好的物理特性，使石材得以在众多古寨堡中被大量使用。一般以条石或碎石的形式利用。在石材比较缺乏的地区一般使用夯土，而灰砖的使用体现了主人的一种身份。寨门中的门板常采用厚10～20 cm的实木板，其给人最深刻的印象便是它的“厚重”，有的甚至在木门的表面加固了一层铁皮，并用铁钉卯固，以凸出其防御功能（图5.16）。

（2）寨门形式

由于寨门形式与构造的不同，使得寨堡的入口形式也呈现多样化特征。不过它们的共同点就是：入口的宽度和高度都比较小，形式简洁，以防御安全为主。大门上装饰性构件很少，最多在门沿下有一些石雕。在各种寨门形式中，石构圆拱门、石构方门是重庆寨堡普遍采用的入口形式，也有二者相结合的形式（图5.17）。另外，为了进一步提升寨堡

（a）开州区渠口镇平浪箭楼木门板

（b）云阳县凤鸣镇彭氏宗祠寨门木门板外包铁皮及铆钉

图 5.16 古寨堡寨门门板及材料

的抵抗防御能力，有的还建了用于逃生的“遁门”。例如，渝北区贺家寨的“遁门”入口就建在寨内堂屋的后面，而其出口选择在寨堡背后人迹罕至的绝壁，一个山势特别陡峭的地方，不易被人发现。

2）卡门

卡门是寨堡外围交通要道上的关卡，建筑形制与寨门基本一致，修建在通往寨堡道路的险要位置，起到扼守交通要道和观察敌情的作用，是寨堡防御体系的延伸。

3）寨墙

古寨堡的寨墙体现的不仅仅是一个“围”的功能，更重要的是它所具有的主动对外的军事打击功能。从防御体系上来讲，寨墙不仅能通过自身形状的改善，来弥补防守的薄弱之处，更重要的是寨墙能成为古寨堡内诸如射击孔、连廊以及碉楼等能进行军事打击与防御的多个要素的综合运用平台。

（1）寨墙与垛口

寨墙形式就是寨墙的整体布局，一般有两种类型：一种是“依山就势”的自由式布局。它是充分利用险要地形以加强防御而产生的直接结果，是聚落型古寨堡寨墙的普遍形式。另一种是规则的几何形，又可以分为两种情况：一种是寨墙和居住空间相脱离，外围围护体系同样由基座部分和其上的连廊共同构成，在连廊里组织对外的射击口（或称为垛口）进行防御；另一种是外围墙体和居住空间相结合，共同构成防御体系，如围楼、碉楼等单体型古寨堡的寨墙。按材料划分，寨墙有石寨墙、夯土寨墙、砖寨墙等。寨墙上往往营建凹凸状的垛口，有利于隐蔽、瞭望与射击（图5.18、图5.19）。

（2）连廊与墩台

连廊是单体型古寨堡防御体系中一个贯穿始末的空间，起着交通联系和对外防御的多重功能，

（a）渝北区龙兴镇贺家寨石拱门

（b）梁平区虎城镇猫儿寨东门石拱门

（c）梁平区观音寨石方门

（d）梁平区虎城镇猫儿寨西门石拱方门

图 5.17　古寨堡寨门形式

有时甚至还是内院中的景观要素。连廊通常以线形空间出现。但在很多古寨堡中，在廊道的转角处，通常都有一个突出寨墙约1 m的扩大空间。在其外部形式上，则表现为寨墙在转角处向外凸出部分，形成一个“墩台”，如同城墙上的“马面”。转角处的墩台能够扩大对外打击和观察范围，能够直接观察到两侧的墙体，并对其保护。如同马面在城墙中的功能一样，寨墙转角处墩台的出现是为了发挥侧射火力和增强瞭望功能。除了在寨墙转角处有墩台之外，有的还在寨墙的四个立面向外悬挑形成墩台。按材料来划分，墩台主要有木构和石构（图5.20、图5.21）。

4）射击孔与瞭望孔

射击孔与瞭望孔是古寨堡对外打击和进行瞭望观察的窗口，其形式多样，繁简不一。射击孔俗称枪眼或箭眼，在不同位置的射击孔担负着不同防御功能，甚至在墩台地板设计垂直向下的射击孔，以减少火力网死角。而经过精心安排的射击孔，可形成完善的火力网，能有效地保护寨堡的安全。射击孔、瞭望孔在立面上的出现，则很容易让人领悟到寨堡所具有的防御功能，其形状有方形、

（a）北碚区蔡家岗街道新寨子寨墙

（b）渝北区龙兴镇贺家寨寨墙与垛口

图 5.18　石寨墙与垛口

图 5.19　夯土寨墙与方石门（涪陵区义和镇刘作勤庄园）

（a）碉楼（一）

（b）碉楼（二）

图 5.20　碉楼式古寨堡木构墩台（南川区河图乡上河村）

（a）石柱县悦崃镇枫香坪碉楼

（b）合川区三汇镇康佳村碉楼

（c）石柱县悦崃镇新城村长岭碉楼

图 5.21　碉楼式古寨堡石构墩台

圆形、六边形、漏斗形等，在寨堡不同的位置，可设计成不同的形状，以提高寨堡的防御保护能力（图5.22）。

5）望楼和碉楼

我国最早的碉楼出现在汉代。成都牧马山出土的东汉画像砖上就有一座位于大型庭院之中，高于住宅之上的建筑物，这便是碉楼，亦称望楼（图5.23）。楼上可以瞭望，遇到紧急情况，便登楼击鼓，警告邻里，使之相互救助。当时建碉楼在中原已成风气，而重庆早期的碉楼也受中原碉楼之风的影响。自唐以来，重庆历史上有很多类似碉楼的记载。到宋元时期，为抗击蒙军所构筑的山城中，也出现了具有多种功能的望楼。其功能包括：瞭望、军事攻击以及作为烽火台等功能。到了明清时期，各地移民的涌入，又带来了其他地区成熟的碉楼技术和形制，并对重庆后期出现的碉楼产生直接的影响。碉楼在整个重庆范围内，无论是场镇还是乡村，其分布十分普遍，并且受客家人碉楼形制及构建技术的影响较大。因受多种因素的影响，在不同地区、不同环境条件下，碉楼（望楼）出现了诸如功能、形式及空间布局等方面的变化，有的则演化成了小姐楼、绣花楼、读书楼、耍亭子等。这些建筑与防御性极强的碉楼相比，其最大差异就是窗洞面积比较大，重点考虑的是采光与通风，大大弱化了防御功能（图5.24）。

由于碉楼具有很强的军事防御功能，在重庆寨堡中，碉楼的应用是十分普遍的，形式也非常丰富。一般来说，在单体型古寨堡中，碉楼多位于外围寨墙的转角处，这样不仅能加固外围墙体的整体稳定性，同时碉楼作为一个强有力的军事防御设施，能扩大有效的防御面积，充分发挥它的作用。碉楼被寨墙上的连廊串联在一起，加强了它们之间

（a）垂直向下的圆形射击孔与瞭望孔（石柱县悦崃镇新城村长岭碉楼）

（b）长方形射击孔与瞭望孔（合川区燕窝镇颜家沟碉楼）

（c）射击孔（寨墙外侧，涪陵区义和镇刘作勤庄园）

（d）射击孔（寨墙内侧，涪陵区义和镇刘作勤庄园）

图 5.22 古寨堡射击孔与瞭望孔

的联系，内部武装人员能即时、快速地转移防御阵地。碉楼多由夯土和条石共同构成，没有统一的尺寸，根据环境和需要来调整高度和大小，尺度差别很大。因大多数寨墙、民居建筑已被损毁或改变了风貌，只有部分碉楼被保留了下来（图5.25）。

在聚落型古寨堡中，也有不少建碉楼的案例。例如，梁平滑石寨，寨中南端悬崖上有一个碉楼的遗迹，高约10 m，二楼一底（遗迹高度）、全用条石砌筑。碉楼内木楼板和楼梁（楼枕）不知去处，每楼四周设有瞭望口，目前已进行了改造。寨堡中的碉楼除了瞭望、防御的功能外，也可以作为烽火台，与附近的友军互为联系，从而加强防御。再如江津区中山镇龙塘村荣庐庄园的碉楼（图5.26）。

寨堡中出现了异形化的碉楼，如云阳彭氏宗祠中心位置矗立的9层高的碉楼以及南川大观镇张之选碉楼，在外部形式上已逐渐摆脱了纯军事化建筑的类型，转而向塔、楼阁等其他文人气质浓厚的建筑类型发展。碉楼的异化是一大创举，之所以产

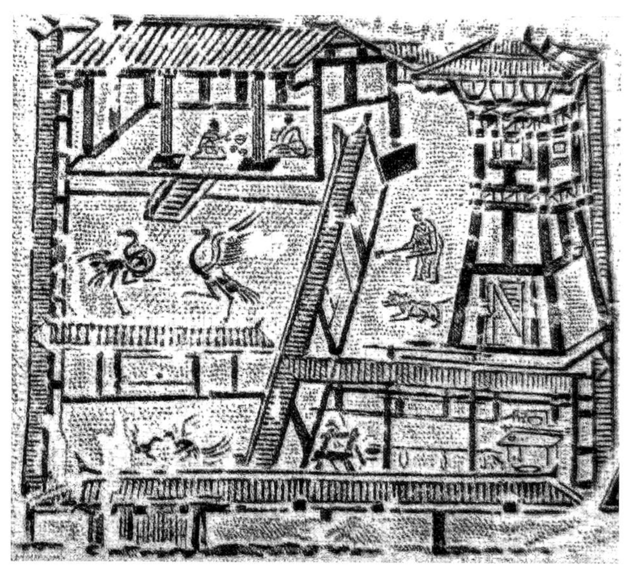

图 5.23 成都东汉画像砖庭院中的望楼

（a）外观

（b）内景

图 5.24　由碉楼演化而来的小姐楼（江津区中山镇朱家大院）

（a）南川区石溪乡王家祠堂碉楼

（b）南川区乾丰乡新元村王家沟碉楼

（c）合川区三汇镇桂花村碉楼

（d）合川区燕窝镇颜家沟碉楼

图 5.25　单体型古寨堡中的碉楼

生这样的建筑形式，与重庆传统建筑灵活处理、多有变通的建筑思想是一致的。将寨堡中的碉楼改造成非常规的形式，主要是基于以下两点原因：其一，为了更加充分合理地使用碉楼。碉楼是寨堡营造的重要有机组成部分，会花费大量的人力、物力和财力，而大部分时间为和平时期，碉楼都是处于一种闲置状态，这是一种浪费的现象。其二，寨堡碉楼的异形化，是为了削弱碉楼所表现出来的“气势汹汹”的敌对意向，转而向温文尔雅的方向发展。这种需求可能来自于主人文人气质的表现，如云阳彭氏宗祠：一方面，为防御土匪的袭扰，宗祠修建成了寨堡形式，为族人提供避难的场所；另一方面，为了适应宗祠建筑庄严、肃穆的空间环境和氛围的需要，碉楼则又被改造成了类似忠县石宝寨的魁星亭的模样（图5.27）。

5.4.2 古寨堡生产生活空间

古寨堡具有生活起居和军事防御两方面的功能。军事防御功能是寨堡的重要特征，生活起居功能则是寨堡的根本内容。从辩证的角度来看，两者之间相互联系、互为依托。若没有完备的生活起居条件，寨堡的防御不能够持久。同样地，若没有较好的军事防御能力，在动乱年代，生活也得不到保障。

1）寨堡内居住起居空间

(1)居住空间

单体型古寨堡的居住空间主要体现在碉楼、围楼等民居建筑方面。在重庆地区，就碉楼本身而言，其居住空间不是很完善，大多与主宅结合形成比较完善的居住空间体系（图5.28）；就围楼而言，其居住空间是比较完善的，因居住空间本身就形成

图 5.26 江津区中山镇龙塘村荣庐庄园碉楼

图 5.27 云阳县凤鸣镇彭氏宗祠碉楼

（a）巴南区石龙镇杨氏庄园

（b）涪陵区大顺乡某碉楼

图 5.28 碉楼与主宅的有机结合

了一个完整的防御体系。聚落型古寨堡包括村落型和场镇型两种类型，它内部的居住空间与传统村落和传统场镇没有什么两样。在重庆地区，就村落型古寨堡而言，在宏观层面上其居住空间表现为“小集聚，大分散”的空间格局；在单体建筑层面上，其居住空间与一般的传统民居是一样的。就场镇型古寨堡而言，在宏观层面上其居住空间大多表现为沿道路或河流呈“线状”的空间格局；在单体建筑层面上，其居住空间与一般场镇的传统民居是一样的，主要表现为前店后宅、下店上宅等多种形式。

（2）起居空间

不管是单体型还是聚落型古寨堡，其起居空间与一般的传统民居没有什么差异。它的特色主要体现在厕卫空间和仓储空间。

在古寨堡中，为了解决如厕的问题，出现了悬挑于寨墙之外的厕所，与藏族的悬空厕所有异曲同工之妙。对于面积很大，具有生产能力的聚落型古寨堡，特别是村落型古寨堡而言，所需的生活资料可以通过自身的生产能力得到补给。但对于面积相对较小、缺乏生产场地的单体型古寨堡而言，要做好长期坚守的准备，那么充足的粮食储藏是它需要重点考虑的问题。正基于此，大部分单体型古寨堡内部都具有专门的粮食储藏空间。大型的粮食储藏空间在古寨堡中的出现，不仅是其“持久防御”策略的需要，同时也是古寨堡拥有者生活状态的一种体现。

2）寨堡内生产空间

在单体型古寨堡内，因面积规模较小，其生产空间绝大多数都是一些手工作坊，如打米、磨面、榨油等作坊空间。在村落型古寨堡内，因面积较大，生产空间类型比较丰富，除了上述的作坊空间之外，还有广阔的耕地、果园、林地、水塘等生产空间，以满足寨堡自给自足的需要。在场镇型古寨堡内，因面积也较小，人口多，建筑密度大，生产空间绝大多数都是一些如打米、磨面、榨油等作坊空间。当然，个别场镇型古寨堡内也有一些耕地、林地等生产空间，如涞滩古寨堡。除了生产空间之外，还有如商店、市场等之类的商业空间，码头、驿站、客栈等之类的交通空间和住宿空间，以及“九宫十八庙”之类的公共空间等。不管是单体型还是聚落型古寨堡，水都是非常重要的生活生产资料。

5.5 古寨堡空间形态

5.5.1 古寨堡外部空间形态

“功能决定形式”这句话，对于表述寨堡建筑外部空间形态的形成可谓恰如其分。古寨堡所具有的封闭性、围合性等防御特征，直接影响了古寨堡建筑外部空间形态的形成，并决定了它所具有的特点。古寨堡以“防御优先”为原则，根据其所处的地形特征，形成相应的建筑形式。这种“因势利导”的建筑形式具有很强的“个性化”色彩，是每个古寨堡所独有的建筑造型特色。

“因势利导”的造型特色，主要体现在地形对古寨堡平面和竖向两个方向的影响。由于古寨堡的防御特色呈现出封闭性与围合性，使其在空间造型上出现“环”的概念。同时为了达到良好的防御效果，充分利用地形所形成的天然屏障，古寨堡外围沿着地形修建，形成环状空间，从而与地形相吻合，呈现出不规则的建筑造型。从局部看，则形成了“墙随地形走”的独特建筑特色（图5.29）。这是古寨堡“因势利导”造型特色在平面上的一种表现形式，如渝北区的贺家寨、北碚区的新寨子、云阳县的龙缸古寨等。在竖向上，“因势利导”的建筑特色同样存在。云阳的彭氏宗祠在本已高耸的台地之上，又修建了高达9层的碉楼，形成对山势向上升起的一种延续。整体感觉，非但没有突兀之感，反而是一气呵成。这则是彭氏宗祠对山体“势”的一种“因势利导”，显得更加的高明和富有特色。

此外，古寨堡还体现出“封闭围合、沉稳厚重”的外部造型特征。而这种特征的形成，主要依赖于以下三个因素：其一，寨堡建筑高度所带来的距离感。寨堡沿着高耸的山崖或台地修建，增加了其相对高度。在其山脚下，则只能仰望之。巨大的落差成为不可逾越的屏障。这正是寨堡利用地形，形成巨大的建筑高度所带来的距离感。其二，寨墙大多采用条石作为主要建筑材料，沉重的石材给人以沉稳的感觉，给人以坚不可摧的印象，体现一种“沉稳厚重”之感。其三，寨堡本身密不透风的围合方式，以及其立面上除了射击孔之外、完全为实墙面的造型特征，都给人以“封闭围合、密不透风”的感觉。

总之，古寨堡一般给人以“因势利导、封闭围合、沉稳厚重”的外部造型特征。不过，有的古寨堡在立面造型上，由于与地形、植被结合紧密，材料富于变化，空间造型独特，层次感强，也会形成轻盈、飘逸、灵动之美。

5.5.2 古寨堡内部空间形态

1）单体型古寨堡的内部空间形态

单体型古寨堡的规模一般较小，内部空间形态比较单一，以天井、院落为主，小的一路一进，大的形成多路多进的大型院落组合。“天井、院落”为主要特征的空间组织形式，体现了由“室内空间”和“室外空间”交替出现的递进关系。

由于古寨堡的防御要求，使其整体空间由外围防御空间和内部生活起居空间两部分共同构成。两者在空间上既自成体系，又相互渗透；在建筑构造上也时而结合，时而独立。它们之间的关系犹如核桃的“壳”和“内核”的关系。有的结合得非常紧密，合二为一，如云阳县彭氏宗祠；有的二者相互独立，自成体系，如南川区石溪乡王家祠堂（图5.30）。古寨堡所在区域的地形地貌特征也会影响到内部空间形态，由于地形不规则，往往会采用灵活的处理方式，形成不规则的天井、院落空间形态，有时会达到意想不到的戏剧性效果。

2）聚落型古寨堡的内部空间形态

聚落型古寨堡的规模一般较大，内部空间形态比较丰富。

就村落型古寨堡而言，在建筑空间方面，除了“天井、院落”形建筑之外，还有“一”形、“L”形、“凵”形等多种形制的建筑；从建筑功能上来讲，有住宅、戏楼、会馆、书院、祠堂、庙宇等。在生产空间方面，有作坊、耕地、果园、林地、水塘等。在交通空间方面，有步行的田间小道，也有供马车行驶的较宽阔的道路。这些空间类型及其内容视古寨堡的大小及完善程度而有所增减。因受地形、区

（a）

（b）

图 5.29 古寨堡“墙随地形走”特色（渝北区龙兴镇贺家寨）

图 5.30 碉楼与主宅自成体系（南川区石溪乡王家祠堂）

位、人口、建筑等多种因素的综合影响，这些不同类型的空间会组合成多种空间形态，如“小集聚，大分散”的组团状、串珠状、条带状、放射状等不同的空间形态。

就场镇型古寨堡而言，除了建筑类型丰富、密度大之外，其功能也较复杂，如有商店、市场形成的商业性空间，手工作坊形成的生产性空间，会馆祠庙形成的公共空间等，还会形成特有的街巷空间。因受地形条件的影响和限制，这些不同类型的空间也会组合成团块状、组团状、条带状、放射状等不同的空间形态。

5.6　古寨堡修筑主体及管理

5.6.1　古寨堡修筑主体

清代是重庆修筑寨堡的高潮时期，这一时期寨堡的修筑主体呈现多元化的特点，既有众人合力修筑，也有个人独立修建。但总体来讲，古寨堡修筑主体可以分为以下几大类。

1）士绅

清代，士绅特别是地方士绅在城镇和乡村社会的运转中有着不容忽视的影响力，作为封建政权控制基层社会所依赖的主要力量，他们不仅关系到封建政权的稳定，也影响着基层社会的秩序。尤其在乱世中，士绅对地方社会的稳定作用显得更加重要。一方面，地方士绅凭借其拥有的乡望，在战乱时期能够迅速召集大量的人力、物力来抵御危机。另一方面，相较平民而言，士绅通常占有更多的资源，是起事者首选的攻击目标。因此，地方士绅往往成为寨堡修筑的重要力量。清代的士绅阶层主要由两个群体组成：a.官员，包括现职、退休、罢黜的官员，也包括捐买官衔和官阶的；b.学绅，即有功名（或学衔）者，包括文武进士、文武举人、贡生、监生、文武生员等（瞿同祖，2011）。在这两个群体中，由官员直接主持修筑寨堡的现象并不多见，而关于士绅的第二大群体学绅，主持修寨的记载却比比皆是。

2）乡民

乡民作为基层社会中最广大的群体，较之士绅而言，其占有的资源十分有限，但每逢乱世平民所遭受的损失却最为惨重。没落的清政府根本无力保护乡民的生命安全，因而各地民众只能修寨自保。

3）商人

巴蜀地域广阔，盐业、茶叶、竹木等自然资源丰富，为商业的发展提供了充足的货源，也造就了一大批家财万贯的富商，因而在面临兵灾之际，这些富商为保护其财产的安全，也积极加入到寨堡的修筑队伍之中。

4）宗族

在中国传统社会的发展中，宗族具有悠久的历史和深厚的文化根基。宗族是大社会中的一个小群体，有自身的群体活动，在社会的政治、经济和文化生活中扮演着重要的角色（冯尔康，1996）。在躲避兵祸抵御寇乱之际，宗族的力量依然不容忽视。个别寨堡会出现以一个宗族为主，联合数个宗族共同修筑的情形，如云阳县的金峰寨，“此寨毗邻开县，嘉庆初众姓共建，以王氏为主。”这种联合修寨的方式可能是出于分摊经费以及召集人工的考虑。

5.6.2　古寨堡管理

清代前期，重庆地区寨堡的修筑大多是一种零散的、不规范的民间行为。嘉庆以后，清政府将修筑寨堡与办理团练相结合，作为防御起义军的有效措施在各省广为推广，因而对寨堡的组织管理也有相应的明文规定。例如，嘉庆年间，合州刺史龚景瀚所呈《坚壁清野议》中就有关于选任寨主的规定：“择其身家殷实，品行端方，明白晓事者，或绅监或耆民举为寨长，给以顶戴予以钤记，使总一寨一堡之事。”寨主的职责主要包括清查户口、经营钱粮、稽查出入、修饬守备等。此外，清廷对寨民的管理也格外谨慎，凡寨民，家有几人、大小几口、所操何业、土田若干，均须记录在册，以备稽查。

各县对所属寨堡也有相应的管理措施，如璧山县即刊有《张若泉先生守寨三十则》，其内容有关于入寨人员资格的规定，“不论贫富但系粮户及无业贫民素非为奸盗者俱准入寨。”又有修寨材料的选择，“石墙必中用扣石横石所夹之土用乱石以杂之，其每面石板仍用石灰麻粘弥其缝隙……土墙必用大木夹两旁，中用木椿，横处用短木牵之。”再有选择守寨武器的规定，“守寨器具炮为先，枪次之，弓弩又次之，滚木礌石灰瓶又次之，矛刀又次之。”其他还有如寨墙的宽度、寨田的耕种、寨内望远楼的修建、寨堡房屋的防火、寨内水源的保护等都有详细的规定，可谓无所不备。

此外，各地在创办团练的同时往往制定有团练章程，其中也会涉及寨堡修筑与管理，内容包括守寨人员的分配、寨民的训练、遇敌时的策略、寨内粮食的储备等不一而足。如对粮食储存、征收的规定，“秋收粮食应遵示坚壁清野尽数搬运入寨，凡入寨之谷每石取厘三升，杂粮每石二升，不足一石者不取，仰团首查收公仓备用。隐匿者议罚，避谷厘不运者，禀明罚半充公。”为了增强寨堡的守备，梁山县（现梁平区）令各寨多备滚木礌石，并按照寨之大小，分配鸟枪、弓弩、刀矛等件，如果贼至，各路居民自可就近登寨而守。为了防止义军渗入，个别寨堡还制定有反间谍条例，如綦江区的刘罗坪寨即刊有守寨条约：“不挂腰牌恐为贼得，但分段稽查，头人自能辨认；又云不卖熟食，奸宄自难容留，亦要语也。”由于修筑寨堡的根本目的是镇压起义，因而对御敌不力者也有所惩罚，“如畏贼不出或放贼不击，定将寨首重法严办。”由此可见，当时重庆地区的寨堡管理是极其严格的（凌富亚，2016）。

5.7 古寨堡典例

5.7.1 云阳县彭氏宗祠

彭氏宗祠又称彭家楼子、彭家箭楼，位于云阳县凤鸣镇（原里市乡）黎明村一组，距云阳县城约20 km，2013年被评为国家重点文物保护单位。宗祠是由清乾隆中期自湖北大冶县移民入川的移民彭大信之后裔彭宗义、彭祖河父子二人主持，于清道光二十五年（1845年）开始建造，至清同治三年（1864年）最后竣工，历时20年方得建成（图5.31、图5.32）。

宗祠位于群山环抱之中的一个三面临崖的丘陵顶上，崖下有山泉汇集而成的小溪环绕流淌，只有东面唯一的缓坡入口与其相连，地形十分险要，易守难攻，属典型的碉楼式单体型古寨堡，其中心为高9层的碉楼，成为寨堡最显著的特征。在宗祠周边散落着7座彭家庄园，这7座庄园是彭氏家族兄弟分家后建造的，如今尚存3处，分别是四合头院子、彭家花房子、石板沿院子。宗祠除了作为彭氏家族祭祖的家祠外，平时亦是他们的私塾，而在战时则是保全族人性命的“军事堡垒”。彭氏宗祠作为一个具有复合功能的公共建筑，在重庆古寨堡中实属罕见。

彭氏宗祠整体呈长方形，坐西朝东，占地3 500 m^2，建筑面积约2 651 m^2。出于防卫需要和受地形条件的限制，建筑平面规模不大，东西相距45 m，南北相距54 m，是一组以碉楼为中心，由内外两圈寨墙环护而成的两进天井院。彭氏宗祠的建筑主要集中在两重寨墙内，由前寨门、正寨门、戏楼、碉楼、享殿、厢房及炮楼组成。外寨墙为高约5 m、厚约0.5 m的砖石结构（下大段为条石，上小段为砖墙），其基础坐落在坚硬的整体山岩上，与陡峭的崖壁完美结合，寨墙上开有高低不同的射击孔，形成了宗祠的第一道防御屏障。寨墙上开有一道位置偏南的东向八字寨门（前寨门），为抬梁结构、悬山屋顶，成为宗祠的第一道寨门。入口一侧有炮楼1座，以增强入口防御。其实原有4座炮楼分布在寨墙四角，3座已毁，现仅存该座，可对近处目标直接进行攻击。

内寨墙呈长方形，面阔30.8 m，进深37.6 m，全用条石砌筑，形成一道高12~15 m、厚达1.6 m的坚固寨墙，并与内部房间合二为一，在重要部位设有32个射击孔，成为宗祠的第二道防御屏障。也在内

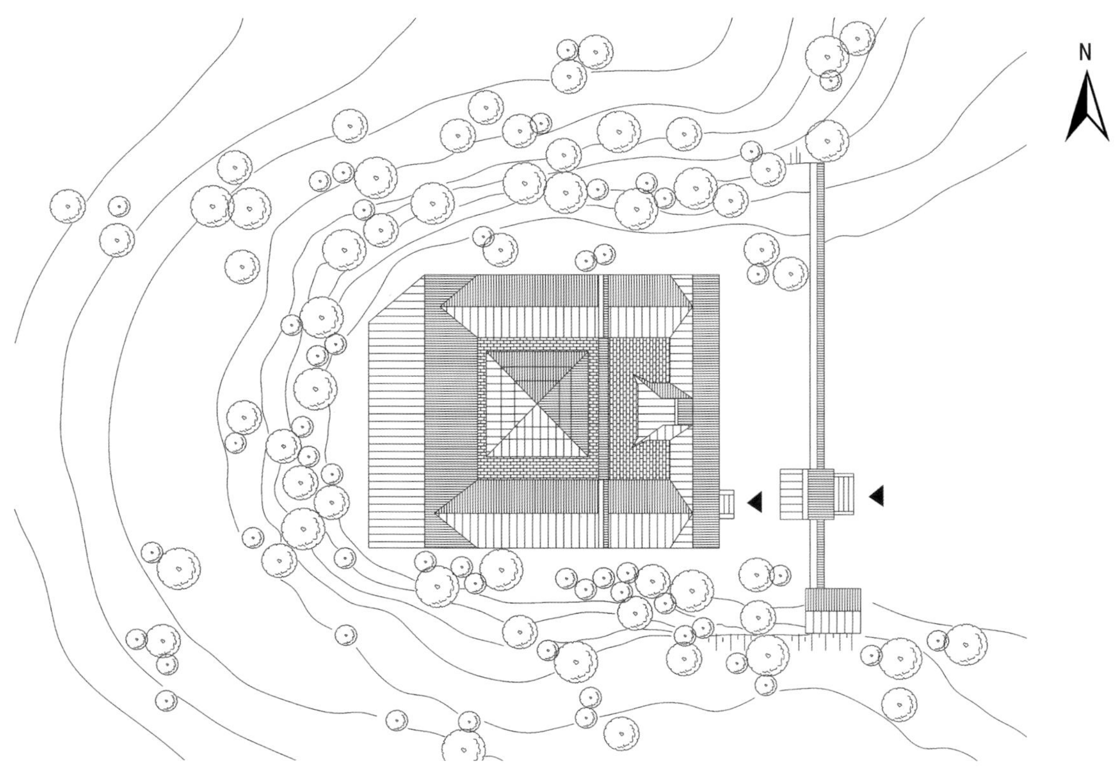

（a）总平面

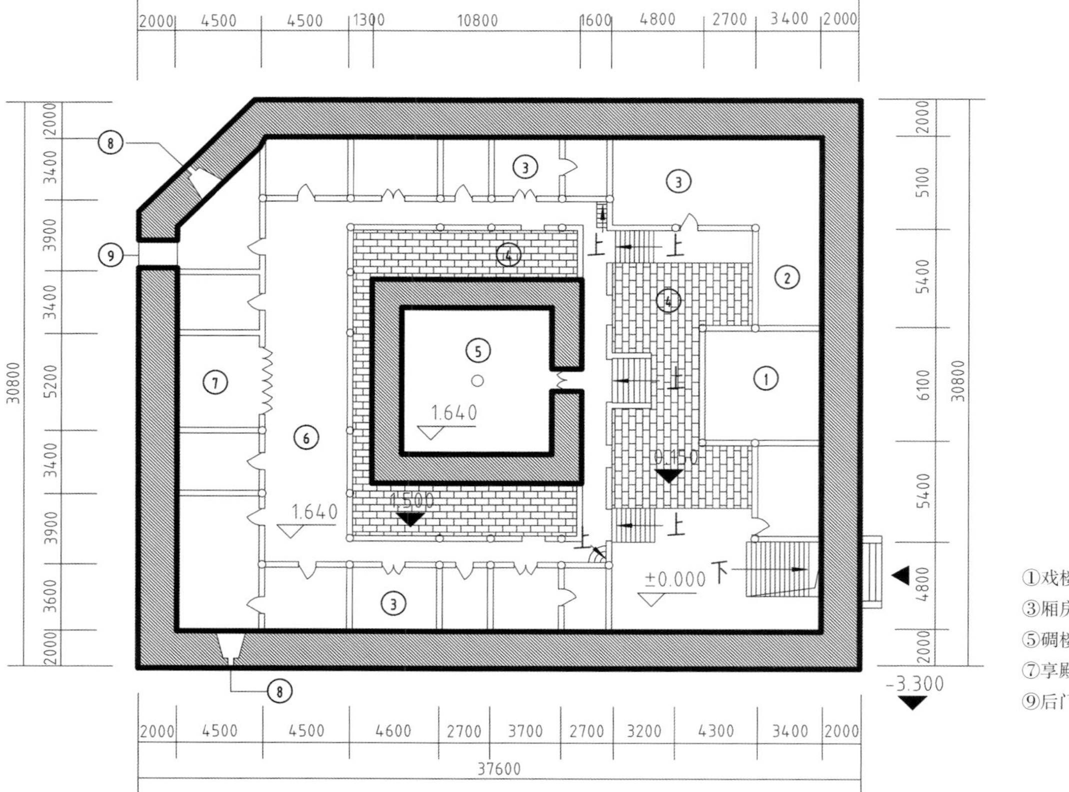

①戏楼；②耳房；
③厢房；④天井；
⑤碉楼；⑥廊坊；
⑦享殿；⑧射击孔；
⑨后门（已封）

（b）一层平面

图 5.31　云阳县凤鸣镇彭氏宗祠总平面及一层平面 [据李忠（2004）绘制]

（a）从碉楼眺望周边的山野与被保护的庄园

（b）前寨门、两重寨墙与碉楼

（c）前寨门内侧（内八字寨门）

（d）从天井仰视碉楼及其射击孔与瞭望孔

（e）从碉楼俯视戏楼及天井

（f）“彭氏宗祠”匾额

（g）圆形射击孔

（h）六边形射击孔

图 5.32　云阳县凤鸣镇彭氏宗祠单体型古寨堡

寨墙上开了一道位置偏南的东向寨门（正寨门），成为第二道寨门，设置两层门板，外侧门板用铁皮和铁钉包裹并卯固，在正寨门上方有块装饰考究的匾额，正中阴刻“彭氏宗祠”四个大字。门内通过高约3.2 m的台阶，进入内部的第一层平台。寨内分为两台，高差约1.4 m，东段包含两层高的戏楼、两侧三层的耳房和厢房，西段包括三层高的正房和厢房。均在顶层设环形通廊，作防御之用，而在底层内侧设交通环廊，并以门墙将寨内东西部相隔，达到层层设防的目的。

碉楼位于偏西的第二个天井之中，为正方形、高9层的阁楼式建筑，成为整个宗祠的第三道防御屏障。碉楼朝东开门，门板也用铁皮包裹，底部6层为外石内木的楼基部分，边长10.5 m，墙厚1.33 m，每层四周均开有圆形和六边形的射击孔，共计36个；碉楼顶部3层为三重檐、四角攒尖顶，通高33.3 m（100尺）。除精美的建筑外，彭氏宗祠内部还有川东著名书画家彭聚星、刘贞安、姚仁寿等的书画、石刻作品。这些书画作品同样具有重要的历史文化价值。

彭氏宗祠以戏楼、碉楼、享殿这三大建筑作为组织整个宗祠的中轴线，内部空间基本上是南北对称。其平面规模虽然不大，但向上发展的趋势十分明显，用条石砌筑的封火山墙是它的一个主要特点，而高9层的碉楼更是高层传统民居建筑中的精品。同时宗祠三面的悬崖峭壁，并以竹林、树林相衬托，更加彰显了彭氏宗祠高耸、修长的建筑立面特点。

总之，彭氏宗祠按地形险要、紧邻主宅、围而不困等原则进行科学选址，实行两道寨墙、三道屏障、9层碉楼的综合防御策略，把家祠、私塾、防御三大功能有机地集合起来，实现了科学与艺术的完美结合，不愧为重庆民居中的精品。

5.7.2 涪陵区瞿氏围楼

涪陵区瞿氏围楼的全称为瞿九酬客家围楼，也叫瞿九酬客家土楼或瞿家土楼，位于涪陵区大顺乡明家社区四组，建于清末民初，为当地士绅瞿九酬所建，是一座既作居住又有很强防御功能的建筑，体现了客家移民传承自己族群文化的强大能力，也反映了新移民面临的严峻生存环境，使他们仍然采取御敌自守的居住理念。瞿家土楼属于典型的围楼式单体型古寨堡（图5.33）。

瞿家大院原为一处占地近3 000 m^2的四合院，面阔约70 m，进深约35 m，大致由八字形朝门、院坝、正房、东西厢房、方形土楼以及配房等组成，后来大部分被毁。现存土楼平面近似正方形，边长19.35 m，加上四角凸出的碉楼，形成“器”字形平面，边长约25.35 m。碉楼为四角攒尖顶，内空边长2.6 m，朝土楼内部方向开小门，每层设方形射击孔，共23个，用木制小窗开关。土楼内部为全木结构，两楼一底，层高约2.4 m，每层8个房间。正中一座天井，是采光和集中排水处。因防御的需要，土楼外墙极其封闭，除了布满大小不一、形状各异的射击孔与瞭望口以及进出的大门外，整个外墙没有任何的门窗洞口（图5.5）。

与其他地区的客家土楼相比，瞿家土楼有以下特点：第一，规模较小，居住与防御结合。平面采用了以天井为核心的近似正方形布局，四角的房间完全封闭，具有明显的围合性与防御性。第二，充分利用地方技术。外部采用夯土厚墙围合，墙体厚度约0.5 m，但内部却是完全采用巴渝地区的千足落地式穿斗木结构承重。第三，灵活的防御路线。土楼内部采用穿斗木构架，可以随意在柱间开设门洞，因此能形成内外两个环道，即以外墙与内部房间结合处的外环防御通道，以及沿天井跑马廊所形成的内环疏散通道。在敌人进攻时，可以在最短时间内将火力切换到四个角堡和四个墙面，这样的防御形式更适合于巴渝客家家族聚居人数少的情况，以便灵活机动地配置防御人员。

5.7.3 渝北区贺家寨

贺家寨位于渝北区龙兴镇，始建于清光绪年间，是当地一贺姓大地主修建的寨堡，又名三星

（a）外观为厚重的夯土墙

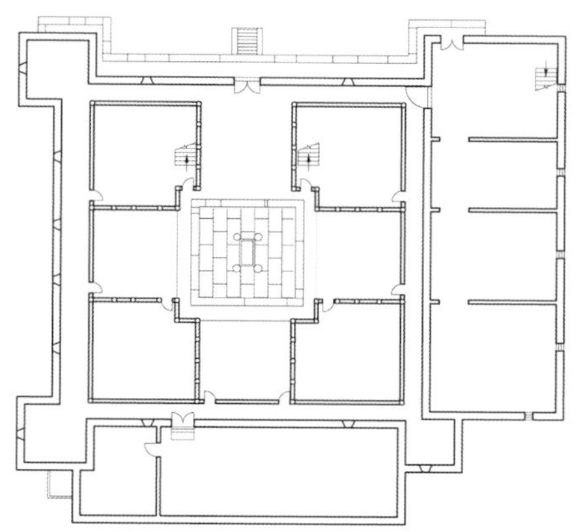
（b）一层平面［据陈蔚、胡斌（2015）绘制］

（c）内部为千足落地式穿斗木结构与内跑马廊

图 5.33　涪陵区大顺乡瞿九酬客家围楼式古寨堡

寨，也是贺家的宗祠。贺家寨位于一小山顶上，受寨前月牙形水塘和其后陡峭坡地的制约，总平面布置自由，呈梯形。建筑规模约1 000 m²，其选址的防御特征明显，月牙形水塘也表现出风水文化思想在古寨堡中的应用。古寨分东西两门进入，北面是陡峭的百米悬崖，西门的寨墙极为高大坚固，水塘不但能为古寨的生产生活提供充足的水源，而且也可兼作护城河。寨墙沿水塘环绕寨子一周，体现了“墙随地形走”的特点，寨墙上的垛口、射击孔至今仍基本保存完好。据称，在东西寨门口原本还有吊桥，防守时只需把吊桥收起，敌人便只能望寨兴叹。寨内建筑分台而筑，成不规则的四合院形状，目前已被损毁拆除。寨内还有一密道，可直达寨外，供紧急逃生之用（图5.34）。

5.7.4　合川区钓鱼城

钓鱼城位于合川区东北部的钓鱼山上，距合川城区5 km。它是南宋末期，坚持抗击蒙古军队达36年之久的古城堡。在此发生的“钓鱼城之战”是古今中外作战史上以少胜多、以弱胜强，坚持持久战的经典战例。因此，钓鱼城被欧洲人誉为“东方麦加城”“上帝折鞭处”。钓鱼城自建成之始已有700余年历史，历经大小战斗数百次，取得了击毙大汗蒙哥（元宪宗）的胜利，迫使蒙古帝国从欧亚战场全面撤军，从而深刻影响了世界历史及中国历史的进程。它是全国重点文物保护单位，也是我国保存最完好的古战场遗址之一（图5.35）。

钓鱼城所在的钓鱼山被嘉陵江、涪江、渠江三

（a）总平面

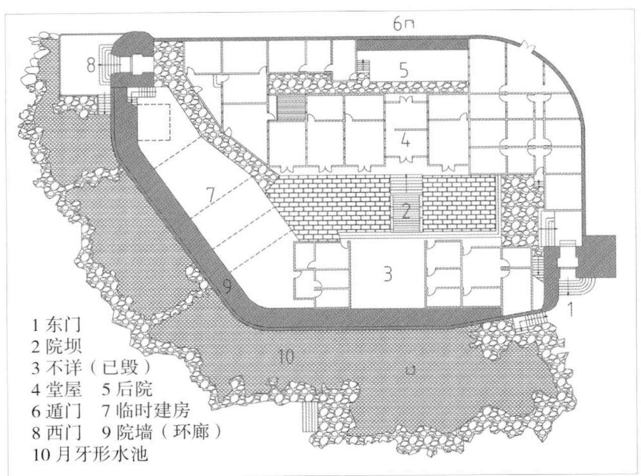

（b）一层平面

（c）西寨门

（d）东寨门

图 5.34　渝北区龙兴镇贺家寨［（a）（b）据李忠（2004）绘制］

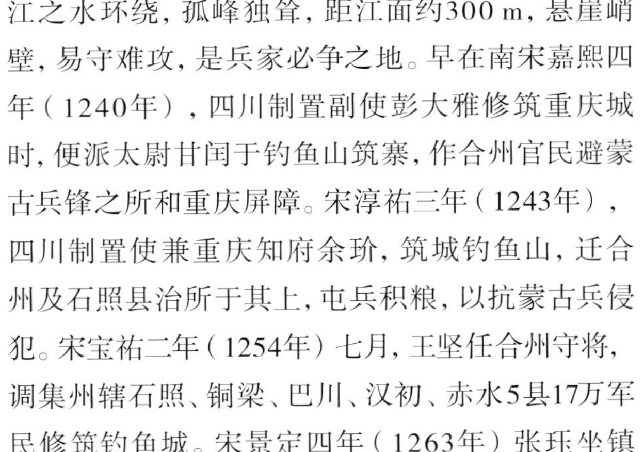

江之水环绕，孤峰独耸，距江面约300 m，悬崖峭壁，易守难攻，是兵家必争之地。早在南宋嘉熙四年（1240年），四川制置副使彭大雅修筑重庆城时，便派太尉甘闰于钓鱼山筑寨，作合州官民避蒙古兵锋之所和重庆屏障。宋淳祐三年（1243年），四川制置使兼重庆知府余玠，筑城钓鱼山，迁合州及石照县治所于其上，屯兵积粮，以抗蒙古兵侵犯。宋宝祐二年（1254年）七月，王坚任合州守将，调集州辖石照、铜梁、巴川、汉初、赤水5县17万军民修筑钓鱼城。宋景定四年（1263年）张珏坐镇钓鱼城时，再次加固修筑钓鱼城。经四次修筑，建成沿城一圈与直贯嘉陵江的高达7 m的石砌城墙8 km。沿城墙置始关、小东、新东、青华、出奇、奇胜、镇西、护国共计8道城门。宋祥兴二年（1279年）正月，合州安抚使王立举城降元，元兵拆毁城垣及军事设施，徙官民还合州旧城，山上房舍驻兵守寨。钓鱼城第一时期的建造至此结束。元代大德二年（1298年），钓鱼山上寺庙及房舍遭兵火焚毁。第二个营建时期，从明代弘治七年（1494年）始，金棋任合州知州，复在“满地是苍苔”的钓鱼城遗址上重建寺庙祠宇。清代以来，合州地主武装曾多次修复加固钓鱼城，作为官绅避乱之所。

目前，在钓鱼城2.5 km^{2}的保护范围内，留存有8 km城垣、8座城门，以及炮台、墩台、栈道、暗道出口、水军码头、兵工作坊、军营、校场、脑顶坪（蒙哥中炮重伤处）等宋元军事及生活设施遗址；有远古遗迹钓鱼台、唐代悬空卧佛、千佛崖、南宋古桂树、清代护国寺、忠义祠、三圣岩等名胜古迹。

（a）城（寨）门（始关门）

（b）城（寨）墙

（c）陡峭的悬崖

（d）九口锅遗址

（e）粮食加工场遗址

图 5.35 合川区钓鱼城

5.7.5 云阳县磐石城

磐石城又名大石城、磨盘寨，位于云阳新县城至高处，形如巨大磨盘，故名。始建于南宋淳祐年间。《华阳国志》中所谓“朐忍有大小石城”，即指磐石城。磐石城四面绝壁，垂直高度30～50 m，上面平夷，总面积约50 000 m^2。平面布局呈梭形，长轴大体沿东西向，前后寨门位于长轴的两个端部，南北两面为陡峭崖壁，体现了作为防御性古寨堡易守难攻的特点（图5.36、图5.37）。

磐石城是宋末元初时期著名的抗元寨堡，宋代大将吕师夔在此筑寨，屯兵此处，与万州天生城互成掎角，以抗元军。南宋德佑元年（1275年）夏，坚守30余年的磐石城被元军攻陷。目前磐石城保存完好的是前后两个寨门，还有宋代寨墙500余米，以及大型石砌蓄水池、古墓葬、古井和大量的建筑遗迹等历史遗物，再次印证了南宋后期“生活与防御并具”的抗元战略思想。磐石城位居战略要冲，其东通三峡，西连万州，南控武陵，北拥飞凤，在南宋末年成为当时抗元防御体系中重要的城池要塞，素有“夔门之砥柱，云阳之形腾”的美誉。明崇祯年间，向化侯谭诣占据此城，与天生城的谭宏互为接应，共同抵抗张献忠的义军入川。清顺治十五年（1658年），谭诣降清后仍驻军磐石城。至清

（a）远眺磐石城

（b）寨门

（c）高耸陡峭的寨墙（一）

（d）高耸陡峭的寨墙（二）

图 5.36　云阳县磐石城

图 5.37 从磐石城俯眺云阳新县城

雍正、乾隆年间，分属谭、柳二姓。清乾隆五十四年（1789年），由涂怀安购得此寨，率族人300余人遂入寨而居。因此，涂氏族人躲避了白莲教、滇寇之乱。清道光年间，在原县华寺故址上建涂氏宗祠。民国9年至13年（1920—1924年），涂氏族人对寨墙及寨门进行了维修。抗日战争时期，国民政府海军部在磐石城下构筑江防工事，并设立“江防要塞指挥部”，至今还有钢筋混凝土工事残存。

5.7.6 梁平区古寨堡群

梁平区建寨堡历史悠久，数量众多，在重庆区县当中首屈一指，形成了著名的古寨堡群。其建寨历史最早可追溯到宋末抗击蒙军时期，这与沃野百里的梁平坝子、地处川东交通要冲、重要的产粮基地等息息相关。梁平大部分寨堡的形成时间主要集中在1800年前后，即清代白莲教战争时期。1796—1802年，梁平一直是白莲教起义军活动的根据地，数万义军数度攻占梁平大部。当时清朝梁山知县方积招丁建团，制造军械，修寨筑堡，坚壁清野，共在县内修建了217座寨堡，强令全县2万户人口全部迁居山寨。各寨鼓角相闻，烽火传号，互为犄角，形成了联合防御的古寨堡群，给起义军以重创（李忠，2004）。

梁平区最有名的古寨堡当数“一金城（寨），二萝斗（寨），三猫儿（寨），四牛头（寨）”四大古寨，它们以“险、固、大、绝”闻名于天下（图5.38）。除了这四大寨之外，还有比较有名的是“七斗寨”。七斗寨并不只是一座寨堡的名字，而是鄢家寨、太平寨、石虎寨、饼子寨、杨家寨、天字寨、古城寨7座寨的总名，因为这七寨所在的七座山峰，布局恰如天上北斗七星，所以总名七斗寨。这7个寨中留下历史遗迹最多的是鄢家寨和太平寨。另外，还有顺天寨、石牛寨、牯牛寨、红岩寨、观音寨等，这些古寨均为村落型古寨堡。自清朝以来，为了防御战乱和匪患，营造村落型古寨堡已经成为民间所采取的普遍对策，是大量非大户人家的庇护之处。相对于单体型古寨堡，村落型古寨堡能够容纳更多的人。下面以猫儿寨（村落型古寨堡）和滑石寨（军事型古寨堡）为例，分别简要说明。

猫儿寨位于梁平区西北部虎城镇集中村，地处海拔590 m的虎峰山这一较高台地上，周围为一浅丘地带。寨子四周是悬崖峭壁，崖高几十米，是一座天然寨堡。据史料记载，猫儿寨始建于明万历天启年间，因寨堡东面形似猫头，西北部拖着一条宽约10 m、长约80 m的猫尾巴，故名猫儿寨，总面积1.4 km^2。寨内有九沟十三堡，但地势平坦，起伏不大。猫儿寨地势险要，易守难攻，历来为兵家必争之地。据记载，四周有高高的寨墙环绕，寨内原有几十座哨棚，6座城楼，3条石板大道，分东、西、北3门。鼎盛时期，寨内房屋鳞次栉比，寨民2 300多户，一万余人，更有“雨天走遍全寨不湿脚”的说法。目前寨内也有近千人居住。寨内有3口堰塘，6眼

（a）从金城寨远眺

（b）金城寨一角

（c）寨门

图 5.38　梁平区金带镇金城寨

水井，水源充足。此外，还有寺庙、学校、作坊、店铺，规模异常庞大（梁平县政协文史委员会，2000）（图5.39）。

滑石寨位于梁平区金带镇滑石村，地处一座拔地而起的纺锤形孤峰山顶，海拔672 m，相对高度260 m，峰顶平地约6000 m²。因寨前山体四周皆是大片陡峻的悬崖峭壁，山石裸露，青苔遍地，十分光滑，上山只有从绝壁上开凿而成的一条之字形石阶小路拾级而上，故名“滑石寨”。由于地势极其险要，古寨至今依然完好地保存着古碉楼、寨门、寨墙、石厅等遗迹，被誉为“石头上的古寨堡”。古寨包括前寨和后寨。前寨也叫老寨，初建于南宋淳祐二年（1242年），是四川安抚制置使余玠为抗击蒙军而创建的山城梯级防御体系的军事堡垒之一。为了防白莲教战乱，清嘉庆二年（1797年）建了后寨。民国初年，为防匪患，袁家等大户人家进一步扩建了古寨，新修了五层碉楼。直到1958年，古寨堡中的大部分建筑毁于“全民大炼钢铁”之中。2011年滑石寨被列为县级重点文物保护单位（图5.40）。

5.7.7　万州区古寨堡群

万州区位条件良好，濒临长江，航运商贸发达，经济繁荣，是兵家必争之地；东接三峡，西靠梁平，北接开州，南邻鄂西，特别是毗邻清白莲教义军活动中心梁平区，增强了人们的防御意识；境内山丘起伏，河流纵横，高低悬殊，为寨堡据山而建、依山而守提供了必要的地形条件；受南宋抗元、张献忠入川、白莲教起义等影响，时局动荡，战乱不断，是修建寨堡的主要原因。因此，为了提高防御

(a) 东寨门

(b) 北寨门及悬崖

(c) 西寨门及梯道

(d) 寨内水塘

(e) 从猫儿寨远眺

图 5.39 梁平区虎城镇猫儿寨

能力，当地政府及土豪士绅纷纷出资修建寨堡。据《万县志》记载，当时修建的寨堡有278处，现存的还有124处，居重庆各区县之首，形成了万州古寨堡群（李力，2013）。

分布在万州城区附近的寨堡有天生城、万斛城、椅子城、护城寨、狮子寨、马鞍寨、翠屏寨、葵花寨等；分布在分水镇附近的有骡子城、皇兴寨、双峰寨、鲤鱼寨、斗笠寨、麻雀寨、虾蟆石箭楼、谭家寨楼、刘家楼子、李氏永泰楼子、太平寨、付家楼子、烟草地箭楼、顶头填箭楼、插旗山箭楼等。另外，还有大周洞寨、大堡寨、凤凰寨、甘宁洞寨、人头寨、黄虎坪寨、龙安寨、永安寨、白岩寨、花老虎岩洞寨、清顺寨等。万州古寨堡星罗棋布，各具特色。下面以天生城、葵花寨、椅子城为例，进行简要说明。

（1）天生城

天生城位于万州区周家坝街道天生城社区，选址于一个平均海拔460 m呈桌状的独立山体之上。总面积约27 ha，山势呈南北走向，北窄南宽，南北长约1 200 m，东西宽100～300 m。天生城因山势雄奇，平地隆起，四面悬崖，绝壁凌空，峭立如堵，自然成城而得名（相传三国刘备伐吴，曾屯兵于此，故又称天子城）。天生城沿四周陡峭的悬崖砌筑石墙，开前、中、后3道城门，前、后城门前方分别筑有

（a）高高耸立的古寨堡

（b）光滑陡峭的石壁

（c）古寨门（一）

（d）古寨门（二）

（e）古寨门（三）

图 5.40　梁平区滑石寨

卡门，仅一曲折窄小的石路可通寨门。天生城自古就是“万州八景”之一——“天城倚空”，也历来为兵家必争之地。2013年被评为全国重点文物保护单位（图5.41）。

南宋淳祐二年（1242年），余玠任四川安抚制置使兼重庆知府，为抗击蒙元军侵扰而筑此寨，并迁万州州治于此，后又有数次增筑，至元十三年（1276年）八月，天生城被元军攻破，坚持抗元34年之久。因此，天生城是南宋军民抗击蒙元军队的重要据点，与合川钓鱼城、云阳磐石城、忠县皇华城、奉节白帝城等合称为“川中八柱”。清初，川东“三谭”抗清（“三谭”是指川东地区以谭文、谭谊、谭宏为首的抗清武装），谭宏亦据守其上。新中国成立前，土匪横行，天生城因其险要的地势成了当时地主乡绅们躲避匪患的聚集地。匪帮因垂涎其财富，曾无数次攻打过天生城，可总是无功而返，望着陡峭的四壁，徒呼奈何。今天当地还流传着“好个天生城，山高路不平，肥猪一大片，看到捉不成”的歌谣。目前，天生城还有居民50余人，仍然保持着耕种和养殖，过着悠闲自得、闲情逸致的田园生活。

从2017年2月起，重庆市文化遗产研究院首次对天生城进行考古发掘，调查面积2 km^2，发掘面积3 106 m^2，调查发现文物点28处，清理城墙、城门、房址、道路、排水沟、水池、灰坑及石墙等各类遗址66处。这次考古，首次发现多处宋代建筑遗存，填补了城址年代的相关空白，基本厘清了天生城遗址宋代以来内、外两重城墙的布局结构。

（2）葵花寨

葵花寨始建于清咸丰年间，竣工于清宣统辛亥

（a）远眺天生城

（b）前寨门

（c）后寨门

图 5.41　万州区天生城

年（1911年），是万州面积最大的山寨，民国年间的地方志称其“东西七十里，南北四十里”，共“设大卡四十八道，小卡七十二道”，地跨现万州区的高梁镇、李河镇、高峰镇、柱山乡、九池乡以及现梁平区部分乡镇。葵花寨由石岩围成一个天然的寨堡，故而不需要另建寨墙。万州区第三次全国文物普查登记的葵花寨门、永宁寨、顺天寨、青云寨、兴隆寨、柱山寨、黄鼓坪寨、屏峰门、四层岩卡门、钻洞子卡门、葵花寨第四隘垣马路卡门等均属葵花寨所设大、小卡之列。

（3）椅子城

椅子城位于万州区高梁镇长春村四组，建于清代，属万州规模较大的民寨，修筑在一座形如椅子的山体上，分上、下半城，设前门、西门、正寨门、后寨门四道寨门，前门至正寨门约300 m，沿途街道设店铺，山体边筑高10余米的寨墙，整个山寨占地面积20余公顷。

另外，在万州还发现了洞寨。这类寨堡建在绝壁之上，利用崖壁上天然的岩洞为屋，由条石构筑寨墙封闭洞口而成，寨墙上开有门和射击口。由于建造在前无遮挡的悬崖上，洞寨的视野开阔，方便观察敌情，防御性极强。洞寨多为富足的地主乡绅所建，承担着保护居住者生命财产安全的作用，因此洞寨多会选择修建在离建造者居住地不远的山崖上，以便快速进入避难。例如，梯子岩洞寨，位于万州区龙都街道办事处九龙村六组，建于清咸丰四年（1854年），建在距离地面约30 m的绝壁上，面阔90 m、进深4.8 m、高3 m，用打磨好的石条筑墙封闭洞口而成，内部用石墙隔出房间，每个房间的外墙上均开有一扇门和两个瞭望窗。再如，黑林坡洞寨，位于万州区高峰镇石羊村八组，高15 m、宽6 m、进深6 m，共5层，建在距离地面40 m的绝壁上，背面依岩，其余三面墙体以大条石砌成，开有数个方形瞭望孔，侧面墙壁底层开门。

除了山寨、洞寨之外，万州还有许多碉楼。例如，丁家碉楼，位于万州区太安镇凤凰社区五组，石木结构，占地面积49 m^2，平面呈方形，通高11.88 m，边长7 m。主门高2.17 m，宽1.12 m，门楣上部雕刻有复杂的仿木结构屋檐装饰，窗户周围雕刻花纹，额匾阴刻楷书“源远流长”。丁家碉楼的装饰雕刻精美形象，书法题刻苍劲有力，具有较高的艺术价值。再如，谭家寨楼，位于万州区分水镇八角村二组，石木结构，平面呈长方形，通高14.5 m，长15 m，宽13.5 m，主体寨楼二楼一底，墙体用条石砌筑，墙面设有窗户、瞭望孔、射击孔，背面建厕所，主门开在寨楼正面，寨楼底层开小天井，二层和三层为居住空间，是重庆地区典型的楼寨合一式建筑。

本章参考文献

[1] 巫溪县志编纂委员会.巫溪县志[M].成都：四川辞书出版社，1993.

[2] 李忠.重庆典型寨堡的比较与浅析——梁平、巫溪两地寨堡的调研[J].重庆建筑，2004(增刊).

[3] 李力.万州寨堡聚落特征探析[J].重庆三峡学院学报，2013，29(6).

[4] 周勇.重庆通史(第一卷古代史)[M].重庆：重庆出版社，2002.

[5] 吕卓民.简论北宋在西北近边地区修筑城寨的历史作用[J].西北大学学报：哲社版，1998(3).

[6] 吴庆洲.四塞天险重庆城.重庆建筑[J]，2002(2).

[7] 朱世镛，黄葆初.云阳县志[Z]. 民国二十四年铅印本.

[8] 瞿同祖.清代地方政府[M].北京:法律出版社，2011.

[9] 冯尔康. 中国宗族[M].北京：华夏出版社，1996.

[10] 凌富亚.清代四川寨堡的修建与管理[J].西华师范大学学报：哲社版，2016(1).

[11] 梁平县政协文史委员会，梁平县虎城镇人民政府.虎城风情——梁平文史资料第六辑[Z]，2000.

[12] 四川省梁平县地方志编纂委员会.梁平县志[M].北京：方志出版社，1995.

第6章

传统村落

传统村落，又称古村落，是指村落形成时间较早，原有格局和环境尚未有较大改变，并且保存相当数量的古建筑群，传统习俗、民间艺术等传统文化保存较好，具有一定历史、文化、科学、艺术、经济、社会价值，应予以保护的村落。这里所指的村落一般为某个行政村中的某个自然村，少的十几户人家，多的上百户人家。传统村落大都具有相同的发展历史、建筑风格、民风民俗等，甚至有的传统村落为同一宗族，文化认同感强烈。本章以入选中国传统村落名录的村落为重点研究对象。

6.1 传统村落概况

6.1.1 等级及数量

以山地丘陵为主的重庆地貌形态，为文化多样性的形成与发展奠定了良好的自然基础；重庆历史源远流长，人类起源地，三次（或六次）建都，四次筑城，三次直辖，开埠通商，承东接西，南来北往，多元文化交融共存；重庆从古至今经历了七次大移民，特别是“湖广填四川”大移民对传统村落的形成影响颇深；渝东南土家族、苗族等少数民族地区历史上实行了土司自治，也为传统村落的形成打上了民族的烙印。总之，在自然、历史、社会、政治、经济等多种因素的综合影响下，形成了建筑风格独特、文化底蕴深厚、民族风情浓郁、具有鲜明地域特色的传统村落。

为了保护传统民居，弘扬传统文化，让居民望得见山，看得见水，记得住乡愁，早在2003年建设部和国家文物局联合制定了《中国历史文化名镇（村）评选办法》，先后共公布了6批。其中，国家级历史文化名村276个，目前重庆仅有1个，即涪陵区青羊镇安镇村。2012年4月住房与城乡建设部、文化部、国家文物局和财政部联合下发了“关于开展传统村落调查的通知”，截至2016年年底，已公布了中国传统村落名录4批，共4 153个。2012年8月该四部委联合颁布了《传统村落评价认定指标体系（试行）》，同年12月住建部、文化部和财政部联合下发了《关于加强传统村落保护发展工作的指导意见》。自2012年首批中国传统村落评选至今，重庆市已有74个入选中国传统村落名录，其中，第一批14个（2012年），第二批2个（2013年），第三批47个（2014年），第四批11个（2016年）。74个传统村落中有45个分布在包括黔江区、武隆区、石柱土家族自治县、彭水苗族土家族自治县、酉阳土家族苗族自治县、秀山土家族苗族自治县在内的“二区四县”的渝东南地区，占全重庆市的60.8%，其中酉阳县最多，为22个，占全市的29.7%（表6.1、图6.1）。

除了这些已入选国家级历史文化名村及中国传统村落名录的村落之外，还有些未参与或者已参与但未入选的传统村落仍值得保护和关注，它们是重庆乃至整个人类都值得保护的文化遗产和精神家园。

6.1.2 地域分布

从重庆市三大区域来看，74个中国传统村落中有45个分布在渝东南地区，占全市的60.8%，是重庆市传统村落数量最多、分布最集中的区域；有13个分布在包括城口县、巫山县、万州区、忠县、梁平区、涪陵区在内的渝东北地区，占17.6%；有16个分布在渝西地区，占21.6%。从各个区县来看，酉阳县传统村落数量最多，有22个，占全市的29.7%；其

表 6.1 重庆市中国传统村落名录及国家级历史文化名村一览表

序 号	村落名称	区（县、自治县）	镇（乡）	批 次	小计（个）
1	椒园村	九龙坡区	走马镇	第一批	1
2	桥上村	巴南区	丰盛镇	第三批	1
3	永乐村	綦江区	东溪镇	第一批	1
4	硐寨村	江津区	塘河镇	第三批	5
5	石龙门村		塘河镇		
6	邢家村		吴滩镇		
7	宝珠村东海沱		白沙镇		
8	鱼塆村		中山镇	第四批	
9	松江村	永川区	松溉镇	第三批	2
10	大沟村		板桥镇		
11	玉峰村	大足区	玉龙镇	第三批	2
12	继光村		铁山镇		
13	金龙村	潼南区	双江镇	第三批	3
14	花岩村花岩场		花岩镇		
15	禄沟村		古溪镇	第四批	
16	二佛村	合川区	涞滩镇	第三批	1
17	大顺村	涪陵区	大顺乡	第一批	4
18	大田村		大顺乡	第二批	
19	安镇村（国家级历史文化名村）		青羊镇	第一批	
20	凤阳村		蔺市镇	第三批	
21	席帽村	梁平区	聚奎镇	第三批	1
22	东岩村	忠县	花桥镇	第一批	4
23	钟坝村		新生镇		
24	上祠村 2 组		洋渡镇	第三批	
25	东方村 9 组		永丰镇		
26	凤凰村	万州区	太安镇	第四批	2
27	用坪村		罗田镇		
28	龙溪村 2 社	巫山县	龙溪镇	第三批	1
29	方斗村	城口县	高楠镇	第四批	1
30	新建村	黔江区	小南海镇	第三批	4
31	大坪村		阿蓬江镇		
32	五里社区程家特色大院		五里乡		
33	水车坪老街		水市乡		
34	文凤村天池坝组	武隆区	后坪苗族土家族自治乡	第三批	4
35	大田村大田组		沧沟乡		
36	浩口村田家寨		浩口苗族仡佬族自治乡		
37	红隆村		平桥镇	第四批	

续表

序　号	村落名称	区（县、自治县）	镇（乡）	批　次	小计（个）
38	银杏村	石柱土家族自治县	金岭乡	第一批	3
39	黄龙村		石家乡		
40	新城村		悦崃镇		
41	民族村	秀山土家族苗族自治县	梅江镇	第一批	8
42	凯干村		梅江镇	第三批	
43	大寨村		清溪场镇		
44	两河村		清溪场镇		
45	边城村		洪安镇		
46	猛董村大沟组		洪安镇		
47	凯堡村陈家坝		钟灵镇		
48	岩院村		海洋乡		
49	大河口村石泉苗寨	酉阳土家族苗族自治县	苍岭镇	第一批	22
50	苍岭村池流水		苍岭镇	第三批	
51	南溪村		苍岭镇		
52	河湾村		酉水河镇	第一批	
53	后溪村		酉水河镇		
54	大江村		酉水河镇	第三批	
55	河湾村恐虎溪寨		酉水河镇		
56	南界村		南腰界乡	第一批	
57	七分村		可大乡	第二批	
58	龙池村洞子坨		桃花源镇	第三批	
59	堰提村		龙潭镇		
60	江西村		酉酬镇		
61	汇家村神童溪		丁市镇		
62	小银村		龚滩镇		
63	何家岩村		花田乡		
64	浪水坝村小山坡		浪坪乡		
65	永祥村		双泉乡		
66	亮垭村烂田沟		麻旺镇	第四批	
67	大板村皮都		泔溪镇		
68	山羊村山羊古寨		板溪镇		
69	昔比村		可大乡		
70	井园村仡佬溪		板桥乡		
71	佛山村	彭水苗族土家族自治县	梅子垭镇	第三批	4
72	樱桃村		润溪乡		
73	田湾村		朗溪乡		
74	双龙村		龙塘乡		

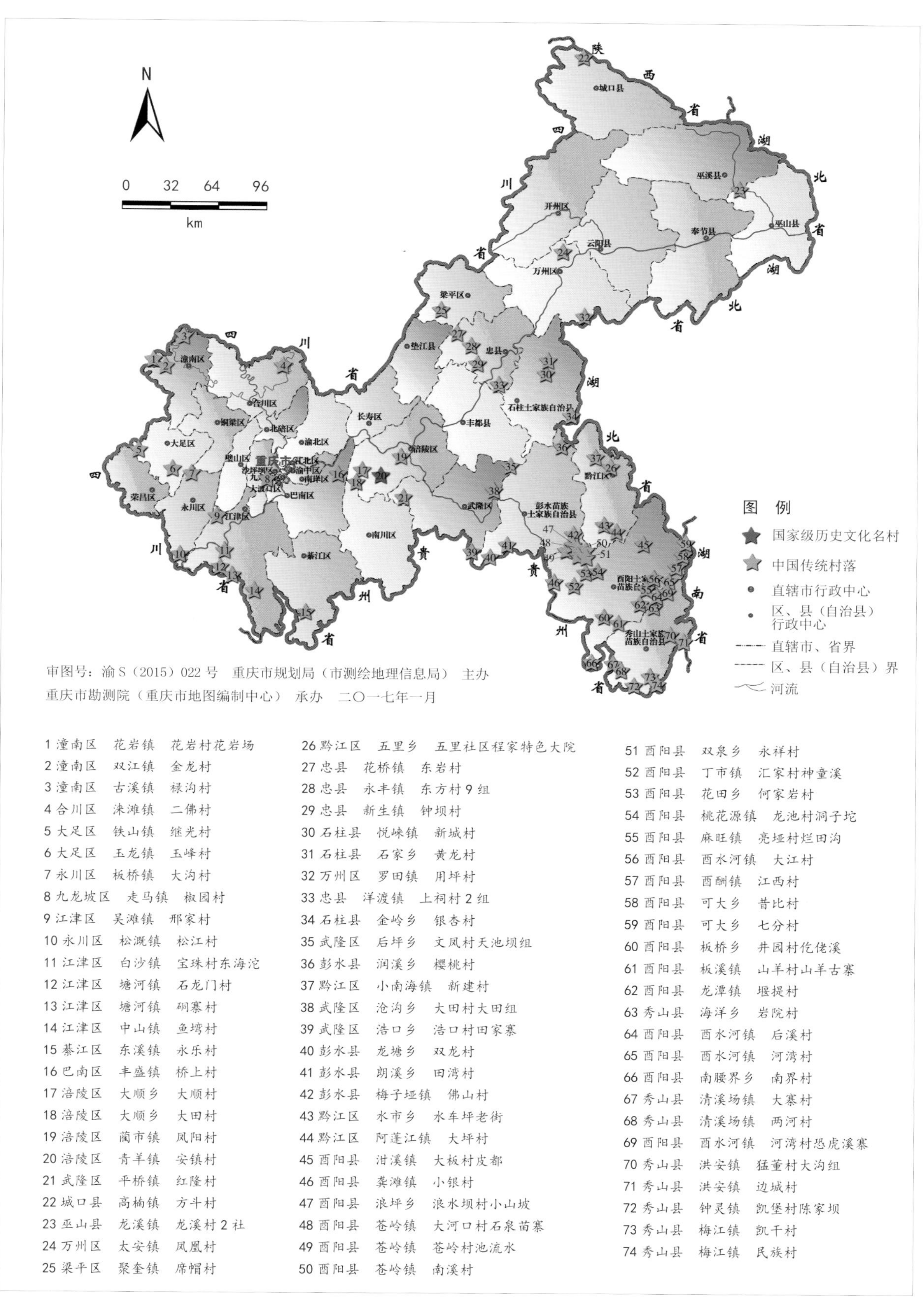

1 潼南区 花岩镇 花岩村花岩场
2 潼南区 双江镇 金龙村
3 潼南区 古溪镇 禄沟村
4 合川区 涞滩镇 二佛村
5 大足区 铁山镇 继光村
6 大足区 玉龙镇 玉峰村
7 永川区 板桥镇 大沟村
8 九龙坡区 走马镇 椒园村
9 江津区 吴滩镇 邢家村
10 永川区 松溉镇 松江村
11 江津区 白沙镇 宝珠村东海沱
12 江津区 塘河镇 石龙门村
13 江津区 塘河镇 硐寨村
14 江津区 中山镇 鱼塆村
15 綦江区 东溪镇 永乐村
16 巴南区 丰盛镇 桥上村
17 涪陵区 大顺乡 大顺村
18 涪陵区 大顺乡 大田村
19 涪陵区 蔺市镇 凤阳村
20 涪陵区 青羊镇 安镇村
21 武隆区 平桥镇 红隆村
22 城口县 高楠镇 方斗村
23 巫山县 龙溪镇 龙溪村2社
24 万州区 太安镇 凤凰村
25 梁平区 聚奎镇 席帽村
26 黔江区 五里乡 五里社区程家特色大院
27 忠县 花桥镇 东岩村
28 忠县 永丰镇 东方村9组
29 忠县 新生镇 钟坝村
30 石柱县 悦崃镇 新城村
31 石柱县 石家乡 黄龙村
32 万州区 罗田镇 用坪村
33 忠县 洋渡镇 上祠村2组
34 石柱县 金岭乡 银杏村
35 武隆区 后坪乡 文凤村天池坝组
36 彭水县 润溪乡 樱桃村
37 黔江区 小南海镇 新建村
38 武隆区 沧沟乡 大田村大田组
39 武隆区 浩口乡 浩口村田家寨
40 彭水县 龙塘乡 双龙村
41 彭水县 朗溪乡 田湾村
42 彭水县 梅子垭镇 佛山村
43 黔江区 水市乡 水车坪老街
44 黔江区 阿蓬江镇 大坪村
45 酉阳县 泔溪镇 大板村皮都
46 酉阳县 龚滩镇 小银村
47 酉阳县 浪坪乡 浪水坝村小山坡
48 酉阳县 苍岭镇 大河口村石泉苗寨
49 酉阳县 苍岭镇 苍岭村池流水
50 酉阳县 苍岭镇 南溪村
51 酉阳县 双泉乡 永祥村
52 酉阳县 丁市镇 汇家村神童溪
53 酉阳县 花田乡 何家岩村
54 酉阳县 桃花源镇 龙池村洞子坨
55 酉阳县 麻旺镇 亮垭村烂田沟
56 酉阳县 酉水河镇 大江村
57 酉阳县 酉酬镇 江西村
58 酉阳县 可大乡 昔比村
59 酉阳县 可大乡 七分村
60 酉阳县 板桥乡 井园村仡佬溪
61 酉阳县 板溪镇 山羊村山羊古寨
62 酉阳县 龙潭镇 堰提村
63 秀山县 海洋乡 岩院村
64 酉阳县 酉水河镇 后溪村
65 酉阳县 酉水河镇 河湾村
66 酉阳县 南腰界乡 南界村
67 秀山县 清溪场镇 大寨村
68 秀山县 清溪场镇 两河村
69 酉阳县 酉水河镇 河湾村恐虎溪寨
70 秀山县 洪安镇 猛董村大沟组
71 秀山县 洪安镇 边城村
72 秀山县 钟灵镇 凯堡村陈家坝
73 秀山县 梅江镇 凯干村
74 秀山县 梅江镇 民族村

图6.1 重庆市中国传统村落及国家级历史文化名村分布示意图

次是秀山县，有8个，占全市的10.8%；第三是江津区，有5个，占全市的6.8%；第四是涪陵区、忠县、黔江区、武隆区和彭水县，均为4个，分别占全市的5.4%。主城9区中，只有巴南区、九龙坡区分别有1个，说明城市化的影响起到了决定性的作用。

由此可见，渝东南地区是重庆市传统村落分布最多的区域，酉阳县、秀山县是分布最多的县。究其原因：一是渝东南为少数民族地区，山高谷深，交通不便，社会经济发展相对迟缓，受城市化影响较小，部分传统村落得以幸存；二是当地政府与居民保护意识强烈，积极组织申报。

6.2 传统村落类型

6.2.1 基于背景条件的传统村落类型

重庆传统村落按照其形成的历史背景与条件，主要分为农耕型、纪念型、工贸型、寨堡型、交通型等类型。实际上，有些传统村落可能是在两种或两种以上条件因素的综合影响下形成的，具有复合性类型的特点。

1）农耕型传统村落

农耕型传统村落，主要以从事传统农业生产为主，在漫长的历史发展过程中，形成了底蕴深厚的农耕文化。由于重庆山地丘陵众多，江河溪流广布，道路交通不畅，传统村落形成了“大分散，小集聚”的空间形态特征，因此，其农耕文化特征主要表现为：以一家一户为单位的小农经济模式，规模小，效率低；拖拉机、收割机等现代小型农业机械使用不普遍，仍主要依赖人力、畜力和耙子、锄头、铧犁、镰刀、扇车等比较原始的手工工具，特别是在渝东南、渝东北地区表现明显（图6.2、图6.3）；农业生产经营方式散漫，日出而作、日落而息的男耕女织的自然经济模式占着主导地位；在饮食方面，喜酸、喜辣、喜麻、喜食糯米，擅长于烟熏、腌制食品等。形成了多元性、兼容性、开放性、保守性、差异性并存的农耕文化，既具有“山地文化”的小农经济特征，又具有分异融合、守则和谐的特点。目前，重庆地区农耕型传统村落数量最多，占绝大多数。若按居住的主要民族类型进行划分，可进一步分为少数民族农耕型和汉族农耕型两种，前者主要分布在渝东南地区，以土家族、苗族、仡佬族等民族为主，如酉阳县苍岭镇大河口村（石泉苗寨）（图6.25、图6.26）、秀山县清溪场镇大寨村（图6.31）、石柱县悦崃镇新城村等（图6.34）；后者主要分布在渝西、渝东北地区，如江津区中山镇龙塘村（图6.38～6.41）、城口县高楠镇方斗村（图6.48）等。

2）纪念型传统村落

纪念型传统村落，一般是与某（几）个著名人物或某个（些）重要事件相关，大多与近现代革命历史联系在一起。例如，涪陵区大顺乡大顺村传统村落就是与革命烈士李蔚如在此成立的川东同盟会有关（图6.4）；酉阳县南腰界乡南界村传统村落就与中国工农红军第三军司令贺龙创建的川黔湘鄂革命根据地有关，时为红三军司令部所在地。

3）工贸型传统村落

工贸型传统村落，多是因当地良好的地理位置或者较为丰富的自然资源而发展起来的，其村民主要从事手工业、商业、采矿业等，但村民本身并未完全与农业生产脱离。例如，綦江区东溪镇的永乐村濒临綦河，下通长江，上溯黔境，陆路交通四通八达，位于川盐入黔的盐道之上，致使永乐村很早就成为商业、手工业为主的工贸型传统村落（图6.5）。

4）寨堡型传统村落

寨堡型传统村落，多位于地势险要、防御能力强的地方，其典型景观为寨墙、寨门、关隘等。例如，合川区涞滩镇的二佛村，位于鹫峰山上，紧邻渠江，三面悬崖峭壁，只有一面与平地相连，具有“一夫当关，万夫莫开”的险要之势，是合川区东北部的重要门户，历史上成为兵家必争之地。再如忠县花桥镇东岩村（东岩古寨，图6.44）、梁平区聚奎镇席帽村（观音寨，图6.45）等。

5）交通型传统村落

交通型传统村落，多出现在水陆交通节点、古

（a）簸箕（渝北区统景镇印盒村）

（b）堰桶（酉阳县苍岭镇石泉苗寨）

（c）拌桶（酉阳县苍岭镇石泉苗寨）

（d）石磨（酉阳县龚滩古镇）

（e）水缸（潼南区双江古镇）

（f）石碾（酉阳县桃花源景区）

（g）牛犁田（石柱县悦崃镇新城村）

（h）犁（江津区中山镇龙塘村）

图 6.2　重庆市农耕文化部分生产生活工具（一）

（a）扇车（忠县花桥镇东岩村）

（b）石盆（江津区塘河古镇廷重祠）

（c）蜂箱（酉阳县苍岭镇石泉苗寨）

（d）砻子（武隆区沧沟乡大田村）

图 6.3 重庆市农耕文化部分生产生活工具（二）

（a）李蔚如旧居

（b）李蔚如烈士陵园

图 6.4 涪陵区大顺乡大顺村传统村落

驿道、古茶道、古盐道等处，便利的交通条件往往使得这些地方“人烟辐辏、货物山积”，其典型景观为驿站、客栈、茶馆、酒肆、商铺、宅院等。例如，九龙坡区走马镇的椒园村，就位于成渝驿道之上，距重庆城刚好一天的步行距离，并且由于璧山来凤驿与走马椒园村有几十里的山路，山高林密，时有盗匪出没，凡是由重庆城去成都方向的商贾行旅，到椒园村后必在此歇脚住宿，第二天再结伴而行。因此，长期以来，椒园村因其特殊的地理位置之利，成为成渝驿道上的交通型传统村落。

（a）太平桥

（b）古盐道

图 6.5 綦江区东溪古镇永乐村川盐入黔古盐道

6.2.2 基于地貌形态的传统村落类型

由于重庆地形复杂、形态类型多样，因此，根据地貌类型的特征，可将传统村落的空间形态分为山地型、平坝型、丘陵型以及河谷型四大类型。其中，山地型传统村落可分为山麓型、山腰型、山顶型3种类型；平坝型传统村落可分为盆地平坝、河谷平坝、山麓平坝3种类型；丘陵型传统村落可分为丘顶型和丘麓型2种类型；河谷型传统村落可分为山地河谷型、丘陵河谷型和平坝河谷型3种类型。

6.2.3 基于平面形态的传统村落类型

重庆传统村落由于所处自然环境复杂多样，山地丘陵多，平坝台地少，为适应生产生活需要，避免过度消耗良田耕地，传统村落建设选址除了利用浅丘平坝、地势平缓场地之外，还以台地和山坡地为主，形成了“高度复合，多维集约化，山、水、村三位一体”的山地聚居形态。总体布局充分尊重地形地貌，依山就势，灵活自由，更多地反映出其因地制宜，顺应地方自然环境之特点。归纳起来，重庆传统村落布局平面形态主要有团块式、条带式、组团式、散点式4种。

6.2.4 基于竖向空间的传统村落类型

通过实地调研，可从传统村落及其民居建筑的竖向空间特征来进行划分，归纳起来，主要有：廊坊式、悬挑式、碉楼式、层叠式、寨堡式、吊脚楼式等类型。

6.3 传统村落空间构成

村落整体空间由多种形态各异的空间共同组成，其演化过程是以村民的各项建造活动为基础的。从聚集程度来划分，可将村落分为集中型与分散型两种类型。

集中型村落的空间构成主要包括道路、巷道、节点广场以及合院空间等，以人工化要素为主，各类空间之间在空间结构、功能以及使用上都有其内在等级序列。如果从集中型村落整体来看，其空间形态也可以看作是由中心区、填充区及边缘区3种区域所构成。中心区一般是村落的核心，但它在形式、功能等各方面不像城镇中心区那么复杂，它可能是一个祠堂庙宇的门前广场或道路交叉口等，往往是村民心目中村落的象征或代表；填充区在村落中占地面积最大，主要以生活性的巷道、院落为主；边缘区则是村落周边的自然要素，可能是山、水或农田等。3种区域之间也呈现出丰富的序列关系，中心区是村落空间结构中相对稳定的区域，边缘区则是动态变化的，而填充区则是两者之间的联系区域，3种区域的复合是传统村落空间系统自组织和动态发展的保证。

与集中型村落相比，分散型村落的中心区、填充区及边缘区3种区域的边界不是十分明显，往往是你中有我，我中有你。民居建筑大多三五成群甚至呈点状分散布置在大自然环境之中。

重庆传统村落大多依山傍水、随形就势，呈“小集聚，大分散”的空间格局。其成因主要为：一是地形复杂、耕地分散；二是地方安全形势紧张，如族群纷争较大、匪患较多；三是农业粗放经营，就近耕作；四是山高路陡，交通不便，闭塞梗阻；五是宗族观念下形成的家族小聚居。归纳起来，其空间构成不外乎为：点状、线状和面状3种空间类型。

6.3.1 点状空间

传统村落的点状空间主要包括3类：一是村落入口空间；二是以建筑物、构筑物甚至高大树木、特殊地形等为标识的节点空间，如牌坊、石碑、古井、古塔、古桥、古树等形成的节点空间；三是由巷道与巷道交叉口组成的节点空间。节点空间不但控制着整个村落内部空间结构的组织秩序，而且也对居住者的聚居行为产生影响。因此在选址、建设方面，一般都需经过慎重考虑甚至规划设计，旨在使居民能够清楚地感受到节点空间的场所精神。

1）村落入口空间

传统村落的入口空间在心理上具有多方面的意义，它标明了领域的界限，反映了领域的人格与拥有者的身份，具有明显的象征意义并给人以强烈的起始刺激感，致使入口空间成为识别整个村落环境的标志物和起始点。在重庆地区，由于村落选址、进出方式和类型的不同，以及以分散居住为主，往往导致传统村落的入口空间不是很明显。但经过仔细分析，可分为以下几种类型。

（1）以广场作为前导性空间的村落入口

在重庆地区，少数村落入口采用不同形式的广场作为前导性空间，并结合古桥、古树、码头渡口等要素，共同构成公共开敞空间（图6.6）。此种节点空间一般使村落入口与其主要道路直接相连，从而具有一定的公共交流、集散及商品交易功能。

（2）以建筑或构筑物为标识的村落入口

此种类型往往在村口处设置寨门或牌坊等建筑，旨在作为入口空间的标识。由于该类建筑一般具有高度优势，建筑形制也较为特殊，因此往往呈现出更为显著的标识性与引导作用，并且与主道路相通，遂成为联系村内外的重要节点（图6.7）。

2）围绕标志物形成的节点空间

主要是围绕诸如牌坊、石碑、古树、古井、古塔、古桥、亭子、土地庙等标志物所形成的节点空间（图6.8）。例如，因古树而形成的节点空间。由于古树位置极佳，因此围绕其形成的节点空间尽管并不是设计中的村落中心，但却是居民最乐于开展集聚活动的空间场地之一。在这里，由于古树与其周边的建筑环境形成一定的围合感，因此随着居民日常交往活动的逐渐频繁，遂自然而然成为人们进行社交活动的中心。此外，在现代人看来，古树仿佛

（a）广场

（b）码头渡口

图 6.6　以广场、码头渡口为前导性空间的村落入口（酉阳县酉水河镇河湾村）

积淀着几百年来文人墨客的清骨品尚，有着一股神奇的吸引力，吸引人们在这里休息、乘凉或闲聊，从而逐渐成为村民心中必不可少的交往活动场所之一。再如，因古井而形成的节点空间。通常井的周围都会用石块砌筑成井台，为了便于村民汲水、洗衣或淘米又不至影响往来的行人，其所在的巷道也都会为之让出一个较为开阔的空间，这样就形成了一个井台空间。近年来，随着自来水的普及，虽然这些水井已经失去了其原有的使用价值，但仍然是村民日常交往活动的重要场所，也是外来游客驻足

（a）秀山县梅江镇金珠苗寨

（b）酉阳县苍岭镇石泉苗寨

图 6.7　以建筑或构筑物为标识的村落入口

（a）酉阳县苍岭镇石泉苗寨古树

（b）秀山县清溪场镇大寨村古井

（c）秀山县梅江镇金珠苗寨土地庙

（d）酉阳县苍岭镇石泉苗寨风雨廊桥

图 6.8　围绕标志物形成的节点空间

观赏、拍照留影的主要景点。

3）巷道节点空间

巷道节点空间主要包括其端头、交叉转折处，以及各种因局部凹凸变化而形成的集散节点区域（图6.9）。由于这些巷道节点多因所在地形局部放大，或临道建筑发生退让而形成具有一定宽度的空间区域，因此根据巷道等级的不同，其衍生的巷道节点空间也存在相应的等级划分。因传统村落本身公共活动空间不多，巷道节点空间往往成为村落中重要的公共空间，有的形成一个小广场甚至成为村落的几何中心，常常是村民地理空间和心理情感上的标志性空间场所。概括起来，传统村落巷道节点空间，因形成原因的不同，导致平面形式多呈现出十字形交叉口、T形交叉口、Y形交叉口、五道口等几种类型。

除满足基本的交通功能之外，巷道节点空间往往还兼具引导人流、建构交往活动场地的作用，特别是十字形交叉口、T形交叉口的巷道节点，更是人们停留、观看、交谈等活动最频繁的区域。

（a）酉阳县板溪镇山羊村

（b）秀山县梅江镇金珠苗寨

图 6.9　传统村落巷道节点空间

6.3.2　线状空间

重庆传统村落存在“小集聚，大分散”的空间格局，因此集聚型传统村落，特别是工贸型传统村落，其线状空间主要表现为巷道空间；分散型传统村落，其线状空间主要就是连接各民居建筑间的道路。有时候这两种线状空间很难区分。实际上，在重庆这种多山的环境条件下，大多数村落以分散居住为主，即使有民居组团，也常常是以某个大型四合院为主的建筑群，很难形成像北方那样的具有完整街巷空间的传统村落。因此，重庆传统村落的线状空间是以连接民居建筑之间的道路空间为主。

1）巷道空间

在集聚型传统村落中，巷道空间作为其基本骨架，是对外联系、交往活动等的主要场所，是村落整体空间的重要组成部分（图6.10）。巷道空间一般分为两级，即主巷和次巷。“主巷—次巷—民居”这一巷道空间序列，致使集聚型传统村落的空间等级层次分明、风貌特色鲜明。

集聚型传统村落巷道平面形态丰富多样。首先，随着山地传统村落内部空间格局的进一步完善，使得其巷道空间的平面形式呈现出相对自由、灵活多变的特征。其次，平坝地区传统村落的巷道空间则因受地形限制较少，进而多呈直线、封闭式布置。总之，重庆传统村落巷道空间的平面形态主要包括网状、树枝状与放射状3种形式。

2）道路空间

在分散型传统村落中，道路空间作为其基本骨架，是对外联系、交往活动的通道，是村落整体空间的重要组成部分（图6.11）。道路空间一般分为两级，即主路、次路。“主路—次路—民居”构成了分散型传统村落空间等级层次分明的道路空间序列。由于受地形的影响，使得其道路空间的平面形式呈现出相对自由、灵活多变的特征。

6.3.3 面状空间

传统村落中的面状空间，实际上是一种广场，但在重庆却叫“院坝”或“晒坝”，它兼有娱乐休闲、生产劳作等多种功能。受我国传统文化的影响，老百姓平时公共活动相对较少，因此在我国古代，城乡中专门用于公共活动的广场则很少，在重庆传统村落中因受地形的限制更是如此。因此，在这里所讨论的广场是指那些传统村落中兼具广场功能、面积相对较大的院坝或晒坝（图6.12）。

在重庆传统村落中，院坝或晒坝是一种重要的面状空间。有的是每家每户都建一个院坝或晒坝供自己专用，大多紧邻民居建筑，位于堂屋阶沿以下，标高比阶沿要低3个踏步以上，其面积小的有20～30 m^2，大的有50～60 m^2；有的是一个民居组团共建一个较大的院坝或晒坝供大家使用，其位置有的位于组团的旁边，有的位于组团的中心，这要视具体的地形条件而定，其面积较大，甚至可达500 m^{2}以上。院坝或晒坝的功能：一方面，是村民休闲、娱乐的好去处，同时还是人们进行交流、获取信息等的公共空间；另一方面，是村民进行部分生产劳作的生产场所，如晾晒收获的水稻、玉米、小麦、豌豆、大豆等颗粒以及辣椒等，这就是称之为“晒坝”的原因。按材料及构造方式，院坝或晒坝可划分为素土夯实、三合土、混凝土、青石板等几种类型。

6.4 传统村落生态环境

传统村落在形成过程中，从选址的风水观念，布局的依山就势，到形态的因地制宜，无不在生态

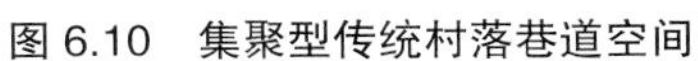

（a）酉阳县板溪镇山羊村

（b）秀山县梅江镇金珠苗寨

图 6.10 集聚型传统村落巷道空间

（a）涪陵区大顺乡某村落

（b）涪陵区大顺乡某村落

图 6.11 分散型传统村落道路空间

（a）江津区中山镇朱家大院

（b）江津区中山镇龙塘村

（c）秀山县清溪场镇大寨村（一）

（d）秀山县清溪场镇大寨村（二）

图 6.12　传统村落中的院坝（晒坝）

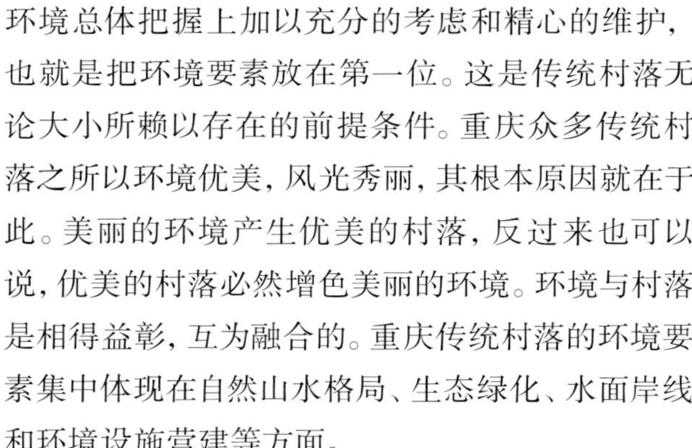

环境总体把握上加以充分的考虑和精心的维护，也就是把环境要素放在第一位。这是传统村落无论大小所赖以存在的前提条件。重庆众多传统村落之所以环境优美，风光秀丽，其根本原因就在于此。美丽的环境产生优美的村落，反过来也可以说，优美的村落必然增色美丽的环境。环境与村落是相得益彰，互为融合的。重庆传统村落的环境要素集中体现在自然山水格局、生态绿化、水面岸线和环境设施营建等方面。

6.4.1　山水格局的尊重

很多传统村落在选址布局时，与古镇一样，或多或少都受到风水学思想的影响，其意图是使传统村落坐落在一个优美的山水格局之中，即寻求所谓的“风水宝地”，也就是想选址于理想的风水环境，以获取诸如耕地、森林、水源、阳光等自然资源，并减少诸如洪水、风沙、寒冷等自然灾害，从而满足“龙要真，砂要秀，水要抱，穴要的，向要吉”，即“背有靠山，前有向山；依山面水，负阴抱阳”这一理想的人居环境模式。因此，尊重这个环境中的一山一水、一草一木是极其重要而又十分自然的事。不管这里面有没有自然崇拜，或附会“龙脉”等迷信成分，从实际的存在中可以看到这些传统村落都有一个美丽、灵动的自然山水环境。村落和周围的山水环境交相辉映，相得益彰，共生共荣。

山为阴，水为阳；山是景观之筋骨，水是景观之血脉。山水和谐是村落生态平衡的关键。有山无水，纯阴不生；有水无山，纯阳不长。山环水抱，阴阳交融，万物生长。山得水而秀，水得山而灵，村得山水而生，山水得村而活。这一辩证统一的关系在传统村落聚落的山水格局中得到了鲜明体现。

例如，秀山县海洋乡联坝村是根据风水选址的传统聚落，坐落于前有水域稻田与其背后群山山脚的交汇处，其“龙脉”——主山-坐山、“明堂”——水域稻田十分明显。坐山是鞍状的两个山丘，这种双峰在风水上称为马鞍山、天马山，是很好的坐山；主山是一大“来龙”，群山连绵，峰峦叠嶂；明堂为较宽阔的田野；案山、朝山位居对面；左右有山丘围合成青龙白虎砂。该村落得前面水域稻田之阴柔，享背后山峦之阳刚，民居建筑沿等高线分层布置，层层叠叠、错落有致，宛若一片世外桃源，一派安居乐业的景象。按风水学选址理论，是一块理想的“风水宝地”（图6.13）。正所谓“阳宅须教择地形，背山面水称人心；山有来龙昂秀发，水须围抱作环形；明堂宽大斯为福，水口收藏积万金；关煞二方无障碍，光明正大旺门庭”。

6.4.2 生态绿化的培育

对村落周围自然山水格局的爱护与尊重，不仅不能随意破坏和改变原生自然地貌及水系格局，而且还需要对山体及溪流两岸的植被进行保护和培育，不得乱砍滥伐。有的传统村落还制定有乡规民约，保护森林树木，并世代遵守成为传统美德，所以很多历史悠久的传统村落得以保留美好的生态环境。例如，酉阳县石泉苗寨，不仅在寨中种植有高大的银杏树、皂角树，而且在寨子周围的山坡上栽种了成片的毛竹林，甚至还有上千年的楠木两株，当地人称为“夫妻楠木”，十分珍贵（图6.14）。

传统村落生态绿化怎样？树木是否古老？不仅能够反映其环境品质的优劣，而且也能体现其建筑文化格调的高低及人居环境的质量。重庆传统村落大多喜欢种植黄葛树、柏树、皂角树、乌柏树、杨槐树、梧桐树、榆树、银杏树、香樟树、重阳木、苦楝等高大乔木，楠竹、慈竹、斑竹等各种竹类，玉兰、蜡梅、万年青、美人蕉、三角梅、茉莉花等观赏性植物，以及桃树、李树、枇杷树、柑橘树、柚子树等各种果树，村落周边的水稻田、小麦地、玉米地、油菜地、红薯地、菜园等也是一种独特的绿化，形成了田园牧歌式的传统村落（图6.15）。此外，有的传统村落还有培植风水之说，常将村口旁的大树作为一种进入村落的标识，故以“风水树”名之，意寓给村民带来好运，这也是一种追求吉祥生活的愿望和寄托。有的也把环绕村落的竹林当作风水林加以维护，形成特别的绿化环境景观。正如宋代大诗人苏东坡诗云“宁可食无肉，不可居无竹。无肉使人瘦，无竹使人俗”。所以，传统村落与民居周围大量种植成片的竹林成为风尚，形成一种独特的“林盘”文化（图6.16）。竹子种类多样，高大的楠竹、秀气的慈竹、美观的斑竹、密实的罗汉竹、婀娜的凤尾竹，等等，均各有其风雅，是重庆传统村落中最为普遍的绿化。

6.4.3 水面岸线的维护

重庆传统村落在选址营建时都要考虑水源问题，因此形成了各种不同的水环境。有的濒临大江大河，有的濒临山间溪流，有的濒临湖泊水库，有

（a）远景

（b）近景

图 6.13 秀山县海洋乡联坝村的山水格局

（a）青山环绕中的苗寨

（b）千年楠木

（c）百年银杏

图 6.14　酉阳县苍岭镇石泉苗寨的生态绿化

（a）秀山县清溪场镇大寨村（一）

（b）秀山县清溪场镇大寨村（二）

（c）涪陵区青羊镇某村落

图 6.15　田园牧歌式的传统村落

（a）秀山县清溪场镇大寨村

（b）江津区塘河镇石龙门村

图 6.16　传统村落中的竹林

的濒临池塘水田。这些水环境的好坏直接影响到传统村落的生存与发展。它既给村落提供生活生产用水，又与村落其他环境要素紧密地联系在一起，成为传统村落生态系统的重要有机组成部分。而且水面景观也是传统村落环境景观最具有表现力的灵气所在。因此，重庆的传统村落无不对其所在的江河、溪涧、湖塘、水田等水环境倍加爱惜保护，形成独具地域特色的水环境。这种水环境大致有以下3种基本类型。

1）濒临江河的传统村落

这种村落紧邻如长江、嘉陵江、乌江、涪江、渠江、阿蓬江、酉水河等江河的附近。这里江面宽阔，岸线较长，通航能力强，码头渡口较多，陆路交通也较发达。因此，这种村落也大都是水陆码头的交通枢纽，常沿江边修建宽大石阶梯道，以及石砌护坎驳岸。码头渡口建设和岸线保护是这种较大村落水环境的主要特征，如酉阳县酉水河镇河湾村（图6.17）。

2）濒临山涧溪流的传统村落

这种传统村落的水环境纵比降变化大，水面尺度小，一般不能行船，但环境景观独具特色，更具有山野村居或峡谷山居的风貌，或有淙淙流水的小溪，或有飞泉直泻的深沟。水环境更为亲切宜人，周围山水环境更加质朴自然，原生环境保护很好。这里的村民也更珍惜水源，保持清纯的水质，上游用于饮用，下游用于洗菜洗衣。水边岸线一律保持自然形态，尺度适宜，亲水性强烈，如秀山县清溪场镇大寨村、秀山县梅江镇民族村（图6.18）。

3）濒临湖泊水库的传统村落

这种传统村落的水环境水面宽阔、平静，可行船，岸线自然曲折，山、水、村落交相辉映，相得益彰，宛如一幅灵动的山水画卷，如黔江区小南海镇新建村。

4）濒临池塘水田的传统村落

重庆传统村落旁的池塘一般都较小，大多作为天干抗旱时的生产用水和消防用水；水田有的比较大，有的比较小，视村落所在的地形地貌而定，有的还形成层层梯田，非常壮观。水田的景观随季节的变换而变化，春夏葱绿，秋季金黄，冬季明亮（因没有种水稻）。池塘的岸线有的自然曲折，有的垒筑了条石或块石，人工化痕迹明显；水田的岸线大多弯弯曲曲，自然随和，极富动感（图6.19）。

6.4.4 环境设施的营建

传统村落除了对建筑、道路的营建之外，还离不开对一些环境设施进行建设，其中最为重要的是有利于交通便利的桥梁，以及为民风民俗信仰之类的碑刻、牌坊等小品构筑。

1）传统村落古桥

重庆传统村落多与水结缘，故离不开对桥的营建，重庆乡村的桥以前很多，有着许多修桥补路列为善举功德之事，如俗语所讲“行善三件事，修

（a）远景

（b）近景

图 6.17 濒临江河的传统村落（酉阳县酉水河镇河湾村）

桥补路建学堂”。除了村落上的桥，还有不少散见于道路之间的桥。村落上的桥是村落环境不可分割的组成部分，尤其是桥常作为村口的先导，其位置和作用更加受到重视，甚至成为村落的一种标志和主要景观。桥的规模、大小当与跨越的空间有关，村落内的桥一般较小，最短仅数米，主要解决内部交通；村落旁边的桥则跨度较大，可达二三十米，主要解决对外交通。村落的桥梁尺度基本上是与村落的大小规模相匹配协调的。所以，对于传统村落来讲，其桥梁的营建尺度常常使村落环境有“小桥、流水、人家”的意蕴。

传统村落中的桥梁与古镇中的相比，一般尺度要小些。按形式构造可分为5大类：跳磴桥、石梁桥、石拱桥、索桥、风雨廊桥；按照材料可分为石桥、木桥、木石混合桥、铁索桥4类（图6.20）。

2）环境小品构筑

具有浓郁民风民俗的环境小品，也为村落环境增加了不少的丰富性和文化性，具有乡土教化作用。例如，村落近旁的路亭、牌坊、古塔、碑刻、土地庙等，具有丰富的历史故事和文化底蕴，能彰显村落曾经的沧桑与辉煌（图6.21）。

6.5 传统村落景观形象

重庆传统村落具有明显的山地特性，其竖向空间和灰空间也较为发达，无论是村落内部还是村落四周都有多角度、多视角的景观形象展开，呈现出与平原村落很不相同的平面与立体景观形象，构成了山地传统村落富于集聚与分散、素雅与灵动相结合的景观特征。

（a）秀山县清溪场镇大寨村

（b）秀山县梅江镇民族村

图 6.18 濒临山间溪流的传统村落

（a）涪陵区大顺乡大顺村

（b）涪陵区青羊镇安镇村

图 6.19 濒临水田的传统村落

（a）石拱桥（酉阳县沺溪镇大板村）

（b）石拱桥（合川区三汇镇康佳村）

（c）风雨廊桥（武隆区浩口乡田家寨）

（d）风雨廊桥（酉阳县花田乡何家岩村）

图 6.20　传统村落中的古桥

（a）北碚区复兴镇大树村牌坊

（b）秀山县梅江镇关田村土地庙

（c）酉阳县苍岭镇大河口村石碑

（d）云阳县南溪镇青云村岩门子石塔

图 6.21　传统村落中的环境小品

6.5.1 集聚的簇群景观

由于重庆以山地丘陵为主，地形起伏较大，耕地资源大多分散，集中连片的较少。因此，传统村落形成了“小集聚，大分散”的空间格局。这种“小集聚”，有的以某个大型院落为主的集中布置，有的由三五家单栋民居或院落成组团布置，有的由数十家单栋民居或院落成片布置。所以说，重庆传统村落的规模差异较大，成团成片布置的村落其内部也比较松散，绝大多数难以形成像古镇那样的街巷空间，只不过民居建筑较其他地区相对较密集而已，形成了一种相对集聚的簇群景观（图6.22）。

这种簇群景观的形成，一是受地形起伏较大、平地较少的限制；二是村民以传统农业、养殖业为

（a）以大型院落为主的簇群（江津区中山镇朱家大院）

（b）以大型院落为主的簇群（石柱县河嘴乡谭家大院）

（c）团块式簇群（涪陵区大顺乡大田村）

（d）团块式簇群（南川区河图乡上河村）

（e）连片式簇群（秀山县清溪场镇大寨村）

（f）连片式簇群（酉阳县泔溪镇大板村）

图 6.22 传统村落中集聚的簇群景观

主，需要较宽大的菜园、晒坝，以及诸如圈养猪、牛、羊、鸡、鸭等牲畜与家禽的场地，气味较大，各家各户建筑的布置需要间隔一定的距离，以方便生产生活，且较少产生邻里之间的矛盾；三是随着人口的增加，子女要单独成家立业，需要再建房屋，大多选址于距老宅一定距离的地方另立新家以方便生产生活，致使整个村落呈较松散的方式不断向外生长，最终形成这种相对集聚的簇群景观。

6.5.2 分散的单家独户

重庆部分传统村落之所以形成分散的单家独户景观，一是山地丘陵众多，平地很少，要想集中连片建设比较困难；二是耕地资源十分有限，大多为坡耕地且比较分散，为了生产方便，有不少的民居选址在距耕地较近的地方；三是受“人大分家，别居异财”传统风俗的影响，也就是说随着子女长大成人，特别是儿子成人之后，要成家立业，大多需另选新址建房。因此，受这三大因素的综合影响，重庆山地丘陵地区的传统村落出现了分散的单家独户景观。其目的主要是方便生产生活，空间的自由度较大，不易产生邻里间的矛盾（图6.23）。

6.5.3 明显的立体景象

与平原地区的传统村落相比，重庆传统村落具有明显的立体景象，其原因主要是地形高低起伏，变化多样，导致传统村落中的建筑、道路、晒坝、菜地等随形就势，层层叠叠，错落有致，与周围的山地丘陵、江河小溪、湖泊水库、森林植被、田园景观相互交融、相互映衬，在统一中有变化，在变化中求统一，宛如一幅具有强烈立体感的山水画卷。不管是在村内，还是在村外，从不同角度观看，都会获得意想不到的景观体验与艺术感染（图6.24）。

（a）酉阳县苍岭镇大河口村

（b）酉阳县天馆乡谢家村

（c）涪陵区大顺乡

（d）巴南区丰盛镇

图 6.23 传统村落中分散的单家独户

（a）酉阳县酉水河镇河湾村

（b）秀山县清溪场镇大寨村

（c）武隆区土地乡犀牛古寨

（d）秀山县苍岭镇石泉苗寨

图 6.24 富有立体景观的传统村落

6.6 传统村落典例

6.6.1 酉阳县苍岭镇大河口村传统村落

1）选址与历史

大河口村传统村落位于酉阳县西北部，其中最能体现该传统村落特色的当属石泉苗寨这一自然村落，它坐落于阿蓬江国家湿地公园核心区苍岭镇大河口村阿蓬江畔的南岸，小地名“火烧溪”。“火烧溪”这一地名来源于一个传说。相传很久以前，石泉苗寨丛林密布，凶禽猛兽往来于林间。某天下午，一位老人干完农活回家，见家里的火塘内有一条巨蟒盘绕其间，周围小蛇蠕动，把老人吓坏了，没敢进屋就直接退回到阿蓬江边，便放了一把火，把寨子四周的林木烧个干干净净，大火烧了三天三夜。由此，凶禽猛兽被赶走，石泉苗寨便兴旺发达起来，于是此地名就叫“火烧溪”。苗寨坐落于呈撮箕口状的山谷之中，三面地势陡峭，只有一条道路通往阿蓬江畔，成为整个寨子的唯一通道（图6.25、图6.26）。

苗寨全为石姓人家，据《石氏族谱》记载，石氏祖先于明武宗年间（1510年）从江西迁到“火烧溪”，在此繁衍生息了500余年。石姓人素来尚武，性格粗犷豪爽，明清出了两个武秀才。后来随着汉文化的渗入，逐渐重视文化教育，清末即有石昌熙中举、石宗俊中秀才。因为世代重视教育，新中国成立以来寨子里出了不少大学生和研究生。于2012年被评为第一批中国传统村落。

2）空间形态

基于地貌形态，石泉苗寨属于山麓河谷型传统聚落。苗寨位于阿蓬江南岸，坐落于三面环山的山谷之中，东、南、西三面地势陡峭，海拔大多在

1 000 m左右，只有北向有一开口，一条道路通往阿蓬江畔，长约500 m，成为整个寨子的唯一通道。并且寨子里有8孔山泉，清冽甘甜，四季不干，冬暖夏凉，汇集成的溪流环绕苗寨，潺潺流水，不绝于耳。因此，从地貌形态看，石泉苗寨可归纳为山麓河谷型传统聚落。因苗寨位于盆地型的山谷之中，所以又可归纳为盆地河谷型传统聚落。

基于平面形态，石泉苗寨属于团块式传统聚落。由于苗寨坐落于三面环山的盆地形山谷之中，地形相对比较平缓，为了加强防御，苗寨采用了集聚的族群式布局，形成了团块式传统聚落。整个苗寨占地约3 ha，有100余栋木质民居，有138户500多名村民，有数百棵古树，近40 ha梯田，100多座古墓、石碑等，是重庆市保存较好的苗寨之一。

基于竖向空间，石泉苗寨属于层叠式传统聚落。整个苗寨根据地形，从南到北形成了上、中、下3个寨子，建筑随形就势，层层叠叠，错落有致，最终形成了极富山地特色的层叠式传统聚落。

因此，石泉苗寨依山傍水，树木葱茏，族群发展，为典型的山麓河谷型团块-层叠式传统聚落。

3）建筑特色

因其地形比较封闭，致使这里的苗族民居文化得以幸存。苗寨建筑形制齐全，包括“一”形、“L”形、“凵”形以及“口”形；全为“柱-骑”穿斗式木结

（a）总平面

（b）鸟瞰（一）

（c）鸟瞰（二）

图 6.25　酉阳县苍岭镇大河口村传统村落（石泉苗寨）（一）

构建筑，正房一般为四柱、五柱或七柱，厢房一般为三柱、五柱；民居建筑除了堂屋、偏房、厢房、阁楼外，还有独具特色的“官房”，“官房”一般位于堂屋后面，面积不足10 m^2，据说这是主人用来接待官府之人的卧室，故称“官房”；小青瓦屋顶、牛角挑、檐廊、吊脚楼、走马转角楼、抹角屋、山门，比比皆是；家家有火铺，户户有神龛；门窗雕刻精美，窗花图案以花类、鸟类和兽类为主。

6.6.2 酉阳县酉水河镇河湾村传统村落

1）选址与历史

河湾村传统村落位于酉阳县东南部，其中的河湾山寨最具代表性，被誉为中国最美的土家山寨，因土家人的母亲河——酉水河弯曲流淌于境内而

（a）“柱－骑”穿斗式木结构

（b）“L”形民居

（c）火塘与烤架

（d）走马转角楼

（e）山门

（f）窗花

图 6.26 酉阳县苍岭镇大河口村传统村落（石泉苗寨）（二）

得名。河湾山寨始建于明洪武三年（1370年），至今已有600多年历史，以土家族白姓为主，共有住户150余户，600余人。于2012年被评为第一批中国传统村落（图6.27）。

2）空间形态

基于地貌形态，河湾山寨属于丘麓河谷型传统聚落。山寨位于酉水河两凸岸一丘陵型缓坡（丘麓）地带，海拔在300～500 m。因此，从地貌形态看，河湾山寨可归纳为丘麓河谷型传统聚落。

基于平面形态，河湾山寨属于组团式传统聚落。由于酉水河在这里拐了一个S形的大弯，并且形成了许多港湾，山寨坐落于酉水河两凸岸一缓坡地带，周围地形以丘陵为主，对聚落的发展限制较少，先是以沿河岸呈带形发展，后来垂直于等高线沿山

（a）远景（一）

（b）远景（二）

（c）近景

（d）鸟瞰

（e）走马转角楼

（f）摆手舞

图 6.27　酉阳县酉水河镇河湾村传统村落（河湾山寨）

坡向上发展，最终形成了隔河相望的两大组团——东北组团与西南组团，即组团式传统聚落。

基于竖向空间，河湾山寨属于层叠式传统聚落。由于山寨所在地形为一缓坡地带，民居建筑随形就势，分层筑台，最终形成了层叠式传统聚落。

因此，河湾山寨依山傍水，隔河相望，山环水绕，层层叠叠，错落有致，山、水、寨交相辉映，水天一色，为典型的丘麓河谷型组团-层叠式传统聚落。

3）建筑特色

民居建筑依山傍水，隔河相望；随形就势，分层筑台；层层叠叠，错落有致。青瓦屋面，穿斗结构，飞檐翘角，挑檐挑廊，走马转角，凌空吊脚，码头渡口，舟楫穿梭。摆手堂、土司城、祠堂庙宇、民居建筑，争奇斗艳，各具特色。寨前，飞檐翘角伸酉水，酉水碧波映楼台；寨中，绿树成荫，吊脚成群，错落有致，层次分明，木叶声声惹人醉，吊脚楼上油茶香；寨后，青山绿树，鸟语花香，白鹤栖树，雄鹰翱翔。远山的剪影起伏绵延，没有车流的喧嚣，没有都市的嘈杂，偶闻鸡鸣犬吠却更添幽静，河湾山寨宛如情醉千年的梦境。

6.6.3 酉阳县酉酬镇江西村传统村落

1）选址与历史

最能体现江西村传统村落特色的当属桂花桥山寨这一自然村落。据说因寨子遍植桂花树而得名。它位于酉阳县酉酬镇东北部，酉水河西边一个盆地形山凹处。一条小溪流经整个古寨。因四周山峦环绕，地形比较封闭，交通不便，受外界干扰较少，古寨才得以完整保留至今。目前，整个古寨共有住户50余户，近200人。于2014年被评为第三批中国传统村落（图6.28）。

2）空间形态

基于地貌形态，桂花桥山寨属于盆地平坝型传统聚落。山寨位于四周山峦环绕的平坝地带，周围地形以低山丘陵为主，而中部是一较开阔的缓坡平坝，大多开垦为稻田。因此，从地貌形态看，桂花桥山寨可归纳为盆地平坝型传统聚落。

基于平面形态，桂花桥山寨属于条带式传统聚落。由于四周为低山丘陵环绕的盆地形地貌，为了生存与发展，中部平坝已开垦为稻田，因此，民居建筑只能沿山麓、平坝两侧进行布局，于是形成了两条带式传统聚落。

基于竖向空间，桂花桥山寨属于层叠式传统聚落。由于民居建筑沿山麓、平坝两侧进行布局，根据地形高差随形就势，分层筑台，最终形成了层叠式传统聚落。

因此，桂花桥山寨依山傍水（田），向两侧延展，层层叠叠，错落有致，为典型的盆地平坝型条带-层叠式传统聚落。

3）建筑特色

民居建筑依山傍水（田），隔田相望；随形就势，分层筑台；层层叠叠，错落有致。青瓦屋面，穿斗板壁，飞檐翘角，挑檐挑廊，走马转角，凌空吊脚，“一”形、“L”形、“凵”形的民居建筑比比皆是，是典型的土家山寨。

6.6.4 酉阳县板溪镇山羊村传统村落

1）选址与历史

山羊村传统村落的典型代表是山羊古寨，位于板溪镇南边的山羊坪，坐落于巴尔盖国家森林公园内，距酉阳县城约30 km，平均海拔在800 m以上。四周被海拔超过1 000 m以上的山地环绕，地形比较闭塞，受外界干扰较少，所以古寨保留完整。古寨历史悠久，建寨也有200余年，以陈姓为主，土家族，有近120户人家。在清朝末期，陈姓接连出几代秀才，在酉阳县算得上是一文化之乡。这里山高坡陡，喀斯特地貌比较发育，特别是后山高耸的悬崖，为山寨增添了几分雄伟之势。远远望去，整个古寨好像坐落在悬崖边，被形象地誉为“悬崖边上的古村落”（图6.29）。

这里不但古寨保存完整，而且周边自然景点也十分丰富，被村民称为“内八景”和“外八景”。内八景分别是：白屋脊、黑屋脊、白磉墩、黑磉磴、上凤凰、下凤凰、石抱树、围子墩。外八景分别是：香炉捧日、仙潭积雪、大石钟灵、文笔参天、仙桥跨壁、席帽批霞、双流砥柱、八宝层岚。特别是到了金秋十月，满山的红叶，层林尽染，与古朴典雅的寨子，交相辉映，相得益彰，宛自天成的世外桃源。于2016年被评为第四批中国传统村落。

2）空间形态

基于地貌形态，山羊古寨属于山腰型传统聚落。寨后为坡陡林密的山峰，寨前为层层叠叠，错落有致的梯田。因此，从地貌形态看，山羊古寨可归纳为山腰型传统聚落。

基于平面形态，山羊古寨属于团块式传统聚落。由于四周被山地环绕，且坡度较陡。为了生存与发展，寨前的缓坡地带已开垦为梯田。因此，民居建筑只能在山腰地带成团布局，于是形成了团块式传统聚落。

（a）条带形结构（一）

（b）条带形结构（二）

（c）“L”形传统民居

（d）“凵”形传统民居

（e）筑台式传统民居

（f）走马转角楼

图 6.28　酉阳县酉酬镇江西村传统村落

基于竖向空间，山羊古寨属于层叠式传统聚落。由于民居建筑沿山腰进行布局，根据地形高差随形就势，分层筑台，最终形成了层叠式传统聚落。

因此，山羊古寨依山傍水（田），层层叠叠，错落有致，为典型的山腰型团块-层叠式传统聚落。

3）建筑特色

民居建筑依山傍水（田），随形就势，分层筑台，层层叠叠，错落有致。巷道空间蜿蜒曲折，有收有放，自然成趣。其中，最有特色的是四大保存完好的四合院。青瓦屋面，穿斗结构，挑檐吊脚，是一典

（a）半山腰中的古寨

（b）仙境中的传统民居

（c）四合院

（d）吊脚楼

（e）山门与石梯

图 6.29　酉阳县板溪镇山羊村传统村落（山羊古寨）

型的土家山寨。

6.6.5 酉阳县泔溪镇大板村传统村落

1）选址与历史

最能体现大板村传统村落特色的当属皮都山寨这一自然村落，它位于酉阳县泔溪镇北面的一大山深处。因四周山峦环绕，地形封闭，交通不便，受外界干扰较少，古寨才得以完整保留至今。目前，整个古寨共有住户近100户，有300余人。于2016年被评为第四批中国传统村落（图6.30）。

2）空间形态

基于地貌形态，皮都山寨属于典型的山地型传

（a）下皮都组团

（b）中皮都组团

（c）吊脚楼民居

（d）四合院民居

（e）梯田

图 6.30 酉阳县泔溪镇大板村传统村落（皮都山寨）

图 6.31　秀山县清溪场镇大寨村传统村落（一）

统聚落。因受山高坡陡地形的限制，整个山寨分成3个组团分别位于山麓、山腰、山顶3个地势相对较平缓的地带。因此，皮都山寨可分为山麓型、山腰型、山顶型3种类型。当地村民也把这3个组团分别称为上皮都、中皮都和下皮都。

基于平面形态，皮都山寨属于组团式传统聚落。因受地形的限制，整个山寨形成了3大组团，分别位于山麓、山腰和山顶。

基于竖向空间，皮都山寨属于层叠式传统聚落。由于民居建筑沿山坡进行布局，根据地形高差随形就势，分层筑台，寨前为梯田，寨后为山林，最终形成了层叠式传统聚落。

因此，皮都山寨依山傍水（田），层层叠叠，错落有致，为典型的山地型组团–层叠式传统聚落。

3）建筑特色

民居建筑依山就势，成组成团；分层筑台，层层叠叠，错落有致。青瓦屋面，穿斗板壁，飞檐翘角，挑檐挑廊，走马转角，凌空吊脚，“一”形、“L”形、“凵”形的民居建筑比比皆是，是典型的土家山寨。

6.6.6　秀山县清溪场镇大寨村传统村落

1）选址与历史

大寨村位于秀山县清溪场镇西南角，距县城约26 km，坐落于鸡公岭东侧的山脚下，具有悠久的历史和深厚的文化底蕴。大寨村已有700多年的历史，是平茶（现清溪场镇一带）土司杨光彤家族于南宋德祐元年来此定居而形成的，已传了34代。最初此地名为鬼板溪，杨氏家族开荒创业之后改为黑虎寨，清朝末年又改为大寨并沿用至今。有祖传的族规遗训，宗族文化、风水文化典型，有花灯、龙灯、摆手舞等民俗艺术，独具地方特色。整个寨子占地约5 ha，有70余栋木质民居，有80余户300多名村民，是重庆市保存较好的土家山寨之一。于2014年被评为第三批中国传统村落（图6.31、图6.32）。

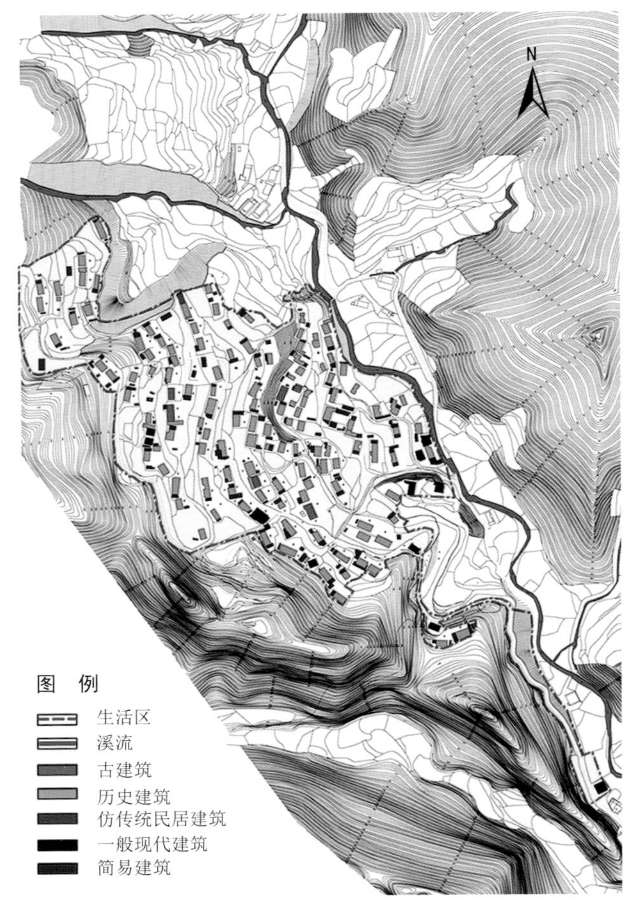

（a）总平面

（b）青山环抱中的大寨村

（c）依山傍水（田）的大寨村

（d）“柱 - 骑”穿斗式木结构

（e）“L”形传统民居与院坝

图 6.32　秀山县清溪场镇大寨村传统村落（二）

2）空间形态

基于地貌形态，大寨村属于山麓型传统聚落。大寨村坐落于鸡公岭东侧的山脚下，民居建筑绝大部分沿山坡一侧分布。四周有山地环抱，中间有一比较平缓的区域，但主要开发为水田以种植水稻，只有西南角有一峡口与外界相连，地形比较封闭。有一条叫响水岩的小溪贯穿全境，虽水量不大，但为村落提供了必要的生活及农业用水。因溪流较小，还未形成较完善的河谷地貌，所以大寨村仍归类为山麓型传统聚落。

基于平面形态，大寨村属于团块式传统聚落。由于寨子坐落于四面环山的盆地形山谷之中，地形相对比较平缓，为了加强防御，寨子采用了沿山麓一侧集聚的族群式布局，形成了团块式传统聚落。

基于竖向空间，大寨村属于层叠式传统聚落。大寨村民居建筑主要沿鸡公岭东侧山麓一侧集中分布，地形坡度较大，建筑大多采用分层筑台的方式进行布置，形成了随形就势、错落有致的层叠式传统聚落。

因此，大寨村传统村落属于山麓型团块–层叠式传统聚落。

3）建筑特色

民居建筑依山傍水（田），随形就势，层层叠叠，错落有致。青瓦屋面，穿斗结构，飞檐翘角，挑檐挑廊，走马转角，木板为壁，青石铺地，精致窗花，小桥流水，绿树成荫。民居、山门、晒坝、古桥、古井、名木、溪流、梯田、山峦、森林，交相辉映，相得益彰。山、寨、田和谐统一，宛如一幅美丽、灵动的山水画卷，在你眼前徐徐展开，让人惊叹！让人佩服！

6.6.7 秀山县梅江镇民族村传统村落

1）选址与历史

民族村位于秀山县梅江镇南部，湘黔渝交界地带，紧邻省道304线，距县城约27 km，属于典型的山区。村内有一条小河流经全村，提供了必要的生产生活用水。全村总户数350户、总人口1 500余人。生活着苗族、土家族、汉族3个民族，苗族人口最多，占总人口的70%以上，以石、吴、龙、田、麻等姓氏为主，是重庆地区唯一使用苗汉双语教学的村寨。该村主要有花香、三大坪、金珠、民族4个自然寨子，其中金珠苗寨最具代表性。于2012年被评为第一批中国传统村落（图6.33）。

2）空间形态

基于地貌形态，民族村属于山麓型传统村落。整个村寨大致沿东北–西南走向山间谷地的两侧山麓分布，中间为一狭长的平坝，有一小溪从北向南贯穿全境。苗族人为了生存与发展，平坝大多开垦为良田，种植水稻。因溪流较小，还未形成典型的河谷地貌。其中，金珠苗寨规模最大，最具代表性。因此，基于地貌形态，民族村可归类为山麓型传统村落。

基于平面形态，民族村属于组团式传统村落。整个民族村由花香、三大坪、金珠、民族4个自然寨子组成，大多沿山麓呈串珠状分布。所以，民族村可归类为组团式传统村落。

基于竖向空间，民族村属于层叠式传统聚落。民族村民居建筑大多沿山麓两侧呈串珠状组团式分布，地形有的较陡，有的较缓，建筑大多采用分层筑台的方式进行布置，形成了随形就势、错落有致的层叠式传统聚落。

因此，民族村传统村落属于山麓型组团–层叠式传统聚落。

3）建筑特色

民居建筑依山傍水（田），串珠分布，层层叠叠，错落有致。青瓦屋面，穿斗结构，飞檐翘角，堂屋厢房，檐廊阁楼，挑檐吊脚，火铺神龛，木板为壁，青石铺地，小桥流水，绿树成荫。民居、晒坝、古桥、古井、竹林、溪流、稻田、山峦、森林，交相辉映，相得益彰。山、寨、田、林和谐统一，宛如一幅世外桃源的山水画卷。

6.6.8 石柱县悦崃镇新城村传统村落

1）选址与历史

新城村位于石柱县中北部的悦崃镇，由新场村和古城村合并而来，故称新城村，是巴盐古道的必经之地（图6.34、图6.35）。全村1 800余人，以土家族为主。因地处方斗山脉与七曜山脉之间，这里山清水秀、环境优雅、历史底蕴厚重，埋藏着一段早期的马氏土司历史。新城村属于溪峒之地，从南宋建炎年间到清乾隆年间，石柱经历了600多年的土司时期，土司在此留下了250多年的传奇。新城村的古城坝是石柱马氏土司建立的第一个中心。南

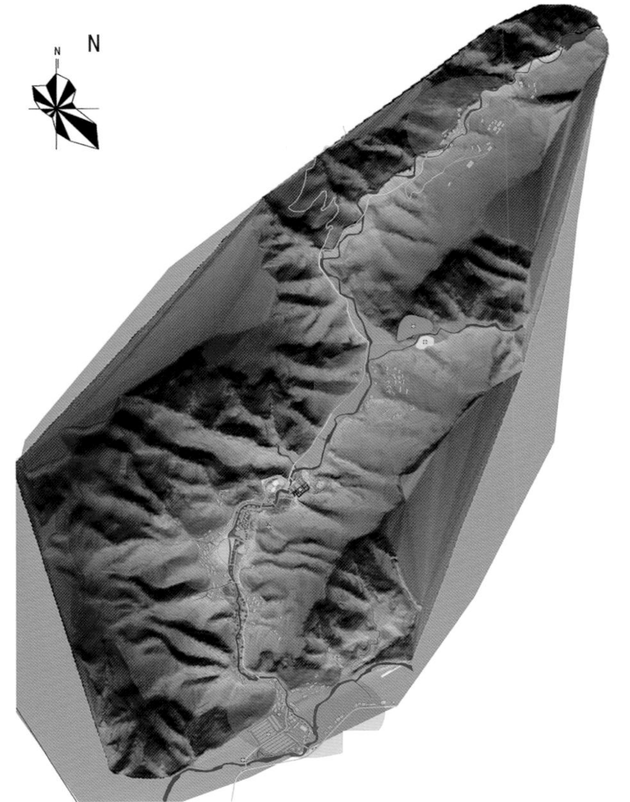

（a）总平面

（b）层叠式簇群集聚

（c）“L”形民居建筑

（d）“口”形民居建筑

（e）飞檐翘角

图 6.33　秀山县梅江镇民族村传统村落

宋建炎三年（1129年），宋高宗派陕西扶风郡武将马定虎自中原率兵经湖北建始入川平定溪峒苗乱获胜。朝廷将南宾县东北部分割，加上施州卫大田所而建立石砫宣抚司，并由其子孙世袭安抚使。明洪武八年（1375年），溪峒苗兵突袭南宾，攻城烧衙，杀死县令，时任石砫宣抚司的马克用将军，领兵前往收复了南宾县城。1381年，宣抚司治所由古城坝迁往南宾镇。从此，古城坝结束了长达252年的土司中心地位。如今古城坝还遗留了马氏祠堂、马氏巨碑和土司石桥等历史文物，人文底蕴仍十分厚重。于2012年被评为第一批中国传统村落。

2）空间形态

基于地貌形态，新城村主要有平坝河谷型、丘顶型、山麓河谷型等3种空间形态。村落所在区域

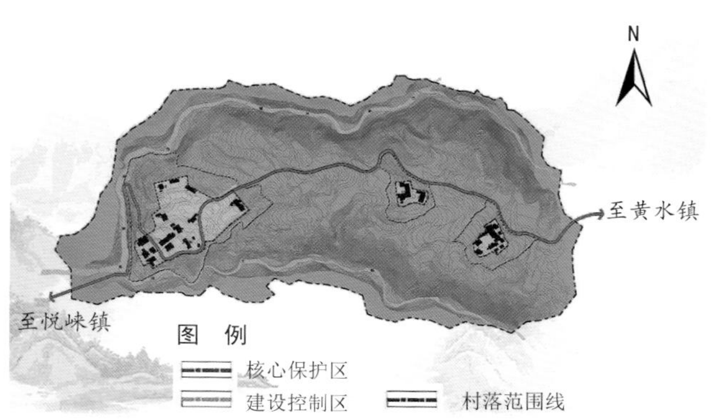

（a）总平面（重庆市城乡建委提供）

（b）古桥

（c）天井院民居（古城坝石硅宣抚司）

（d）传统民居

（e）驼峰

（f）檐廊式民居

图 6.34　石柱县悦崃镇新城村传统聚落（一）

地处方斗山脉与七曜山脉之间，为典型的低山丘陵地貌，并有一河流贯穿整个村落，致使新城村基于地貌的空间形态比较丰富，形成了平坝河谷型、丘顶型、山麓河谷型等3种地貌形态的传统村落。

基于平面形态，新城村有组团式和散点式两种形态的传统聚落。组团式聚落主要以古城坝、新城云梯街等为中心所形成的三大簇群布局；散点式聚落主要是指那些因家族人口增加，为了扩大居住空间、方便生产生活而搬迁出去的单家独户。

基于竖向空间，新城村属于层叠-碉楼式传统聚落。该村落民居建筑大多依山傍水，层层叠叠，错落有致。为了加强防御，也建有碉楼。最终形成

（a）吊脚楼

（b）传统民居

（c）碉楼

图 6.35　石柱县悦崃镇新城村传统聚落（二）

了层叠-碉楼式传统聚落。

因此，新城村的空间形态可归纳为平坝河谷-丘顶型组团-层叠-碉楼式、山麓河谷型散点-层叠式两大类型。

3）建筑特色

虽然地形比较封闭，但是作为长达250余年的土司统治中心，其经济发展水平、政治地位、对外交流程度等均较高，致使这里的民居建筑既有典型的土家族吊脚楼，又有汉文化影响的檐廊式、天井院落式民居，体现了一种土汉建筑文化交融的特色。民居建筑形制齐全，包括“一”形、“L”形、“凵”形以及“口”形；小青瓦屋顶、牛角挑、檐廊、吊脚楼、走马转角楼、抹角屋、天井院、碉楼、古桥等，极富地域特色。

6.6.9　石柱县石家乡黄龙村传统村落

1）选址与历史

黄龙村位于石柱县中北部的石家乡，是巴盐销楚古道的必经之地。因地处方斗山脉东麓，绿树成荫、生态环境十分优美。全村现有人口1 800余人，95%为土家族。省道105贯穿全境，交通十分便利。该村形成于清代，为土家族特色村寨，于2012年被评为第一批中国传统村落（图6.36）。

2）空间形态

基于地貌形态，黄龙村主要有山麓型、丘顶型传统聚落。村落所在区域为典型的低山丘陵地貌，致使黄龙村大多分布在山麓和丘顶。其中，池谷冲组团就是典型的丘顶型传统聚落。

（a）鸟瞰（池谷冲组团）

（b）碉楼式民居（一）

（c）碉楼式民居（二）

（d）吊脚楼上的玉米棒子

（e）合院式民居

图 6.36 石柱县石家乡黄龙村传统聚落

基于平面形态，黄龙村有组团式和散点式两种形态的传统聚落。组团式聚落主要位于湾板凳、沙丘、池谷等地，形成较大的簇群布局；散点式聚落主要是指那些因家族人口增加，为了扩大居住空间、方便生产生活而搬迁出去的单家独户。

基于竖向空间，黄龙村属于层叠-碉楼式传统聚落。该村落民居建筑大多依山傍水（田），层层叠叠，错落有致。为了加强防御，也建有碉楼。故形成了层叠-碉楼式传统聚落。

因此，黄龙村的空间形态可归纳为山麓型组

团-层叠式、丘顶型组团层叠-碉楼式、山麓型散点-层叠式等三大类型。

3）建筑特色

黄龙村的民居建筑随形就势，依山傍水（田），极富土（家族）汉（族）文化交融的地域特色，四合院、三合院、朝门、吊脚楼、千柱落地木楼、碉楼等集中在一个院落，堪称民族建筑的微型博物馆。挑檐挑廊，层叠吊脚，木板为壁，青石铺地，层层梯田，绿树成荫，宛如世外桃源一般。

6.6.10 江津区中山镇龙塘村传统村落

1）选址与历史

龙塘村位于江津区中山镇东部，与中山古镇仅一河（笋溪河）之隔。距江津城区57 km，距重庆市主城区97 km，离著名景点——爱情天梯10 km，距四面山国家级重点风景名胜区15 km。龙塘村包括7个社，户籍人口5 200人，总面积13.6 km^2；经济发展比较缓慢，村民收入比较低，以传统的种植业、养殖业为主，主要农作物为水稻、玉米、小麦、红薯等，主要牲畜为生猪，主要家禽为鸡、鸭、鹅等。

龙塘村历史悠久，其产生的具体年代已无从考证。但据南宋《清溪龙洞题铭》碑刻记载，龙洞场（中山古镇原名）可考历史有800多年；明朝设有清溪县，县城遗址在龙塘村北部；清康熙年间设行政办事机构——笋里十二都；光绪年间将原龙洞场、老场（遗址在今龙塘村大地坝）、马桑垭场（今渔湾村与石塔村接壤处）合并成三合场，经几次建制调整后为现在的中山镇。古时的“中山”本是一个地形名称，也就是现在的龙塘村一带。1953年经区划调整，江津县新增第十六区，龙塘村是区公所所在地，公所设在龙塘庄园（图6.37～6.41）。

2）空间形态

基于地貌形态，龙塘村有山腰型、山地河谷型、丘陵河谷型3种类型的传统聚落。由于龙塘

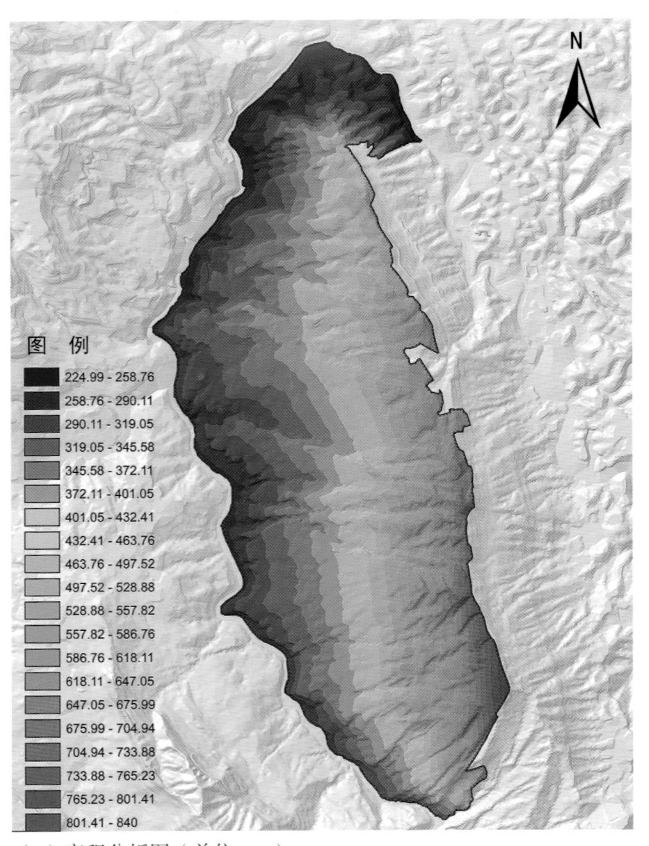

（a）高程分析图（单位：m）

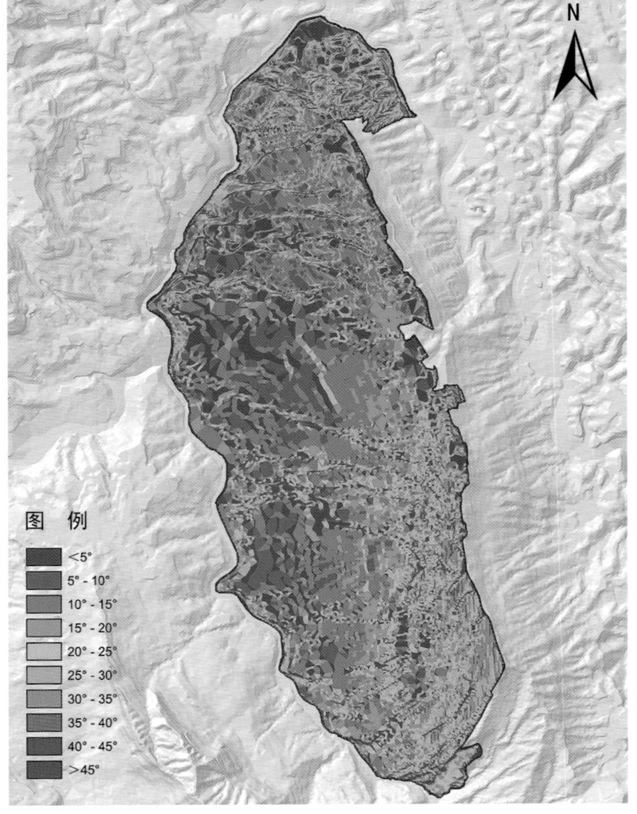

（b）坡度分析图

图 6.37 江津区中山镇龙塘村地形分析图

村村域面积较大，海拔在225～840 m，地形复杂，既有绝对高度在500 m以内，相对高度不超过200 m的起伏较为和缓的丘陵地貌形态，又有在500～1 000 m的低山地貌形态。因此，龙塘村的地貌形态可分为丘陵与山地两种类型。而这种丘陵山地是软硬相间的紫红色砂岩和泥岩经侵蚀剥蚀后，所形成的呈阶梯状的地貌形态，即为坡度较平缓的台地，民居庄园大多选址在这些台地上面。流经龙塘村西侧边界的河流为笋溪河。由于这条河流流量比较小，又是山地型河流，因此阶地、河漫滩不是很发育。通过上述分析，可以判断龙塘村基于地貌形态的聚落类型可分为山腰型、山地河谷型与丘陵河谷型3种。其中，山腰型传统聚落数量最多，分布最广。

基于平面形态，龙塘村有组团式和散点式两种形态的传统聚落。就整个村落而言，其总体特征主要表现为：大分散，小集聚，并且主要集中分布于道路交通干线附近。因此，龙塘村有组团式聚落和散点式聚落两种形态。组团式聚落主要以11个庄园为中心分别形成的簇群布局；散点式聚落主要是指那些因家族人口增加，为了扩大居住空间、方便生产生活而搬迁出去的单家独户。

基于竖向空间，龙塘村属于层叠–碉楼式传统聚落。由于龙塘村的总体地形，呈阶梯状，使得整个聚落呈现出随海拔高度的分层现象。有的组团式聚落或散点式民居分布在河流岸边，而有的则分布在地势较高的台地或散居在大山之中。就以11个碉楼式庄园为中心的组团式聚落而言，因微地形存在高差，大多采用山地台院式布局。因此，从竖向空间看，龙塘村属于层叠–碉楼式传统聚落。

图 6.38 江津区中山镇龙塘村山腰型组团 – 层叠 – 碉楼式聚落

图 6.39 江津区中山镇龙塘村山腰型散点 – 层叠式聚落

（a）总平面

（b）数字模型

图 6.40 江津区中山镇龙塘村荣庐庄园片区山腰型组团 – 层叠 – 碉楼式聚落

（a）碉楼

（b）天井院

（c）庄园大门

（d）四合院

（e）生土墙与挑廊

（f）骑楼（上部）

图 6.41　江津区中山镇龙塘村荣庐庄园片区建筑特色

因此，龙塘村传统村落的空间形态可归纳为：山腰型组团–层叠–碉楼式、山腰型散点–层叠式、山地河谷型组团–层叠式、山地河谷型散点–层叠式、丘陵河谷型组团–层叠式、丘陵河谷型散点–层叠式等6种聚落类型，可谓丰富多彩，这是由于龙塘村复杂的地形环境以及悠久的发展历史所致。不过，整个村落以山腰型组团–层叠–碉楼式聚落、山腰型散点–层叠式聚落为主。

例如，荣庐庄园组团位于龙塘村二社，总占地面积约1.5 ha，总建筑面积约4 100 m^2，住户10户，人口35人，是以荣庐庄园为核心的山腰型组团–层叠–碉楼式聚落。

3）建筑特色

民居建筑依山就势，层层叠叠，错落有致。平面形制全面，天井院落众多；屋顶形式多样，以青瓦悬山为主；建筑结构丰富，以土筑木构为主；安全防御第一，庄园碉楼普遍。挑檐挑廊，层叠吊脚，夯土为壁，青石铺地，小桥流水，绿树成荫。庄园、碉楼、晒坝、竹林、溪流、梯田、山峦、森林，交相辉映，相得益彰。

6.6.11 涪陵区青羊镇安镇村传统村落

1）选址与历史

安镇村位于涪陵区青羊镇中部，现有10个居民小组，800多户3 000余人，面积9.1 km^2，以丘陵地貌为主，地形起伏和缓，土地肥沃，耕地资源丰富。安镇村历史悠久，文化底蕴深厚，形成了以西部民居瑰宝——陈万宝庄园为首的庄园群，被称为“庄园之乡”。这里不仅有诸如陈万宝庄园、戴家堰庄园、四合头庄园等众多古老庄园，而且有保存完好的百年石桥、明渠、暗沟、古井等以及原汁原味的农耕文化景观。安镇村于2012年被评选为第一批中国传统村落，2014年被评选为第六批中国历史文化名村（图6.42、图6.43）。

2）空间形态

基于地貌形态，安镇村属于丘陵型传统聚落。村落所在区域为典型的丘陵地貌，民居建筑特别是大大小小的庄园大多受风水文化的影响，选址于“前有照，后有靠”的山坳处。

基于平面形态，安镇村有组团式和散点式两种形态的传统聚落。组团式聚落主要以庄园为中心分别形成的簇群布局，例如以陈万宝庄园为核心形成的庄园群，方圆不超过2 km，其余院落间距也较近；散点式聚落主要是指那些因家族人口增加，为了扩大居住空间、方便生产生活而搬迁出去的单家独户。

基于竖向空间，安镇村属于层叠式传统聚落。就以庄园为中心的组团式聚落而言，因微地形存在高差，大多采用山地台院式布局。因此，从竖向空间看，安镇村属于层叠式传统聚落。

由此可见，安镇村的空间形态可归纳为丘陵型组团-层叠式传统聚落、丘陵型散点-层叠式传统聚落两种类型。

3）建筑特色

安镇村民居建筑的主要特色为庄园众多，依山傍水（稻田），豪华气派，青瓦屋面，飞檐翘角，天井院落，戏楼连廊，封火山墙，青石铺地，木雕、石雕寓意深刻，建造工艺考究。其中最为著名的当属陈万宝庄园，三面环山，坐南朝北，地势后高前低，正前方为大片水田，两侧与背面为平缓坡地，环境开阔舒展。陈万宝庄园原名陈萼楼，因所在地的地名叫石龙井，故庄园又称石龙井庄园。石龙井名称来源于一个传说：因庄园有8个天井，2个水井，故称“十龙井”，后来改名为“石龙井”。该庄园是陈万宝和他二儿子陈荣达的宅第，于清咸丰五年（1855年）开工，历时12年，于清同治六年（1867年）竣工。过去庄园天井重重，庭廊相连，为复合四合院布局，纵向两进院落，横向三重天井，房屋多达120余间。现存规模已远不如从前，占地面积约7 000 m^2，总建筑面积约7 700 m^2。庄园为“金包银”结构，即外墙为砖石、砖土结构，内部为木结构。有数量众多、品种纷繁的石雕木刻，千姿百态，栩栩如生，最引人注目的是无处不在的石像、石狮、石猴、石制花缸、水缸等，以及驼峰、撑弓、窗花等木雕，精美绝伦，从中仍能看出陈万宝庄园曾经的繁华。于2014年被评为重庆市重点文物保护单位。除了陈万宝庄园之外，附近还有两座区级文物保护单位——四合头庄园与戴家堰庄园。

近20年来，文物专家相继来考察，但始终未能解开庄园里的三大谜团：一是修建庄园时使用了大量质地优良的大型石料，而青羊镇及周边地区至今未发现石料场，众多石料采自何处，用什么工具运输；二是庄园内那口百年石井，无论天有多干却从未干涸；三是庄园内竟在百余年前就能修建良好的排水系统，无论雨有多大，院内从不积水。

6.6.12 忠县花桥镇东岩村传统村落

1）选址与历史

东岩村位于忠县花桥镇的西北部，为一典型的

（a）全景

（b）四合院

（c）天井院

（d）栩栩如生的狮子与小猴

（e）雕刻精致的水缸

图 6.42　涪陵区青羊镇安镇村陈万宝庄园

寨堡型传统村落。古寨占地近4ha，位于山顶上，地势险要，东西北三面悬崖绝壁，南面居高临下。古寨距今已有500余年历史，相传此寨原为一刘姓主人所有，其先祖最早是个挑担叫卖的行走商人，历经艰辛，从广东沿途叫卖来到本地，安家定居。刘家主人最早是在余家沟一地主家当长工，煮酒为生，凭着勤劳和聪明才智，学到了手艺，自立门户，到寨上办起了酒厂，从此发家致富，一代传一代，建成了当今的规模。古寨不但拥有大量明清时代的传统民居，而且还有古树、寨墙、寨门、水池、碉

（a）全景

（b）八字朝门

（c）祖坟前石柱（桅杆）

（d）驼峰

（e）撑弓

图 6.43 涪陵区青羊镇安镇村四合头庄园

楼、炮台等。于2012年被评为第一批中国传统村落（图6.44）。

2）空间形态

基于地貌形态，东岩村属于山顶型传统聚落。村落所在区域为典型的低山丘陵地貌，为了加强防御，整个村落营建于山顶之上，并有完整的寨墙环绕。

基于平面形态，东岩村为团块式传统聚落。整个聚落以几大天井院落为中心形成簇群布局。

基于竖向空间，东岩村属于寨堡-碉楼式传统

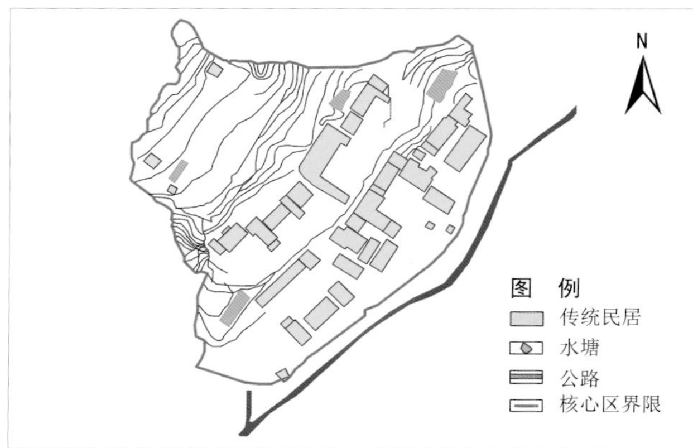

(a) 总平面（重庆市城乡建委提供）

(b) 古树与寨墙、寨门

(c) 檐廊式民居

(d) 院落

(e) 驼峰

(f) 柱础

图 6.44　忠县花桥镇东岩村传统村落

聚落。为了强化防御，整个村落营建于山顶之上，不但建有完整的寨墙、寨门，而且还建有碉楼。可谓是易守难攻，固若金汤。

因此，东岩村的空间形态可归纳为山顶型团块-寨堡-碉楼式传统聚落。

3）建筑特色

东岩村民居建筑的主要特色为檐廊穿斗式小青瓦民居。依山就势，层层叠叠，错落有致。平面形制全面，天井院落众多；安全防御第一，寨墙、寨门完整，碉楼、炮台较多；挑檐挑廊，层叠吊脚，木板为壁，青石铺地，古树参天，竹林成荫；窗棂的雕花、木柱的镂纹、石礅的雕刻、驼峰的纹饰，无不显示出设计者的独具匠心和雕刻者的精湛手艺。

6.6.13 梁平区聚奎镇席帽村传统村落

1）选址与历史

席帽村原名沙岭村，位于梁平区聚奎镇东南部，为丘陵地形。村内尚保存完好、远近闻名的山寨——观音寨，是当地著名的“聚奎四寨”之一。当地盛传家喻户晓的民谚——“观音寨的银子，顺天寨的谷子，老君寨的锭子，吉祥寨的杆子”，说的就是“聚奎四寨”各具特色。观音寨已有200多年历史，是清嘉庆年间由孙氏家族所建，具有鲜明的汉寨建筑文化特征。前几代寨主曾被授予清廷六至四品官衔，第一代寨主孙古亭，就被朝廷授予四品官衔。观音寨在清嘉庆初年至民国初年，曾成为聚奎场的军事、政治中心。因寨上观音寺远近闻名，故名观音寨，总面积4.59 ha。观音寨坐落于沙岭山山顶（实际为丘顶），东、西、北三面都是悬崖峭壁，远远望去，山寨顺势而上，雄伟险要，易守难攻，居高临下，周边四里八乡一览无余。由此可见，席帽村历史文化底蕴深厚、山寨文化特色突出，为一典型的寨堡型传统村落。于2014年被评为第三批中国传统村落（图6.45）。

2）空间形态

基于地貌形态，席帽村属于丘顶型传统聚落。村落所在区域为典型的丘陵地貌，为了加强防御，整个村落营建于丘顶之上，并建有完整的寨墙。

基于平面形态，席帽村为条带式传统聚落。因受地形的限制和影响，观音寨为一南北走向的条带式传统聚落。另外，观音寨“一寨三层”，即外寨、内寨、核心内寨。普通百姓住外寨，武装人员和一般人员住内寨，寨主和重要人员住核心内寨。由此形成了在北边相切的圈层状-条带式传统聚落。

基于竖向空间，席帽村属于层叠-寨堡式传统聚落。观音寨地势北高南低，民居建筑因势利导，随形就势，形成了层叠式传统聚落。同时，为了强化防御，整个村寨营建于丘顶之上，不但建有完整的寨墙、寨门，而且还建有炮台。于是形成了层叠寨堡式传统聚落。

因此，席帽村的空间形态可归纳为丘顶型条带-层叠-寨堡式传统聚落。

3）建筑特色

观音寨具有鲜明的汉寨建筑文化特色。建筑结构采用外砖石内木构的混合结构形式，俗称“金包银”，既能冬暖夏凉，又能防火防盗和防御外敌。为了防御，建有完整的寨墙、寨门、炮台。屋顶形式不但有悬山，还有在重庆地区很少见的硬山。

6.6.14 武隆区浩口乡浩口村传统村落

1）选址与历史

浩口村位于武陵山北麓、芙蓉江深处的浩口苗族仡佬族自治乡，有一个仡佬族聚居的山寨，名为“田家寨”，它是浩口村最有代表性的自然村落。据有关资料记载，此地成寨已有200多年的历史。田家寨距武隆区府61 km，距乡政府约3 km。寨子四面环山，十几户人家依山而居，这里山峦起伏，郁郁葱葱。田家寨仡佬族同胞的祖先，原居住于贵州黔北高原一带，明末清初时，被当作“蛮子”遭受官府追赶出来，历经躲杀、磨难后才逐渐在此安居落业，重建家园。这里四面青山环绕，植被茂密，珠子溪依傍流淌、风光秀丽，耕地果林点缀其间，蕴含民族气息的古吊脚楼掩映在茂林修竹中，层层叠叠，景观独具。于2014年被评为第三批中国传统村落（图6.46）。

2）空间形态

基于地貌形态，田家寨属于山麓型传统聚落。村落所在区域为典型的低山地貌，坡度较陡，为了生存与发展，寨子选址于地形较平缓的山麓地带。

基于平面形态，田家寨为团块式传统聚落。因受地形的限制和耕地的影响，田家寨为比较松散的团块式传统聚落。每家每户之间都有一定的距离，但又相距不远，民居建筑的周围都有一定面积的菜地或耕地，这样既有利于生产生活，又能相互照应。

基于竖向空间，田家寨属于层叠式传统聚落。寨子所在地为一典型的山地，民居建筑因势利导，随形就势，形成了层叠式传统聚落。

因此，田家寨的空间形态可归纳为山麓型团块-层叠式传统聚落。

3）建筑特色

民居建筑依山就势，层层叠叠，错落有致。青瓦屋面，穿斗结构，木板作壁，飞檐翘角，挑檐挑廊，走马转角，凌空吊脚。荷塘廊桥，青石铺地。"一"形、

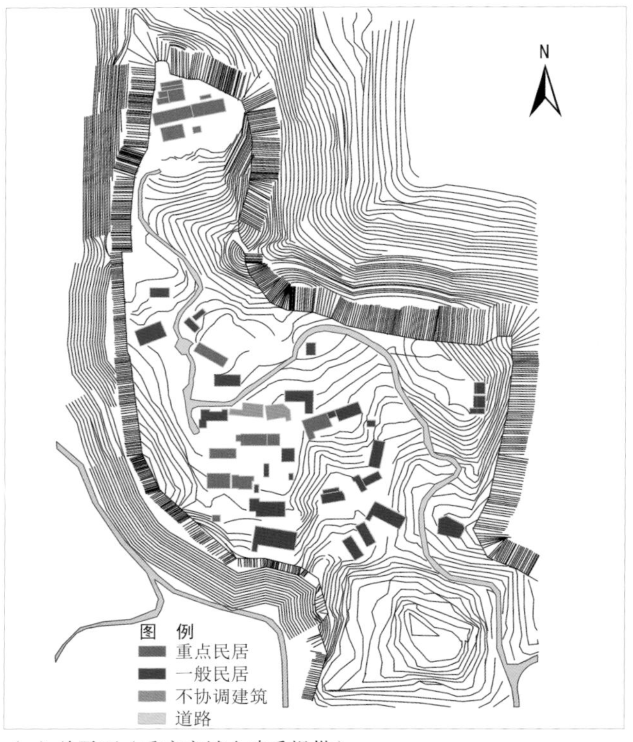

（a）总平面（重庆市城乡建委提供）

（b）外寨门

（c）"金包银"传统民居

（d）传统民居

（e）古炮台遗址

（f）从山寨向外远眺

图 6.45　梁平区聚奎镇席帽村传统村落（观音寨）

"L"形、"口"形的民居建筑比比皆是，是一个风格独特的山寨。

6.6.15 武隆区沧沟乡大田村传统村落

1）选址与历史

大田村位于武隆区东部的沧沟乡，是一个风景如画、历史悠久的传统村落（图6.47）。其中的大田寨是大田村最有代表性的自然村落。"大田地势生得好，田中有个小山堡；很像泊着一只船，又像我们的海南岛。"人们曾经这样赞美大田寨。整个寨子共有27户人家，100余口人，占地17 ha，大多以黄姓为主。据说，在清道光年间，黄姓人家出了一位举

（a）鸟瞰

（b）"L"形民居（一）

（c）吊脚楼民居

（d）"L"形民居（二）

（e）民居与荷塘

图 6.46 武隆区浩口乡浩口村传统村落（田家寨）

人，名又陶。此人博览经文，对上下古今了如指掌，人品清正，官至知县。至今，在大田村黄亿海家的堂屋里还悬挂着一块匾，上书“景行仰止”四个遒劲大字，相传是上司对黄又陶为官清正、道德高尚的褒奖。这里四面环山，风景秀美，民风淳朴，传统民居相互簇拥，掩映在山野田园、茂林修竹之中。于2014年被评为第三批中国传统村落。

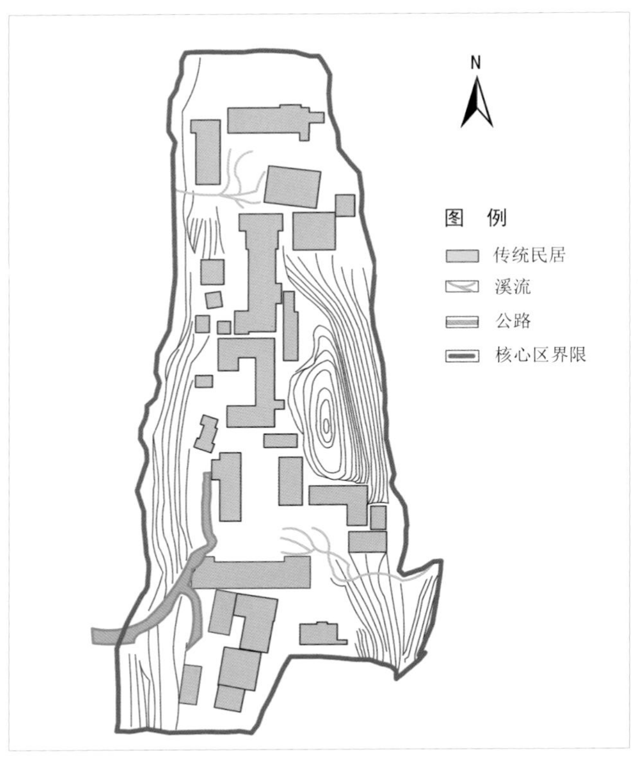

（a）总平面

（b）牛角挑

（c）远景

（d）近景

（e）“L”形民居（一）

（f）“L”形民居（二）

图 6.47　武隆区沧沟乡大田村传统村落（大田寨）

2）空间形态

基于地貌形态，大田寨属于丘顶–平坝型传统聚落。寨子所在区域四周为低山丘陵地貌，而中间为较宽广、平坦的坝子，坝子的中央为一低缓的小丘陵，寨子就坐落在小丘陵的顶部，周围平坝开垦为耕地、果园和菜地。因此，从地貌形态看，大田寨应归类为丘顶–平坝型传统聚落。

基于平面形态，大田寨为条带式传统聚落。因受地形的限制和耕地的影响，大田寨为比较紧凑的条带式传统聚落。聚落周围为耕地、果园和菜地，这样既有利于生产生活，又能团结协作。

基于竖向空间，大田寨属于层叠式传统聚落。寨子坐落在平坝中央小丘陵的顶部，有一定的坡度，民居建筑因势利导，随形就势，形成了层叠式传统聚落。

因此，大田村的空间形态可归纳为丘顶–平坝型条带–层叠式传统聚落。

3）建筑特色

民居建筑相互簇拥，依山就势，分层筑台，层层叠叠，错落有致；青瓦悬山，穿斗结构；木板作壁，夯土作墙；高脚柱础，精致窗花；走马转角，挑檐挑廊；乱石垒台，青石铺地。“一”形、“L”形、“凵”形民居建筑比比皆是。整个村落群山环抱，平坝中开，好像一艘船停泊在绿色的海洋之中，是一个风格独特的村寨。

6.6.16 城口县高楠镇方斗村传统村落

1）选址与历史

位于城口县西北部大巴山腹地的方斗村，距县城约40 km，东与夜雨湖靠近，西与万源市相邻，南与巴山湖毗邻，北与陕西紫阳县接壤，地处大巴山国家级自然保护区核心区域，森林覆盖率高达90%以上。有一条小溪穿村而过，潺潺流水，不绝于耳。整个村落山青水秀，空气清新，生态环境十分优良。因四周山高陡峭，坝底宽阔平坦，形如盛装五谷的巨斗，而得名“方斗”。又因坝底比较平坦，故名“方斗坪”。方斗村属于典型的山地、山间小盆地相间分布的地貌类型，海拔1300～2200 m，总面积超过30 km^2，全村有一、二、三、四共4个坝，成组团式分布，每个坝有1～2 km^2。作为原生态气息特别浓郁的一个传统村落，那保存完好的古朴典雅民居，坦诚率真的民风民俗，以及“头坝宽，二坝长，三坝四坝好姑娘……”余音绕梁的民谣无不令人神往。这里四面环山，平坝中开，小桥流水，风景如画，民风淳朴，垛木房、石板屋等传统民居相互簇拥，掩映在山野田园之中。于2016年被评为第四批中国传统村落（图6.48、图6.49）。

2）空间形态

基于地貌形态，方斗村属于山麓–盆地平坝型传统聚落。村子所在区域四周为中山地貌，崎岖陡峭，而中间为较宽广、平坦的坝子，村子就坐落在山麓与坝子的交汇地带，坝子的其余地方被开垦为耕地、果园和菜地。因此，从地貌形态看，方斗坪应归类为山麓–盆地平坝型传统聚落。

基于平面形态，方斗村为组团式传统聚落。因受山间盆地地形的限制和引导，全村有一、二、三、四坝，成组团式分布。每个组团沿山麓布置，其前面为耕地、果园和菜地，这样既方便生产生活，又能团结协作。

基于竖向空间，方斗村属于层叠式传统聚落。村子坐落在山麓与坝子的交汇地带，有一定的坡度，民居建筑因势利导，随形就势，形成了层叠式传统聚落。

因此，方斗村的空间形态可归纳为山麓–盆地平坝型组团–层叠式传统聚落。

3）建筑特色

方斗村有重庆市目前唯一保存完整的垛木房和石板屋。垛木房的学名为井干式民居，石板屋的屋顶为石板瓦，很有地域特色。究其原因：一是方斗村位于大巴山腹地，地质历史时期所形成的板岩资源十分丰富，因此可以就地取材，沿层理方向很容易剥成薄片当瓦盖；二是村落所在地域海拔较高，日温差、年温差都较大，特别是冬季夜晚温度都在零度以下，板岩瓦比一般的陶制小青瓦更具有抵抗低温结冰而崩解的能力，因此被大量使用；三是大巴山森林木材资源十分丰富，可以就地取材，为建井干式民居提供了充足的材料；四是方斗村深居大山深处，交通十分不便，营建的技术水平比较落后，就对原木进行简单的加工，修建比较原始的井干式民居。方斗村的民居建筑大多为井干式木结构+石板瓦；片石墙+石板瓦两种类型。其平面以“一”形、“L”形为主。总之，民居建筑相互簇拥，依山就势，分层筑台，层层叠叠，错落有致；石板瓦悬山，井干式结构；片石筑墙，青石铺地，五彩斑斓；青山延绵，树木葱茏，小桥流水，炊烟袅袅。好一个田园牧歌式的世外桃源。

（a）村落入口

（b）崇山峻岭中的方斗村

（c）层叠式民居（一）

（d）层叠式民居（二）

（e）“井干式+石板瓦”的垛木房

（f）“片石墙+石板瓦”的石板屋

图 6.48 城口县高楠镇方斗村传统村落（一）

（a）“乱石墙＋石板瓦”的石板屋

（b）“乱石＋片石”墙

（c）“井干式”原木墙

（d）“片石墙＋石板瓦”的石板屋

（e）“穿斗式＋石板瓦”的石板屋

图 6.49 城口县高楠镇方斗村传统村落（二）

后 记

2012年初，作者申报“十二五”国家科技支撑计划课题“山地传统民居统筹规划与保护关键技术与示范（2013BAJ11B04）”时，开始大范围调查、深入研究民居，发现我国传统民居类型之丰富，文化之深厚，历史之悠久，也才认识到我们先民之智慧，之勤劳，之伟大，使我逐渐地爱上了民居，爱上了传统文化，进一步增强了文化自信。

要研究山地民居，重庆应当是首选之地，于是在头脑中逐渐形成了何不自己撰写一部比较系统的《重庆民居》这一想法。随着该想法的不断完善、不断深入，就着手进行相关资料收集，到实地进行现场调研考察。5年来，主要利用周末、假期走遍了重庆38个区县，有的区县甚至去了5次以上。多次考察了27个历史文化名镇，对古寨堡、碉楼比较集中的区县如梁平、万州、开州、涪陵、合川、云阳等地也进行了多次调研，全市74个国家级传统村落中考察了近80%，对比较有特色的民居建筑也进行了现场踏勘，有的还进行了多次踏勘。5年来，行程3万余千米，拍摄了近10万张照片，力争收集到更加详尽的第一手资料。《重庆民居》这套书中的照片有1 600余张，除了第2章中有关考古挖掘现场图片及部分章节的几张照片引用他人之外，其余照片均为作者实地拍摄，约占全书的95%，甚至有的照片是经过多次补拍才被选中。书中的照片都是从所拍的数万张照片中精选出来的，挑选照片也是一项比较烦琐的工作。

虽然自认为进行了比较详细的考察，但是重庆有8万多平方千米，地形崎岖复杂，特别是渝东北、渝东南地区，一定还有不少精彩实物例证未被发现而难免遗漏。由于传统聚落及民居建筑历年来损毁严重，现存的虽幸免于难，但又诸多不全或历经若干变迁改换，所拍照片也只能反映其现状，致使民居调研资料难以十分准确，再加上作者才疏学浅，挂一漏万，故而本套书只能述其大要，误谬不实之词望读者谅察。

以前认为重庆民居就是吊脚楼，是经济技术水平比较低下的一种建筑形态，不值得研究，不值得传承。但在这5年比较全面、深入考察调研的过程中，愈来愈认识到重庆民居建筑，类型之丰富，形态之独特，渊源之深远，让人叹为观止。不但有吊脚楼，还有大型的四合院、高大的碉楼、中西合璧的洋房子以及“九宫十八庙”等公共建筑。传统聚落也富有特色，地域性之明显，生态之美好，景观之宜人，同样让人流连忘返。不但有众多的古镇，而且还有不少的古寨堡、传统村落；不但有条带式，而且还有团块式、组团式、散点式；不但有廊坊式，还有层叠式、碉楼式、骑楼式、凉厅式、包山式，等等。这些都体现了山地民居、山地聚落的地域特点，也凸现了先民们的生态智慧、聪明才智与勤劳朴实。

研究民居的目的不仅仅是为了保护，更不是为了复古，而是为了传承，为了发扬光大，为当代建筑设计、人居环境营造提供创作的灵感与源泉。“艺术来源于生活并高于生活”，只有向民居学习，向先民学习，学习其中的文化基因、文化意蕴，才能有效地阻止当今城市建筑的千篇一律，才能使具有五千年历史的中华文明长久不衰、熠熠生辉。

作者在田野考察及资料收集过程中，得到了重庆市城乡建设委员会、秀山县规划局、酉阳县文化委员会等单位，巫溪县旅游局曹福刚同志，重庆师范大学历史与社会学院杨华教授，以及不计其数热心村民的支持和帮助。研究生臧艳绒、杨俊俊、王全康、杨一迷、邹启朋、李渊、李洋、刘有于、何枳威等同学多次参与现场调研、资料收集与整理。内蒙古工业大学建筑学院冯晗同学也多次参与调研、讨论，并对全套书的插图进行了设计、清绘。重庆大学出版社建筑分社林青山社长、孙亚楠设计师、王敏设计师为本书的编辑出版不辞辛劳。在此一并表示衷心的感谢！

2017年10月于山城重庆